斩获 Offer: IT 名企面试策略与编程笔试精解

约翰·摩根(John Mongan)

[美]　　诺亚·金德勒(Noah Kindler)　　著

埃里克·吉格尔(Eric Giguère)

程　钢　等译

清华大学出版社

北　京

John Mongan，Noah Kindler，Eric Giguère
Programming Interviews Exposed:Coding Your Way Through the Interview, 4th Edition
EISBN：978-1-119-41847-4
Copyright © 2018 by John Wiley & Sons, Inc.
All Rights Reserved. This translation published under license.
Trademarks: Wiley, the Wiley logo, Wrox, the Wrox logo, Programmer to Programmer, and related trade dress are trademarks or registered trademarks of John Wiley & Sons, Inc. and/or its affiliates, in the United States and other countries, and may not be used without written permission. Visual Studio is a registered trademark of Microsoft Corporation. All other trademarks are the property of their respective owners. John Wiley & Sons, Inc., is not associated with any product or vendor mentioned in this book.

北京市版权局著作权合同登记号 图字：01-2018-5171

图书在版编目(CIP)数据

斩获 Offer：IT 名企面试策略与编程笔试精解 / (美) 约翰・摩根(John Mongan)，(美) 诺亚・金德勒(Noah Kindler)，(美) 埃里克・吉格尔(Eric Giguère) 著；程钢 等译. —北京：清华大学出版社，2019
书名原文：Programming Interviews Exposed: Coding Your Way Through the Interview,4th Edition
ISBN 978-7-302-52671-1

Ⅰ. ①斩… Ⅱ. ①约… ②诺… ③埃… ④程… Ⅲ. ①程序设计－资格考试－自学参考资料 Ⅳ. ①TP311.1

中国版本图书馆 CIP 数据核字(2019)第 053597 号

责任编辑：王　军
封面设计：孔祥峰
版式设计：思创景点
责任校对：牛艳敏
责任印制：杨　艳

出版发行：清华大学出版社
　　　　　网　　址：http://www.tup.com.cn，http://www.wqbook.com
　　　　　地　　址：北京清华大学学研大厦 A 座　　　　　邮　　编：100084
　　　　　社 总 机：010-62770175　　　　　　　　　　　邮　　购：010-62786544
　　　　　投稿与读者服务：010-62776969, c-service@tup.tsinghua.edu.cn
　　　　　质量反馈：010-62772015, zhiliang@tup.tsinghua.edu.cn
印 装 者：北京鑫海金澳胶印有限公司
经　　销：全国新华书店
开　　本：170mm×240mm　　　　印　　张：20.25　　　字　　数：444 千字
版　　次：2019 年 4 月第 1 版　　　印　　次：2019 年 4 月第 1 次印刷
定　　价：59.80 元

产品编号：080802-01

译 者 序

程序员是互联网时代的主要建设者，其薪资待遇遥遥领先于其他行业。虽然我国各项 IT 技术的人才缺口较多，但是由于人口基数大的客观现实和信息技术教育的日益普及，岗位竞聘显得极其激烈。如今连小学生都在学习 Python 编程，不难想象，日后会有多少个程序员！若要在应聘中脱颖而出，除了有过硬的技术本领，还应做好哪些准备呢？答案就在本书中！

从内容上来看：

本书是面试的指南针，无论读者处在什么阶段——胸有成竹或一脸茫然、高校新晋或职场老手、兴趣使然或宏图大志，本书从求职之前的准备工作开始，事无巨细地在每一个分岔点做好守候。读者适合什么岗位、知识如何储备、包装如何到位、心态如何控制、与人事管理人员如何交流、在面试官面前如何表现，均有建议。

本书是编程知识的百宝箱，无论读者是闲来无事还是临时烧香，所喜或所需的门道——基本数据结构、经典算法、编程语言特征、设计模式、当下主流技术，甚至活跃解题思维的脑筋急转弯，本书都为读者逐一备好，开篇引进门，再拓宽知识领域，以字里行间对面试解题的刨根究底，激发读者对编程的兴趣和热情。

本书是事业的助推器，书中描述的面试过程或编程知识能与读者的切身经历回响共鸣。本书从第 1 版至今，已逾十年。时光荏苒，有什么编程知识还依旧重要，有什么经验教训还依旧实用，本书积淀下来，就是为了对读者的事业再添一把力。

另外，通过翻译本书，我还发现了本书具有如下特色：

(1) 知识涵盖面广。除了剖析求职准备、求职过程、电话面试的关键步骤和关注重点外，还分别讲解了二十余项面试重点，包括链表、树、图、数组和字符串、递归、排序、并发、面向对象编程、设计模式、数据库、图形和位运算、数据科学、随机数、人工智能、数理统计、脑筋急转弯、知识方面和非技术方面的问题等。

(2) 题型具有典型性。若读者掌握了应对书中题型的技巧，就能在面试时触类旁通，处变不惊。

(3) 讲解具有启发性。与一般教科书不同，本书不是给出问题后马上提供并解释答案，而是通过模拟真实面试的场景，引导读者获得线索，找到问题切入点，最终得到答案。在引导过程中锻炼读者的编程思维。

本书久经打磨，是多种 IT 技术职位竞聘不可多得的好书。尽管如此，我还是敬请读者在掌握本书要义之后，继续扩大知识面，特别是要关注和钻研与应聘职位相关的专业知识，方能稳操胜券。

本书主要由程钢翻译，在翻译过程中力求"信、达、雅"，但是鉴于译者水平有限，错误和失误在所难免，如有任何意见和建议，请不吝指正，感激不尽！

关 于 作 者

    John Mongan 是一位自学成才的程序员，担任多家软件公司和制药公司的顾问，具有专业经验。他在软件测试技术方面拥有三项专利，并拥有加州大学圣地亚哥分校的生物信息学硕士学位和博士学位，在学校的研究方向为蛋白质动力学的超级计算机模拟。目前是加州大学旧金山分校放射学和生物医学影像学院信息系的助理教授和副主席，研究重点是机器学习应用于放射学数据和计算机化临床决策支持。

    Noah Kindler 是安全技术公司 Avira 的技术副总裁。他领导多个产品的软件设计和开发团队，用户群超过 1 亿人。

    Eric Giguère(很久以前)在 Commodore VIC-20 上开始 BASIC 编程，并且迷上了计算机编程。他拥有滑铁卢大学计算机科学的 BMath 和 MMath 学位，有着丰富的专业编程经验，并且出版了几本编程书籍。目前是 Google 的一名资深软件工程师。

关于技术编辑

    Wayne Heym 博士是俄亥俄州立大学工程学院计算机科学与工程系的高级讲师。他还与学院的可重用软件研究组(Reusable Software Research Group，RSRG)合作。他对 RSRG 的开发原则和语言——具有可验证性和效率的可重用软件语言(Reusable Software Language with Verifiability and Efficiency，RESOLVE)——保持着浓厚的兴趣。他喜欢将计算机编程艺术美好的一面和计算机编程科学神奇的一面传授给初级程序员，还喜欢将程序员引入计算机科学理论基础这一富足的王国。

    Dan Hill 是一名软件工程师和软件开发经理，拥有十五年以上的编程经验，从事的项目包括 Web 开发、用户界面设计、后台系统架构、数据库、安全和加密以及移动应用开发。他曾在硅谷创业公司和大型科技公司工作，并组织了很多编程面试，拥有斯坦福大学计算机科学学士和硕士学位。

致　　谢

我们非常感谢 Wiley 和 Serendipity23 Editorial Services 的同事们为第 4 版修订付出的努力。感谢项目编辑 Adaobi Obi Tulton 的奉献，他熟练的编辑能力、干练的组织水平和专业的坚持态度使我们的工作保持正轨。执行编辑 Jim Minatel 的个人关注特别关键，感谢他们的参与、工作和相助。

技术编辑 Wayne Heym 和 Dan Hill 的工作大大提高了《斩获 Offer：IT 名企面试策略与编程笔试精解》一书的质量，他们曾为之前的版本做出过重要贡献。他们深思熟虑的评论和细致的审查消除了许多错误和疏漏，并且不可估量地提升了本书的清晰度。感谢他们方方面面的工作。还要感谢 Andrew Taylor 对新数据科学材料的进一步审查，以及 Tom Mongan 在校对方面的帮助。

没有前三版，就没有第 4 版，很多人为前三版做出了贡献。特别感谢 Michael J. Mongan 在第 3 版的参与和帮助。感谢第 3 版的编辑 Maureen Spearse。此外，感谢编辑 Margaret Hendrey 和 Marjorie Spencer，感谢他们的耐心和乐于助人。也非常感谢曾经的审稿人和顾问 Dan Hill、Elise Lipkowitz、Charity Lu、Rob Maguire 和 Tom Mongan。Dan 的贡献尤其大——他的细致而详细的审查极大地提高了第 1 版的质量。

序　言

　　解答编程面试中的题目需要掌握一系列技能，与成为优秀程序员的要求不尽相同。当你首次接触编程面试题目时，也许不太擅长，但可以培养和提高这些技能。本书作为培养和提高面试技能的第一步，将利用你的编程专业技能，迅速让你精通编程面试技能。

　　自第1版出版以来，本系列图书有效地建立了编程书籍的一个新主题领域，现在众多网站、博客和论坛都在为编程面试给出相关建议和问题样例。有这么多手段，为什么《斩获 Offer：IT 名企面试策略与编程笔试精解》还能够吸引你为之投入时间和金钱呢？

　　本书的重点是授予你在编程面试中取得成功所需的技巧和方法。在给出每个问题后，通过阐述导向解决方案的思维过程来强化相应技能，指示你在遇到问题时可以如何向前迈进。这些技能与常见的编程技能重叠，但它们不是一回事。有些优秀的程序员就是活生生的例子，由于没有锻炼面试技巧，他们在编程面试中败得焦头烂额。我们在早期职业生涯中曾经有几次焦头烂额，但你可以通过本书筹谋准备，以避免这种情况发生。一旦掌握了本书讲授的技能，就可以将其应用于其他书籍和网络中出现的各种题目。

　　要想成为编程面试的解题高手，有件事情必须永远不变，即不能只注重被动阅读解题技巧，更重要的是练习实践。如果在阅读本书题目解答之前已经尽可能多地独自研究了多种应对策略，那么你将从本书中获得更多信息。

　　尽管自第 1 版以来该系列图书的内容已经大大扩充，并且所使用的编程语言发生了变化，但我们仍然坚持第 1 版前言中所描述的目标和方法，如后所附。

第 1 版前言

编程、开发、技术咨询及其他岗位需要进行编程面试，本书有助于你在相应的求职中做好准备。编程面试与传统的求职和面试书籍中所述的几乎没有相似之处。该面试几乎完全由编程问题、智力难题和计算机技术问题组成。本书讨论了其中可能覆盖的各种问题，并以真实面试问题为例说明需要如何给出这些问题的最优方案。

此时此刻，你可能想知道我们是谁，凭什么我们有权写这本书。我们都是刚毕业的学生，在过去几年中经历了很多面试。从为初创公司编写设备驱动程序，到老牌大公司的技术咨询，我们参加了各种工作的面试。本书基于我们从这些面试中获得的经验和观察——做什么会被录用，做什么不会被录用。就面试而言，我们相信像本书这样的书有可能是最佳的基础读物。我们将告诉大家在美国顶级软件和计算机公司面试时的真实情况，以及需要做些什么来取得成功，而不是给出一些人力资源主管关于应该如何进行面试的想法，或者专注于介绍猎头会如何看待面试。

 说实话，我们认为现在的面试模式并不理想。目前的模式过于强调解决难题和熟悉相对有限的知识体系的能力，而且通常无法衡量对企业成功至关重要的许多技能。

为此，我们没有在本书中编造任何问题。每一道题都出自实际面试，力求最新。问题的类型设置和难度分布类似于你在面试中会遇到的实际情况。我们必须强调，本书中提出的问题是面试题目的代表性样题，而不是全集。死记硬背本书答案将完全不能奏效。也许本书中出现的一些题目会出现在面试中，但请不要坚持这么想。大量题目将不断变化地出现，所有看过这本书的聪明面试官都不会再使用本书出现的任何问题。另一方面，面试问题包含较少的主题领域和问题类型，而这些问题很少发生变化。如果你不只是学习并解决本书提出的具体问题，而是能解答本书所列的题型，你就能够处理面试过程中被询问的问题。

本书将分几个步骤来提高你的解题能力，帮助你靠近目标。首先，在提出有关这些话题的题目之前，本书会酌情回顾重要概念。其次，本书不仅仅是回答问题，而是从开始到方案来说明问题解决过程。我们发现，对于示例而言，大多数教科书和几乎所有的智力难题都采用了另一种方法：从一个问题入手，接着立即给出答案，然后解释为什么答案是正确的。根据我们的经验，这样做的结果是，读者可能理解特定答案及其正确的原因，但缺少关于作者是如何想出该解决方案或类似问题可能如何解决的线索。我们希望本书逐步获得解决方案的方法能够解决对应问题，既能帮助大家了解答案，还能帮助大家掌握如何得出答案。

根据观察来学习绝不如边做边学有效。如果想充分利用本书，你将不得不自己解决书中问题。我们建议你采用以下方法：

(1) 题目阅读完毕，请放下本书并尝试制定解决方案。

(2) 如果被问题卡住，请阅读解决方案。由于我们不在一开始就将答案和盘托出，因此你在开始时不必担心我们要放弃告诉你完整的答案。

(3) 阅读书中内容以获得所需的提示，读到刚好够即可，然后放下书并继续解题。

(4) 根据需要重复以上步骤。

自己找到的解决方案越多，对本书题目解答过程的理解就越好。此外，这种方法非常类似于实际的面试体验，你必须自己解决问题，但面试官会在你遇到困难时给予提示。

编程是一个具有挑战性的技术行业。只通过一本书传授所有相关的计算机和编程知识是不可能的。因此，我们不得不对你的角色做出一些假设。我们假设你的计算机背景至少相当于攻读计算机科学学位的第一年或第二年学术水平。具体来说，我们希望你了解 C 语言编程，已经具备了使用 C++ 或 Java 进行面向对象编程的一些经验，并且理解计算机体系结构和计算机科学理论的基础知识。这些实际上是一般开发工作的最低要求，因此大多数面试官也有类似的期望。如果发现自己在这些领域稍有欠缺，在开始求职和面试之前，请大家认真考虑接受更多的教育。

也许你拥有比刚才描述的最低要求更多的计算机知识和经验。如果是这样，可能有些更高级的主题对你会特别有吸引力。但是，无论你有多少经验，都不要忽视基本主题和问题。无论简历上有什么，面试官都倾向于从基础知识开始。

我们已尽一切努力确保本书中的所有信息都是正确的，所有代码都已经过编译和测试。然而，作为程序员，大家都有切身体会，程序的漏洞和错误是不可避免的。只要我们意识到问题的存在，我们就会发布更正。

我们相信你会发现本书对于获得期待的工作有促进作用。希望你在求职时翻看本书，会觉得本书涵盖的某些智力难题是一场愉悦的探索。如果想告诉我们对本书的反馈，分享对任何特定问题或主题的看法，或者在最近的一次面试中遇到的题目，我们很乐意收到你的来信。

去追求羡煞旁人的职位吧！

前　言

　　编写《斩获 Offer：IT 名企面试策略与编程笔试精解》一书是为了让大家为编程面试做好准备，这样就可以证明自己是一名优秀的程序员。本书不讲授如何编程。本书展示了如何在编程面试中发挥自己的编程技巧。在阅读本书时，请记住，编程面试(在大多数情况下)不是事实回忆测试，因此本书不是面试时需要了解的各种事实的备忘录。相反，它通过示例引出成功所需的技巧和思维过程。真正掌握这些内容的最佳方法是花时间解决并理解问题。

为什么有编程面试

　　为什么软件公司会使用编程面试？他们希望聘请能与他人合作的优秀程序员，以成功生产出优秀的产品。然而，痛苦的经历告诉雇主，大部分编程工作的申请人根本不能编码。你可能会认为通过仔细审查简历、经验、课程作业和学位就可以筛选出这些申请人，但在实践中，这样做的效果不好。具有闪亮简历和突出的多年行业相关经验的申请者大有人在，数量多得惊人，但他们甚至连最简单的编程任务也无法完成。他们中的很多人已经掌握了足够的术语，使他们能够在有关编程和技术的对话中表现出色。雇用这种不能编码的"开发人员"可以轻松弄垮一个部门(甚至一个小公司)。

　　认识到传统面试在辨别不能编码的申请人方面无效，雇主采取了合乎逻辑的步骤：要求申请人在面试期间进行编码，因此编程面试诞生了。编程面试非常有效地将那些能编码的人与不能编码的人分开，这就是为什么编程面试往往属于技术面试流程的普遍组成部分。

　　编程面试的挑战在于雇主不仅想要筛选出不能编码的人，还希望将最优秀的程序员与那些勉强胜任的程序员区分开来。通常情况下，面试官会尝试通过提出有难度的编程挑战来衡量申请人的能力，并注意申请人解决问题的速度和准确程度。

　　这种方法的问题在于，由于面试固有的时间限制，可以在编程面试中测试的技能仅与实际开发工作中相关的技能部分重叠。不可避免的是，编程面试会当场评估候选人解决问题的能力，有人在一旁观察，但你手上没有任何平常可用的参考资料。没有时间编写大量代码，因此问题必须有简短的解决方案。大多数方案简短的问题都是微不足道的，所以为了避免这种情况，许多面试问题涉及不寻常的算法技巧、荒谬的限制或不常用的语言特性。因为在实际的开发工作中通常不会出现这些类型的问题，所以对于面试经历的特殊性，没有准备的优秀程序员有可能会面试不合格。

　　相反，对于职业环境中的开发所需的很多技能在编程面试中没有得到很好的评估(或根本没有)——包括的方面诸如团队沟通和团队工作、大型代码库的架构和管理、按计划一致地生产可靠代码的时间管理和纪律，以及处理大型项目、识别所有组成部分以及完成项目的能力。

显然，编程面试并不能很好地衡量申请人作为未来员工的价值。但重要的是，编程面试是雇主选择雇用谁的方式，因此无论这个手段是否为理想的评估形式，我们都需要在其中表现良好。本书致力于教你如何使自己的编程技巧适应面试问题的特殊性，并提供所需的准备和练习，以便你在面试中表现卓越，获得期待的工作。

如何使用本书

准备是主导编程面试过程的关键。以下是有关如何有效使用本书准备编程面试的一般准则：

- 给自己足够的时间做好准备。尽早开始准备，最好在面试前几周甚至几个月。需要时间来理解本书提出的概念(如果没有那么多时间，试着留出一些不间断的时间来研究这些材料)。

- 练习回答问题。不要只阅读解决方案。被题目卡住时，根据答案提示推进解决问题并验证答案。尝试模拟面试经历。面试时在纸上或白板上写代码的机会很多，多练练这个！要想通过笔而非键盘来引导大脑编程，确实需要一定练习才可以。

- 确保了解基本概念。理解问题背后的概念是成功的关键。不要跳过或掩盖自己不理解的材料。本书提供了足够的解释来刷新你以前学过的主题，但如果遇到一些自己已经完全忘记或从未学过的东西，你可能需要在其他参考资料中阅读更多相关内容。

- 不必记住问题答案。面试官不太可能提出本书中的任何问题。即使他们这样做，他们也可能以任何方式改变问题。如果通过死记硬背来作答，那么答案可能无法正确。

- 不断练习。完成本书的学习后，准备工作不能停止。继续研究编程问题。这些题目很容易在互联网上找到。查找其他参考资料(特别是在专业领域方面)，继续阅读。

就是现在，我们开始吧！

目 录

第 **1** 章

求 职 之 前

　　动身求职前需要准备充分。如果不知道自己想要什么样的工作，就不应该提出申请。如果只想做一名好的程序员，是不够的。必须了解市场的需求，并懂得如何提高和包装看家本领，以确保得到意向公司的青睐。

1.1　了解自己

　　与刻板的程序不同，所有程序员都是不一样的。了解自己是什么样的程序员对于找到合适的工作至关重要。短期内做一些自己不喜欢的事情还凑合，但使人甘愿长期投入的还是那些能触发兴趣点和兴奋点的工作。优秀的程序员对其工作往往充满热情，若其乐稍逊，则不能全情投入。

　　如果不确定自己的兴趣，那么可以试着回答以下问题：

- **你是系统程序员还是应用开发人员？** 系统程序员致力于使计算机系统保持运行的代码，例如框架、工具、编译器、驱动程序、服务器等。其他程序员是他们的主要受众，因此系统程序员很少与非程序员互动——而且这项工作通常与用户界面关系不大或者无关。另一方面，应用开发人员负责用代码实现那些非程序员工作中需要代劳的部分，并且通常会与非技术人员进行更多的互动。很多应用开发人员觉得与非技术人员就技术话题进行沟通困难重重，但与此同时，他们又希望自己的作品有人捧场，并且期待那些捧场的人不只是其他程序员。
- **你喜欢编写用户界面吗？** 用户界面设计——也称为用户体验(User eXperience，UX)或人机交互(Human Computer Interaction，HCI)——是一种涉及各种技能的工作，包括编程、图形设计和心理学。这项工作非常引人注目，因为用户界面是各种应用中可见度最高的部分。用户界面设计在移动应用开发中尤为重要，因为移动设备的限制条件要求我们有更好的创意和创新。如果你拥有相关技能并喜欢这项工作，那么你将成就一家精英公司：不过，不少程序员觉得这项工作很有讲究，难以做好，而且老被人挑刺，特别是涉及国际化和易用性的时候。

- **你是调试能手吗？** 如果你认为在自己的代码中发现问题很困难，那么想象一下给别人的代码解决问题是什么感觉。调试工作需要强大的分析和解决问题的能力。找到并修复问题本身是非常有益的。你需要确定你是否乐意一直扑在维护工作上(当然，维护自己的代码义不容辞，毕竟程序员都必须精通调试)。大多数情况下，特别是在老公司中，维护编程工作主要涉及现在被认为已过时或不再流行的旧技术。依靠旧的技术经验和技能找工作路子不宽，但由于与旧技术有关的能人稀缺，因此为数不多的几家依赖旧程序的公司仍会求贤若渴。

- **你喜欢测试吗？** 测试——也称为质量保证(Quality Assurance，QA)——要求具备对各种细节的缜密观察能力，以确保涵盖程序的每个可能的使用场景，并且要求具备创造力，通过尝试开发人员从未考虑过的输入组合来发现程序中的问题。熟练的测试员十分稀缺，编写工具和自动化测试用例需要良好的编程能力。

- **你是架构师还是编码员？** 每个编码工作都包括一些设计，但每个工作都更侧重于自己那一面。如果你喜欢设计，特别是为大型项目设计结构，那么软件架构师的职位可能比以编码为主的工作更具吸引力。虽然成为好架构师需要很好地理解如何编写代码，但架构师这个职位会涉及大量会议和人际交往，很少或根本没有机会编码。除非受过软件架构方面的正式培训，否则成为架构师的通常办法是先做好编码工作，然后展示出对项目各个部分的设计和装配才能。

上面的问题与编程的类型有关，但有吸引力的非编程职位和心仪的工作环境同样值得考虑：

- **你对管理感兴趣吗？** 成为项目经理是一些程序员的长期目标，而另一些程序员一想到此却感到畏惧。如果将管理定为目标，则需要培养领导才能，并展示出在应对技术方面的同时能处理好软件开发中有关人的问题。如果不将管理定为目标，那么可以找一家提供良好技术职业发展途径的公司，这样能避免晋升后被迫管理别人(无论选择哪种职业途径，领导能力仍然是获得晋升的必要条件，但领导能力与人员管理能力是有区别的)。

- **你想为大公司工作吗？** 在大公司工作有利有弊。例如，大公司能提供更好的工作稳定性(只是在经济衰退期间裁员是常事)和某种职业途径。公司品牌能得到非技术人员的认可。另一方面，大公司常见的官僚作风、严格制度和公司内部竞争可能让人感到窒息。

- **你想为小公司工作吗？** 薪酬可能会低些，但随着公司步入正轨，底层角色是可以开创出一番天地的(报酬可能也会有惊喜)。此外，小公司的工作环境通常比大公司随意些。当然，缺点是大多数创业都会失败，失业可能就在一两年间，届时可不像大公司，很可能没有遣散费。

- **你想做开源项目吗？** 绝大多数编程工作曾经都涉及专利和闭源项目，这让一些程序员感到不满。现在一些公司在观念上有所调整，倾向于更开放的软件开发模式。大家可以基于开源项目，并且能因这种参与形式而拿到报酬。值得注意的是，如果你觉得自己的工作项目是开源的这一点很重要，那么最好去找已参与开源的公司。试图在传统软件公司中捍卫开源通常只会得到挫败感和一场空。

- **你想参与长期项目还是短期项目？** 一些程序员渴望改变，在每个项目上最多愿意花费几个月的时间。如果你喜欢短期项目并且不介意出差，那么在咨询公司工作可能比在更为传统的公司中工作更有意义。

其实，这些问题没有普适的答案，回答的方法也没有正确或错误之分。给出的回答越真实，觅得的职位才越能称心如意。

1.2 了解市场

了解自己想要什么工作固然好，但不要过于狭隘。我们还需要了解当前的就业市场以及它如何限制你寻找"理想"的工作，特别是在经济衰退期间——例如 20 世纪 90 年代末的互联网泡沫，以及 2010 年前后全球房地产和银行业的崩溃。

1.2.1 基本的市场情况

想了解开发人员就业市场的情况，有很多信息来源，包括以下方面：

- **社交网络。** 像 LinkedIn 和 Facebook 等社交网络如今正迅猛成长，已经成为各类大小企业的虚拟招聘市场。LinkedIn 尤为值得关注。其他社交网络可以间接展现市场"脉搏"，也可以为新的甚至是潜在的职位发布提供有价值的线索。
- **在线求职网站。** 研究哪份工作好时可以参考两类网站。一种是罗列型网站——例如 Dice(专注于技术相关的职业列表)和 Monster(各种职位列表的网站)——能展示当前招聘中的岗位。另一种是评论型网站(如 Glassdoor)，会交流谈论工作条件、薪水、奖金、津贴以及其他有助于找到称心公司的信息。
- **书店。** 尽管越来越多的程序员资料可以在线获得，但无论是印刷版还是下载版，专业出版的书籍仍然很重要。以各种主题出版的书籍的数量很好地表明了编程社区对该主题的兴趣程度。特别需要注意那些突然成为主流的高精尖话题，但要知道在大多数公司中，主流技术的应用滞后于书中的美好图景好几年。
- **专业发展课程。** 职业院校和大学致力于掌握企业招人的前沿情况，并围绕招聘需求建立专业发展课程。

如果你已经毕业，那么可以从母校或者当地培训机构了解计算机科学专业的学生需要掌握的计算机语言和技术。虽然学校讲授的并不总是与企业想要的一致，但教育机构试图灌输给学生的是企业用得着的实用技能。

1.2.2 关于外包

外包和离岸外包——把任务托付给其他公司或者外国部门——是技术类就业市场的重要组成部分。工资管理和物业维护等辅助业务活动的外包已经存在了几十年。近来，得益于廉价计算机的兴起、廉价长途通信在互联网上的实现，以及低薪发展中国家技术型劳动力的能力被认可，外包已经扩展到编程领域。在 2005 年左右，出现了一阵外包，特别是离岸外包。在过去的几年里，这已经算不上热门了，因为大多数打算外包的公司已经外包了他们所能外包的一切。此外，随着发展中国家(特别是印度和中国)的工资上涨，离岸外包的成本也随之上升。由于不同文化背景的劳动力工作进度不同，会带来隐性的劳动力协调成本，因此意识到这一点的公司将以前外包的工作转为内包。尽管如此，外包和离岸外包仍有可能存在，例如一些公司正在发展，觉得这个办法可以削减成本，又如一些公司成立后会考虑是否因为一直雇用本地劳动力而付出了太多代价。

如果觉得外包(特别是离岸外包)很困扰，那么要考虑采取措施以避免所从事的工作可能在将来的某个时候被外包。以下是一些建议：

- **为软件开发公司工作**。软件公司的存在理由是它所开发的知识产权。虽然大中型公司可能会在世界其他地方开设开发中心，但精明的公司不太可能将其所有业务转移到其他国家，也不会将其未来托付给外部公司。即便如此，一些公司还是会出于成本或其他原因将项目的全部或大部分外包给其他国家。因此，应聘时研究一个公司的行为和政策是值得的。
- **为外包商工作**。出于五花八门的原因，许多外包公司会在美国这样的国家雇用员工。
- **沿程序员食物链往上走**。面向设计的工作不太可能外包。代码员相对廉价且数量众多,而优秀的设计师难找(这得假设公司承认良好的设计技能与良好的编码技能是分开的)。另一种让自己更难以被替代的方法是掌握领域专业知识——与你编写的程序相关的专业知识，但其又在编程领域之外。例如，如果有人开发财务软件，其除了编程之外还涉及会计技能的应用，那么外包给这个人的工作要比这个人纯粹是一个程序员困难得多。
- **做管理工作**。管理工作可以免于被外包，因此以管理为导向的职业途径是一个值得考虑的选择。

在所有这些选择中，沿食物链往上走通常是最好的方法。工作需要的非编程知识越多，或者与客户的互动越多，被外包的可能性就越小。当然，自己的工作永远不会被外包是不可能的，自己的工作永远都能保住也是不可能的。毕竟，公司可能会在任何时候缩紧或关闭正在推进的项目，并让雇员失业。因此，在整个职业生涯中练就一招鲜的本领和顺应市场的技能非常重要。

1.3 培养顺应市场的技能

附录部分讨论了简历，它是获取面试机会的营销工具。大家都想要的东西往往是最叫座的，所以让潜在老板满意的重点是掌握顺应市场的技能。

要在笔试和面试中脱颖而出，积攒实力和成果是必需的，特别是第一次走进就业市场。以下是一些方法建议：

- **提升资本。** 像谷歌这样的公司以偏爱研究生学位求职者而闻名。获得硕士或博士学位是提升资本的一个途径。此外，还有其他途径，例如参加大学或专业培训，以及参加编程竞赛。

- **不为证书烦恼。** 本书的作者认为编程证书价值有限，因为极少工作需要看证书。此外，顶级企业中几乎所有程序员都没有正式的编程证书，而面试/评估你的就是这些人。与其花时间考证，不如试试其他可取途径(例如参加业余项目或培训)。

- **参加业余项目。** 拓展技能集的一个好办法是参加与主营工作或学习重点无直接关系的项目。发起或加入开源项目开发是一种方法。或者，如果已经就职，那么就看公司是否会让你参与辅助项目。

- **学生时代好好表现。** 虽然成绩不代表一切，但却是公司选拔没有工作经验的应届毕业生的凭据。成绩越好，特别是在计算机科学和数学方面成绩好，越能给潜在的雇主留下深刻的印象。

- **不断学习。** 正规教育的结束并不意味着应该停止学习，尤其是当有条件从各种来源获得有关编程的大量信息时。无论书本还是博客，也无论编程种类，总有办法将学识维持在最新状态。这也是扩展视野和发掘其他爱好的好方法。这种学习方法无法在简历里体现，但在技术面试中可以凸显出来。

- **参加实习。** 能够在课余参加实习的应届毕业生——特别是那些参加合作教育项目的人——与尚未走上社会的同行相比占有巨大优势。现实世界的软件开发通常与学术环境中的软件开发不同，潜在的雇主也明白这一点。

- **参加代码竞赛。** TopCoder、HackerRank、CodeWars 和几个类似的网站会让开发人员"面对面"解决编程问题。如果取得优胜，那么意味着你比竞争对手或机器人能更快地解决问题，可以让自己的排名上升并获得更高评价，这一点可以在简历中体现出来，让大家知道。而且，即使输了，这些也都是应对编程面试的绝佳实践。这些网站的大多数盈利模式都围绕着推荐候选人和收取招聘费用展开，所以如果表现优秀，则好的工作机会将接踵而来。一些公司试图暗自组织编程邀请赛来跳过中间人，邀请对象可能是那些在公司网站上举动特别的人，例如他们曾经在公司网站上搜索过编程相关的主题。

不管处于职业生涯的哪一步，不断学习是关键。一夜之间练就顺应市场的技能是不可能的。每一步虽然需要自觉和努力的倾注，但它可以让你的职业生涯一路受益。

1.4　完成任务

公司需要能够完成任务的软件开发人员。在技能和教育方面，即便纸面上显得很优秀，但证书和知识不能造出产品和服务供公司销售。能成事是真正从其他候选人中脱颖而出的能力。

获得博士学位等高级学位、成为广泛使用的开源项目的可信赖贡献者或带着从酝酿到发布都参与的产品都是重大成就。但小成就同样重要，例如增加产品功能、明显地提升产品性能、启动并完成业余项目，或者针对一个专题开发出好用的程序。这些都表明一个人有完成任务的能力。

招聘人员和招聘委员希望看到一个应聘者有多项成就——一种能完成任务的表现。高水平的、经验丰富的开发人员的表现大都如此。在简历和网上个人资料中展示这些成就是必需的。无论成就大小，都要随时准备好介绍它们的机智和自信。这非常重要！确保面对非技术人员也能够清楚简洁地描述本质问题以及自己的项目是如何解决问题的。表现出对编程的热爱是绝对可取的面试招数。清楚地表达那份热情如何驱使自己做出供人使用的产品和服务将能实实在在地让自己在面试者中脱颖而出。

1.5　准备好网上个人资料

网上个人资料——网上公开的各种关于自己的东西——和简历一样重要。招聘者会通过网上个人简介寻找合适的候选人。筛选者通过它们来清除不需要的申请人，而面试官通过它们来准备深入交流的问题。

网上个人资料由以下一些或所有内容组成：

- **应聘者名字的谷歌搜索结果。**它会成为潜在老板和同事的第一印象。
- **LinkedIn 个人简介。**LinkedIn 是一个用于跟踪专业人士之间联系的社交网络。可以免费加入其中，并创建一个关于自己的详细介绍，包括工作和教育情况——本质上就是在线简历。同事和客户可以公然地核实你或你的工作，这会非常有价值。
- **GitHub 个人主页。**许多雇主会在见到真人之前通过 GitHub 个人主页评估应聘者的工作，因此有必要花点时间清理 GitHub 个人主页，以便它反映自己最好的代码。在隐私设置中删除或更改不完整的或质量不高的版本。如果没有多少公开项目，则请将自己最得意的代码开放，以便明确表示自己写过重要的代码且拥有 GitHub 的使用经验。
- **Stack Overflow 网站。**该网站会在 Google 搜索结果中显示，也许会被人力资源部门查到。如果你最近问过的基本问题反映出自己学识浅薄，则可能需要将这些问题删掉。如果还没有在该网站建立个人简介，那么建议置办一下，特别是在几个月的求职时间里，你可以花时间解答一下他人的问题。
- **天使投资者的网站。**这些网站不仅将投资者与创业公司联系起来，还将创业公司与潜在的雇员联系起来。AngelList 网站是这一类别中的重要角色。建议在其中创建反映个人兴趣和专业技能的个人资料。
- **其他社交网络的个人资料。**其他社交网络(如 Facebook、Twitter 或 Snapchat)可能会被查看，具体取决于隐私设置。确保清理和收紧个人资料，防止不专业的痕迹公之于众。

- **个人网站**。这是更深入反映个人特点和个人兴趣的潜在情报源。如果发表过关于政治或有争议话题的言论，那么可能得在求职期间去掉它们。
- **文章和博客帖子**。如果写过与编程有关的主题，那么这可是招聘人员评估个人经验的好依据。
- **评论和论坛帖子**。它们提供了另一种方式来深入表现个人编程水平以及个人对技术和技术公司的一般态度。

雇主从网上个人资料中获得的印象将影响录用的机会。如果一个人在简历中表示自己在 C#方面有丰富经验，而论坛帖子表明那个人 6 个月前曾发帖询问在 C#中如何打开文件，则此人的经验水平可能被认为是浮夸了，会导致整个简历受到质疑。或者，如果雇主们看到被认为是令人困扰的网上个人资料，无论简历看着有多好，或者那些网上资料其实是很久之前写的，他们都可能在面试前把人淘汰掉。没有人会对自己在高中或大学经历的所有事情津津乐道，除了那些在后互联网时代长大的候选人——由于涉世不深，让他们忘了那些事情似乎还太早，而大多数年长的候选人没有这方面的困扰。

在申请工作之前，最好花点时间仔细查看自己的网上个人资料。以公司的眼光查看有多少信息(好的或坏的)会指向自己和展现自己。如果网上资料有不利于被录用的可能，则请采取一些措施来整理这些资料。如果可能，则从网页和搜索引擎中删除有问题的材料。

花一些时间来修饰个人资料中的积极方面。如果无法删除网络上有关自己的不利材料，那么这一点尤为重要。可以试着学一点关于搜索引擎优化(Search Engine Optimization，SEO)的内容，并应用其中一些技术来使个人资料的积极方面出现在搜索结果中较旧的、不太有利的搜索项之前。

最后，可以看看其他有个人简介特点的网上资源，这样做非常有用。大多数院校都有工作网站，校友可以在该网站上传个人资料。一些公司为前雇员提供了类似的网站。

 警告：关于修改 LinkedIn 个人资料的一个警告是，默认情况下，所有联系人都会收到有关资料修改的通知。很多人明白，这种通知公告在事实上应理解为"某人正在找新工作"。这可能有助于散布消息，但如果联系人里面有当前公司的人员，并且你不希望他们知道自己正在寻找新工作，则请在修改之前禁用这些通知。

填写网上个人资料时不要给自己挖坑，要展示最好的自己。

1.6　小结

在正式求职之前，你的所作所为对于找到合适的工作至关重要。考虑到这一点，要留意以下事项：

- 作为程序员和未来员工，看清自己喜欢什么和不喜欢什么。
- 掌握市场情况，以此寻找并申请最合适的工作。
- 培养顺应市场的、雇主需要的并且有助于职业生涯的技能。
- 管好自己的公开资料，以最佳方式展示自己，并确保不出意外地留住潜在雇主。

一旦以上所有事项就绪，就可以开始求职了。

第**2**章

求 职 过 程

大多数科技公司的面试和招聘程序都是类似的，所以针对需要经历的各个环节，准备越充分就越容易成功。本章将解析整个求职过程——从联系公司到开始新工作，所以你不必靠头几次申请栽跟头来学到经验。科技公司的招聘程序通常与传统公司大不相同，因此即使你工作过一段时间，也会觉得这些信息很有用。

2.1 寻找和联系公司

找工作的第一步是找到感兴趣的公司并与之联系。虽然推荐是找工作的最佳方式，但与猎头合作或直接联系公司也是可行的。

2.1.1 寻找公司

如果知道自己最想在哪些公司工作，则可以更好地找到目标公司。大公司很容易找到——有那么十来个国际国内的科技公司名字一拍脑门就能想出来。通过阅读商贸和本地行业刊物文章，能找到适合的中型(以及大型)公司。许多报纸杂志会定期编制实力公司名录和优秀办公环境榜(别太相信这些排名，因为大公司的工作生活质量往往存在很大差异)。大多数榜上有名的公司会在网上求职板块中或多或少地昭示它们的职位空缺。即使发布的具体工作不合适，这些告示也有助于你从中挑出进一步考虑的公司。

小公司(特别是早期创业公司)可能更难找到。这些公司通常太小、太新或太隐秘，无法获得其太多新闻。除自家官网外，它们的资源不足以用于宣传它们的存在，除非知道公司名称，否则不可能找到它们。找到这些公司的一个好方法是询问熟人和朋友是否知道有创业公司正在招聘。另一种手段是使用社交网络。此外，还可以查看在线的职位发布板(如 Dice)、天使投资网站(如 AngelList)或自己有权访问的目标职位列表(如校友发布的职位招聘)。

可以使用 LinkedIn 之类的网站在某个范围内按专业搜索人员。这类网站上的大多数用户都列出了所在公司的名称，因此你可以通过此搜索的结果来构建特定范围的公司列表。这样做比较辛苦，但其中有一部分回报不可替代，即如果没有任何其他方式能找到这些公司，那么其他任何人一样也找不到，所以申请的竞争会更少。

2.1.2　获得推荐

推荐是找工作的最佳方式。可以告诉所有朋友自己想找什么样的工作。即使他们不为可能雇用你的公司工作，他们也可能认识那些公司的人。来自熟人的朋友的简历肯定会比在网上发布、招聘会和其他招聘活动中涌入的数百(或数千)份匿名简历受到更为认真的考虑。务必使用真实和虚拟的社交网络来找到潜在的工作机会。

不要觉得这样做是在对熟人和朋友施加压力。很多公司经常高额奖励员工——高达数千美元——因为他们成功推荐了有才能的软件工程师。朋友们是在有经济鼓励的情况下才努力递交简历的(这就是为什么推荐奖金只在被举荐人员被聘用并且已经开始为公司工作之后才能支付的原因)。

在有了公司联系人后，如何充分利用关系取决于自己。方法策略与自己对联系人的熟悉程度有关。

如果联系人不是密友，则请通过电子邮件向该联系人约时间相谈。在与之交谈时，询问公司情况和工作环境。然后打听现在是否有职位空缺。该人可能什么也回答不上——许多公司员工只知道他们直接工作组中的职位空缺——但如果自己清楚该公司可提供的职位，则请将对应的工作列给联系人。解释为什么自己能胜任其中的空缺职位，然后请该人提交简历。在结束对话之前，别忘了致谢。

如果联系人是密友，则可以随意些，例如问问职位空缺以及他们是否可以帮忙推荐。

最好的推荐者是之前合作过的人。一个在职员工担保被推荐人的技能和成就是强有力的推荐形式。这就是为什么需要与以前的同事保持联系——也许有一天能再次与他们合作。

2.1.3　与猎头合作

特别是当劳动力市场紧张时，一些公司会通过被称为猎头的外部招聘人员来帮助他们找到候选人。此外，求职者可能会发觉寻找猎头并向他们提供自己的信息是有用的。

猎头可以帮助求职者找工作，并在出现与其技能相匹配的工作时进行通知。这可能需要经过一段时间，所以在求职时要沉住气。

各猎头的能量不一样大，所以请四处询问，看看认识的人有没有建议。如果无法通过这种方式找到猎头，则可以在网上搜索猎头、招聘人员或人才市场服务。你可以通过索要参考来判断有意合作的猎头是否给力，但请注意猎头和很多人打过交道，即使是那些业绩不好的猎头，也可能有 5～10 个满意的客户作为参考。

在与猎头合作时，必须了解他们的动机：猎头只有在他们推荐的申请人被雇用时才会得到报酬。因此，为尽可能多的人尽可能快地介绍尽可能多的工作是猎头所希望的。如果没有经济鼓励，猎头不会帮你找到最好的工作，或者为一家公司找到最好的求职者。如果意识到猎头的经营是为了谋生而不是为了帮助你自己,那么大可不必为此经历感到惊讶或失望。这并不是说猎头是坏人,也不是说他们以利用求职者或公司为铁律。找猎头帮忙是有裨益的,但不能指望他会越过他们自己的利益。

当猎头发来可能的职位时,通常会包含一段职位描述和公司类型的模糊描述,但没有公司名称。这是为了确保猎头在求职者得到工作后获取佣金。绕过猎头而自行向猎头帮忙联系的公司申请工作是不道德的,但有时你可能希望在求职过程推进之前能得到有关公司或工作更多的信息。例如,你想确定它是否是自己已经申请过的工作,或者上下班通勤时间是否过长。猎头发来的职位描述一般是从公司网站上逐字复制的,因此将其粘贴到惯用的搜索引擎中,通常可以找到原始的职位列表。

有些公司不会以任何名义与猎头合作,因此不要局限于只通过猎头进行求职。当然,要避免与任何坚持成为自己的独家代表的猎头公司合作。最后,请注意"猎头"是这个职业以外的人们广泛使用的术语,但是大部分做这项工作的人都认为这带有贬义,因此在与猎头交谈时,最好不要使用"猎头"这个词。

2.1.4　直接联系公司

直接联系公司也是值得一试的。互联网是这种方法的最佳媒介。大多数公司的网页都有提交简历的说明。如果网站列出了具体的空缺,则请仔细阅读并明确针对所感兴趣的职位提交简历。如果公司内部没有联系人,则最好选择具体的职位空缺:在许多公司中,针对特定工作机会的简历会直接转发给招聘经理,而那些没有提及特定职位的简历在人力资源数据库中不会被关注。如果还没有考虑过特定的公司,那么以技术为导向的求职网站是开始求职搜索的好地方。

如果网站未提供任何提交简历的说明,则请查找可以发送的电子邮件地址。将简历以纯文本形式放在邮件正文中,因为纯文本使得收件人可以直接阅读而不需要任何操作,而附件使得收件人可以打印副本,所以除非看到其他明确的指示,否则请按照纯文本加附件的形式提交简历。PDF 文件是理想的格式。没有的话,请采用 Microsoft Word 文件作为附件。除非特别要求,请不要采用其他任何格式作为附件文件。请确保已经完成文件转换,以便旧版本 Word 可以打开,并让附件通过防病毒程序扫描(一般可以通过将简历作为附件邮寄给自己来完成查毒试验),以完全确保简历没有携带任何宏病毒。

直接联系公司有点像远距离射击,特别是当简历被发送到一般的人力资源电子邮箱后。许多公司使用自动筛选软件来过滤收到的简历,所以如果简历缺乏正确的流行语,那么人们甚至都不一定能看到它。有关简历如何通过自动化筛选器,请参阅附录。手头如果有份好简历,那么申请工作的时候就可以少费些时间和精力,而且自己也没什么损失。

2.1.5　招聘会

招聘会是一种可以毫不费力地了解和联系很多公司的简单办法。在招聘会上,应聘任何一家抢手公司的成功率都很低，因为届时申请人太多。但是，考虑到招聘会上公司的数量，参加求职的总体成功率可能仍然是很大的。如果在招聘会上收集名片并随后跟进，那么便可以远离招聘会的人山人海。

此外，如果可以借助大学就业中心、校友组织和专业协会寻找工作，那也是很有益的。

2.1.6 技术驱动的网站

一些编程竞赛网站会安排候选人与机器人和其他候选人"对峙"，包括 TopCoder、HackerRank 和 CodeWars。这些网站可以成为在线个人资料的重要组成部分，也是寻找工作的重要来源。如果能在这些网站上取得成功，那么工作机会将随之而来，因为老板们想要最优秀的程序员，这是展示实力的捷径。

像 Hired 这样的网站是上传简历的地方，然后公司会在面试之前"提供"一份工作。在与公司面谈之前，你可以决定对哪份录取通知感兴趣。许多初创公司都使用这样的网站，这可能是他们聘人的唯一方式！这种方法的主要优点是，对于那些你不考虑的公司，可以避免与其浪费时间。然而，如果自己经验不足，或者踏上了一条寻找工作的不寻常路，又或者目标工作的条件与一般工作不一样，则面试将依然非常困难，获得好的就业机会可能富有挑战。

2.2 面试过程

如果有人对你的简历印象深刻并希望谈谈，那么下一步就是进行一轮或多轮筛选面试，通常之后是一轮现场面试。本节会介绍面试过程的各个阶段，以及如何着装取得成功。

2.2.1 筛选面试

筛选面试(screening interview)通常采用电话或视频会议进行，持续时间为 15～60 分钟。一般应在安静的房间里面试，不要分心，并准备笔纸用于做笔记。如果是大学招聘流程，筛选面试部分则也可能在招聘会或校园现场进行。

通常，初步筛选面试时，会有公司招聘人员或人力资源代表参加。招聘人员需要确认面试者是否真的有兴趣加入公司工作、是否拥有该职位所需的技能，以及是否接受与该职位有关的一些影响家庭生活的要求，例如公司迁址或出差。

如果得到招聘人员肯定，则通常会进行第二次筛选面试，这一关会被问及技术问题。这些问题旨在消除那些夸大其简历或缺乏该职位关键技能的申请人。应该像对待现场面试一样认真对待技术电话面试。筛选面试将在第 4 章中详细介绍。

如果筛选面试得以通过，那么招聘人员通常会在一周内回复，以便在公司办公室安排现场面试。

2.2.2　现场面试

在现场面试中的表现是决定录取的最重要因素。这些面试主要包括各种技术问题：要求实现一个简单程序或函数的问题；考查计算机、计算机语言和编程知识的问题；有时甚至是数学和逻辑难题。本书的大部分内容侧重于指点如何回答这些问题，以便在面试中取得成功。

现场面试通常持续半天或一整天，一般包括 3～6 次面谈，每次 30～60 分钟。要尽早到位并在公司办公室好好休整，在各种面试开始前也尽可能休息一下。关掉手机；在任何情况下，都不能因收发短信或通电话打断面试。

也许以前相处过的招聘人员或招聘经理会过来欢迎你。在面试正式开始之前，你可能可以随意地看看周围环境，这是察看公司工作条件的好方法。

如果被录用，则面试官可能是未来合作的团队成员，也可能是公司内其他团队随机挑选出来的工程师。在大多数公司，任何面试官都可以否决申请人被雇用，因此所有面试都很重要。有时同一天与两个独立的团队进行面谈也未尝不可能。通常，面试的每个小组都会单独决定是否表达录取意向。

面试当天的中途，公司通常会带求职者出去吃午饭。在一个不错的餐厅或就在公司的自助餐厅享用免费午餐当然是愉快的，但不要完全放松警惕。如果在午餐时留下负面印象，录取通知可能就丢了。要有礼貌，避免喝酒以及把食物吃得乱七八糟的。这些一般准则适用于所有公司的外出活动，包括晚间招聘活动。晚上外出时可以适度饮酒，但要保持克制。喝醉不太可能提高录用机会。

在一天结束时，求职者可能会遇到老板。如果老板花了很多时间试图鼓动求职者为公司工作，那么这是一个非常强烈的征兆，表明求职者在面试中表现很好，快被录用了。

2.2.3　着装

求职者传统上穿着西装接受面试。不过，大多数科技公司都是商务休闲装，甚至只是休闲装。有些公司流传的笑话是，穿西装的人只可能是求职者和销售人员。

穿不穿西装很有讲究。如果公司里没有其他人穿着西装，那么穿西装可能是不利的。另一方面，如果穿牛仔裤和 T 恤，那么面试官可能会觉得这个人没有表现出足够的尊重或认真，即便面试官自己可能穿着牛仔裤。建议四处打听下穿什么去公司合适。对服装的选择因地点和业务性质而异。例如，为银行或券商工作的程序员可能会穿着西装。在这种工作条件下，参加面试应当比想象中还要更注意着装。

但总的来说，对于大多数技术性的面试，西装甚至夹克和领带都有点太过正式。像出去吃一顿美味的晚餐一样着装就好，有时也可以洒些香水。

2.3　招聘人员的角色

面试和录取通常由公司招聘人员或人力资源代表进行组织协调。招聘人员负责面试的时间安排和后勤保障，包括报销候选人的差旅住宿费用。招聘人员通常不参与招聘决定，但可能会将有关信息反馈给参与招聘决定的那些人。他们通常还负责电话通知录用并与求职者商谈工资待遇。

　　招聘人员对他们的工作很在行。绝大多数招聘人员都是受人尊敬的，值得你给予尊重和以礼相待。尽管如此，不要被他们的友善欺骗，因为他们的工作不是帮助求职者，而是让求职者尽可能快地与他们的公司签约，工薪越少越好。与对待猎头一样，你需要了解招聘人员所处的位置，以便了解他们的行为方式：

- **招聘人员可能会专注于工作的福利或津贴，以回避工作所包含的其他负面影响。** 他们通常会跟候选人说，任何有关录用的问题都可以去找他们。说到福利和工资问题还好，但说到工作内容的问题却往往得不到正确的解答。招聘人员通常不太了解候选人应聘的工作。当问及有关工作的具体问题时，招聘人员没有动力去为候选人找到答案，特别是在答案会影响候选人答应为公司工作时。相反，招聘人员可能会根据他们认为候选人想听到的内容做出一个模糊的回应。如果需要听正面回答，那么最好直接找到你将要为之工作的人。如果觉得和招聘人员话不投机，那么也可以尝试直接与未来的经理联系。这是一个有点风险的策略——肯定不会赢得招聘人员的爱——但招聘经理通常有权否决招聘人员的决策。招聘经理通常比招聘人员更愿意灵活。候选人只是招聘人员的其中一个申请人，但对于招聘经理而言，候选人是他们选择与之合作的人。
- **在决定录用后，招聘人员的工作就是尽一切可能让求职者以尽可能低的薪水接受报价。** 招聘人员的薪酬通常与他们签署的候选人数量有关。为了操纵求职者，招聘人员有时可能会通过了解求职者已经拿到的录取通知书并引导其进行所谓的客观分析来确定哪个是最佳的，从而尝试扮演职业导师或顾问。不出意外，招聘人员想引导出的分析结论是，加入招聘人员所在的公司显然是最佳选择。
- **一些招聘人员对其候选人过于排外，他们不会向其提供未来团队的联系信息。** 为了防止这种事情，请在面试过程中从面试官那里收集名片，特别是来自未来经理的。然后便能够掌握必要的信息，而不需要通过招聘人员获得。

2.4　录用和谈判

　　当拿到录取通知时，最困难的部分已经过去了：只要想要工作，现在就有工作可做。但是，游戏还没有结束。工作的目的是为了赚钱。最后一关怎么玩很大程度上决定了未来工资有多少。

　　当招聘人员或招聘经理提供录取通知时，他们可能会说明公司计划支付多少薪水。或许更常见的做法是他们说公司想聘请你，并询问你对薪酬的期望值。第 19 章将详细介绍如何回答这个问题。

　　在获得有关薪水、入职奖金、福利以及可能的股票期权等详细信息后，你需要决定是否对此感到满意。这不应该草率——千万不要当场接受报价。一定要花费至少一天时间考虑这样的重要决定，因为一天所造成的改变可能会让人吃惊。

2.4.1　应对招聘人员的施压

　　招聘人员经常采用各种高压策略让求职者快速接受录用。他们可能会说，如果你想要这份工作，那么必须在几天内接受这份工作，否则他们本来准备给你的巨额入职奖金会每天定额减少。不要因这种欺凌行为而匆忙做出决定。如果公司想要你(假如公司给了录取通知，这事八九不离十了)，那么这些限制条款是可以商量的，即使招聘人员说不行。如果招聘人员拒绝变通，那么你可能得绕过招聘人员与招聘经理交谈。如果这些条件不能松动，那么你可能并不想在这个充满欺凌的死板公司工作。

2.4.2　商量薪资

　　如果经过思量，录用结果达到或超过预期，那么万事大吉。相反，如果对结果不够满意，那么你应该试着去谈谈。大多数人要求的太少，而不是太多。无论你是谁或背景如何，都别担心"不够格"。申请人通常认为录用结果是不可商量的，并且在没有谈判的情况下拒绝录用或接受不满意的结果。几乎所有录用结果都在一定程度上是可以协商的。

　　在没有尝试谈判的情况下，你绝不应出于薪水原因拒绝录用。如果谈判的是谈不拢就走的工作，那么你占有主动权。反正谈不拢就走，所以没有什么损失。

　　即使待遇在期望的范围内，通常也值得一谈。只要在谈判时恭敬诚实，并且要求是合理的，几乎绝不可能因为试图谈判而失去公司定下的待遇。在最糟糕的情况下，该公司拒绝改变提供的待遇，这也没有比商谈之前差。

　　如果打算协商薪酬方案，则请按以下步骤操作：

- **弄清楚自己想要什么。**你可能要的是入职奖金、更高的薪酬或更多的股票期权。要考虑到公司的状况，并在开始协商之前掌握该公司一般的待遇情况，尊重现实。可以咨询朋友或在 Glassdoor 等网站上展开研究。
- **与适当的谈判者(通常是招聘人员)约时间打电话。**谈判代表通常与发放录用结果的人是同一人。不要贸然打电话给谈判者，因为他们有时可能不方便接电话。
- **解释实际情况。**告诉他们收到录取通知很感激，并解释为什么你对它不完全满意。例如，你可以说"我很高兴收到这个录用结果，但我很难接受它，因为它与我的其他录用结果相比没有竞争力"。或者可以说"再次感谢贵公司的青睐，但是我很难接受它，因为我通过与同行的讨论以及与其他公司的谈话，发现这种待遇低于市场行情"。如果谈判代表要求详细了解有哪些公司愿意多支付薪水以及薪金多少，或者你的同行在哪里工作，那么你对这没有义务回应。你可以简单地说"我得为我的工作待遇保密，包括贵公司的，另外我觉得提供这些情报不敬业"。

- **感谢谈判代表的时间和帮助，并表示期待再次收到他们的回复。**谈判代表很少在现场改变既定待遇。公司的谈判代表可能会了解你的想法，或者反过来说待遇是没商量的。声称待遇是不可商量的通常只是一种强硬的谈判策略，所以在各种情况下，都应该礼貌而恭敬地回应对公司待遇的期望，并让谈判者有机会考虑刚才所说的话。

许多人觉得谈判不舒服，特别是在与每天都做这些事的专业招聘人员打交道时。为了避免不得不进行的谈判，有人因为报价足够接近而接受报价的情况并不少见。如果对谈判有这种感觉，则试着这样想：你基本没有损失，甚至在协商中取得适度的成功也是有益的。如果 30 分钟的电话就能使你的薪酬增加 3000 美元，那么你每小时的就赚了 6000 美元。这很划算。请记住，获得更多薪水的最佳时间是在你接受工作之前。当成为一名雇员时，公司占主动权，工资增长通常要小得多，而且难以实现。

2.4.3　接受和拒绝录用

在某个时刻，谈判即将完成，是时候准备接受录用了。在告诉公司准备接受录用后，请务必与公司保持联系，以确定开始工作的时间及签合同事宜。此时，公司可能会进行背景调查，以验证身份和相关凭证。

要专业地谢绝其他公司的录用。保持友好的联系很重要，特别是在经常改换工作的技术行业。毫无疑问，你与所有拿到录取通知的公司都已建立了联系。如果没有向他们告知你的决定，则是愚蠢的做法，因为白辛苦他们之前为你联系工作了。如果与其他公司的招聘人员联系过，你就应该通过电子邮件向他们发送自己的决定(不过，不要指望他们喜出望外)。也应该亲自打电话给那些发来录取通知书的招聘经理，要感谢他们并让他们知道自己的决定。例如，你可以说"我想再次感谢你给我录取通知。我对贵公司印象深刻，但我认为它不是我现在的最佳选择。再次感谢你，感谢你对我的信任"。除了单纯地体现自己有素质，这种做法经常能得到回应，例如"我很高兴认识你，我很抱歉你不能加入我们。如果在那家公司不顺利，就请给我打个电话，也许我们可以帮你解决问题。祝你好运"。

这为你下次寻找工作提供了一个很好的起点。

2.5　小结

可以通过各种方式找到未来的工作，但通过朋友和熟人建立联系通常是最好的方法。如果不可行，则请直接寻找并联系公司。另外也可以聘请猎头帮忙。请注意，猎头的动机并不总是与你的动机保持一致。

面试是工作申请过程中最重要的部分。你通常将通过电话进行一到两次筛选面试，以确保申请的是合适的岗位，并且个人条件与工作契合。在筛选面试之后，你通常会经历一系列现场技术面试，以最终决定是否录取。一定要穿着得体地参加面试，并关掉随身携带的各种电子产品。

　　在面试过程中，你会频繁地与公司的其中一个招聘人员互动，特别是在他们做了录用决定的情况下。务必了解招聘人员在此过程中的角色。

　　当招聘人员表明要录取自己时，请勿立即接受。给自己时间考虑一下。看看相应报酬，并尝试协商更好的待遇，因为无论招聘人员说什么，待遇大多不是固定的。接受工作机会后，请务必联系那些曾经跟你提出录取意向的人，感谢他们对自己的青睐。

第 **3** 章

电 话 面 试

第一组编程问题很可能会在电话技术面试中出现。电话面试也称为电话筛选，旨在淘汰那些不合格的候选人，这些候选人不值得面试官花时间在现场亲自考察他们的技术能力。求职者如果没有通过电话面试(电话面试可能有多次)，则不会被邀请参加现场面试。

 注意："电话面试"一词有点过时，反映了非现场筛选面试最原始的表现形式：软件工程师会通过电话向求职者询问一系列问题，求职者会尽力回答，通过一揍纸算出答案，并用言语传达结果。然而，现在的电话面试基本上采用视频会议或者屏幕共享软件，以及云上代码编辑系统。

3.1 了解电话面试

电话面试旨在确定候选人是否具备在公司工作所需的基本技术知识和经验。为了谋求通过最初的简历筛选，候选人可能会夸大自己的能力和经验。例如，不少候选人声称自己曾经使用过所有编程语言，并且都很精通，即使对于那些只在应付学校作业时用过一次的编程语言也如是说，这种情况屡见不鲜。有些候选人甚至完全是在撒谎。如果邀请这些人进行现场技术面试，目的只是为了发现他们确实没有这个职位所需的基本能力，那可真是浪费大家的时间——特别是需要请软件工程师主持面试的时候。电话面试就是用于避免这些场景。

3.1.1 软件工程师主持的电话面试

通常，最高质量的电话面试是由软件工程师主持的。这些面试通常包含着知识类问题和一些基本的编码设计任务(不要为某些面试问题过于简单感到惊讶或是感到在冒犯自己。记住，它们旨在迅速剔除吹牛和说谎的候选人)。

在现场面试和电话面试中，知识类问题很常见。第 18 章将深入介绍知识类问题。正如在第 18 章详细讨论的那样，知识类问题通常有两个来源：简历上列出的那些条目，以及回答其他问题时提到的概念。确保准备好讨论简历上的所有内容，并且不要在问题的答案中夹杂自己不真正清楚的术语或概念。

除了测试知识外，优秀的面试官还会要求候选人完成编程任务。一般来说，这些问题都是能在短时间内直接解决的编程问题。在这个环节，面试官想知道候选人是否真的会编程。深入的编程水平考核一般会留在现场面试的时候。他们可能会根据编写的代码询问其他知识点。特别是当候选人是一位经验丰富的软件工程师的时候，他们可能会与之在比较宽广的知识范围内讨论一些设计问题。

编程问题的解答方法将在第 4 章讨论，但由于电话面试中遇到的问题通常比现场面试中简单，这些问题一般能被较快地解决，可能不需要什么解题技巧。

3.1.2 非技术人员主持的电话面试

软件工程师的时间很宝贵，因此一些公司会使用非技术面试官(通常是招聘人员)或自动考试系统进行筛选。与软件工程师的面试相比，候选人会不幸落入不利地位，因为这时候的面试通常形式死板，很少或根本没有机会解释答案或题目中的含糊之处。如果电话面试是和人打交道，那么万一你察觉出任何含糊不清或没有意义的地方，一定要指出问题并与面试官商量，看看题目是否需要调整。如果可能的话，则要求面试官做好记录，而不仅仅是记下回答结果是否与答案范围相配。如果运气好，则面试官会向相关知识较足的人增加这些问题的难度，并据其回应打分。

当被非技术人员面试时，你应该相应地调整策略。如果面试官只是在宣读试题，那么你通常能意识到他们似乎对正在阅读的东西了解不多，你正在被非技术人员面试。每个问题都有正确的答案，但与你交谈的人无法解读你的回答，除了确定回答是否与答案表上的"正确内容"完全匹配。在这种情况下，如何回答问题非常重要，关系到是否能最大限度地覆盖面试官手上的答案。例如，如果被问到 C 函数 malloc 在无法分配内存的时候返回值是什么，你回答 0x0，则面试官可能会说"不，是空指针"(或者更糟，默默地标记回答错误)。不管回答如何接近答案，任何准备好的后续解释都将被置若罔闻。当被非技术招聘人员面试时，千万要回答所有可能的、等效或同义的结果，例如"它为零，十六进制为 0x0，通常称为空指针"。

如果发现问题有多种可行方案，并且觉得面试官无法帮助你将答案范围缩小至"正确"，则请列出各个解决方案，并解释为什么每个回答对于给定场景是正确的：如果其中某个答案事实上是"正确的"，则面试官通常会采纳，然后继续下一个问题。例如，可能有个问题是"最快的排序算法是什么"。作为对知识渊博的工程师进行面试的一个环节，最佳答案通常是根据排序内容、排序性能要求将几种不同算法的相对优势进行滔滔不绝的深入探讨。但是，一个非技术人员只想听到单一的、简洁的答案，如"快速排序"。你可能会对面试官的回应感到沮丧，因为他会说"我只需要一个词，即最快算法的名称"。不过，要保持礼貌并且别对提出的问题表示怀疑或沮丧。如果试图说服面试官他们的所作所为是错误的，则你永远得不到那份工作。

自动面试从某种角度来看更为简单。当被问到一个问题时，通常有几个答案可供选择。如果两个或多个答案都可能是正确的，则选择最简单的答案，但可以记下问题及感觉不确定的原因，然后找机会和招聘人员讨论。如果要求编写一段代码，则请确保代码在语法上是正确的并按要求解答问题，同时确保代码覆盖了边缘情况和出错条件。如果代码运行无法通过基本测试，则考试系统很可能会完全拒绝它。请务必在代码中添加注释，说明正在执行的操作，以便稍后查看代码的人能理解你试图完成的事情。

3.2 如何进行电话面试

在典型的电话面试中，是看不到面试官的，只能聆听他们的提问，所以面试过程与现场面试感受不同。以下是有关如何进行电话面试的一些提示：

- 准备环境。
  - ➤ 需要在一个安静的、有电脑的空间里进行面试，避免分心。
  - ➤ 备好纸笔以便做笔记。
  - ➤ 如果通过视频会议或远程面试系统进行面试，则确保已提前安装并测试了所需的软件。
  - ➤ 具有耳机或扬声器功能的手机(任何手机都可以)是必需的——手需要空出来打字和做笔记(如果视频会议的音频出了问题，则手机也可以作为备用通信方式)。
- 为面试安排好时间。
  - ➤ 大多数电话面试为 15～45 分钟。
  - ➤ 重新确定面试前后的日程安排。
  - ➤ 在预定面试开始时间前 10～15 分钟准备就绪。
  - ➤ 多预留点时间，即便面试时间过长，也不会给自己带来压力。
- 说话响亮清楚。
  - ➤ 在面试开始时，确保面试官能够清楚地听到自己，并且自己也能清楚地听到他们说话。
  - ➤ 告诉面试官解决问题的思路，当需要几分钟来安静思考时，必须告诉他们。
  - ➤ 必要时请求面试官解释问题。
- 讲礼貌。
  - ➤ 在整个面试过程中保持积极、愉快和尊敬的语气，即使问题可能过于简单或出得不好。

> ➤ 面试结束时一定要感谢面试官。
>
> ➤ 如果时间允许，则向他们询问有关为公司工作的具体问题以及(如果面试官是软件工程师)他们所从事的项目。

最后一个提示：如果身体不适或者当天日程安排发生变化，则请招聘人员将面试改期。重新安排电话面试要比重新安排现场面试容易得多，因此在进行电话面试之前，请确保自己处于最佳状态。

3.3　电话面试问题样例

本书无法做到详尽无遗，以下面试题目仅是电话面试中可能出现的、有代表性的、比较简单的知识类和编程类问题。如果对这类问题能处理好——能够展示出自己的基本编程能力——那么面试官可能会转向更复杂的问题。

3.3.1　C 中的内存分配

 问题：如何在 C 中分配内存？

这是一个问题示例，可以根据提问者的技术理解水平来调整自己的回复。在 C 中分配内存的最常用方法是调用 malloc。如果是与非技术人员进行电话面试，则回答到这一步就够了。如果面试官具有技术背景(或者并不确定面试官是否懂技术)，那么可以基于刚才的回答继续谈论动态和静态内存分配之间的权衡、在标准 C 内存管理器中不大常用的调用函数(如 calloc 和 realloc)，以及可能需要使用自定义内存管理器的特殊情况。

3.3.2　权衡递归的利弊

 问题：为什么递归不好？

这个题目出得不好，估计只有非技术的面试官才会出这种题目。递归是一种技术。它有利有弊，需要权衡。更好的问题形式是"使用递归有什么缺点"。是否喜欢这个问题并不重要，你仍然需要尽最大努力去回答它。非技术面试官手上的答案可能罗列了一些与递归有关的缺点。确保列举尽可能多的缺点来命中所有可能的答案。你可以回答"递归涉及重复的函数调用，每个调用都会在时间和栈空间中产生开销。许多人觉得递归难以琢磨，这会使递归函数难以采用文字表述，难以跟踪调试以及进行后期维护"。

3.3.3　移动编程

 问题：移动设备上的编程与普通计算机的编程有何不同？

这个问题涉及许多未说明的假设，例如"普通"计算机是由什么构成的。如果是与非技术面试官交谈，那么想得到关于这些假设的充分说明是不太可能的。和上一题思路一致，列出所有可能的差异非常重要，这样才能有望命中面试官手上的答案。

移动编程与非移动编程有几点不同。移动设备通常使用自己专用的操作系统，如 Android 或 iOS。与桌面或服务器操作系统相比，这些操作系统采用不同的文件系统访问、内存访问和应用程序间通信的规范。移动编程需要更加谨慎地关注功耗，另外存储和网络带宽通常更加有限。网络连接可能是间歇性的，可用带宽会在很大范围内变化。大多数移动设备使用触摸屏和麦克风作为主要输入设备，因此用户界面设计的重点是在如下方面优化用法：小屏幕、用手指触控的小组件、手势识别、语音识别和最小化文本输入，因为这些方面在软(基于屏幕的)键盘上是不方便的。与非移动设备相比，移动设备具有更加一致的资源可用性，如加速度计、GPS 定位服务、通知和联系人数据库。对这些资源的访问可能受权限模型的限制。应用程序部署只能采用专门手段，或者说主要采用专门手段进行，正常情况下依托在线应用商店实现。

3.3.4　FizzBuzz

> 问题：编写一个程序打印数字 1～100。如果某个数字可以被 3 整除，则打印 Fizz 代替；如果该数字可以被 5 整除，则打印 Buzz 代替；如果该数字可以同时被 3 和 5 整除，则打印 FizzBuzz 代替。

这个简单的任务是英国的儿童游戏，用于除法教学。它最先被 Imran Ghory 建议作为面试用题，并由 Jeff Atwood 和 Joel Spolsky 等程序员推广开来。完成任务真正需要的是对 for 循环和取模运算的理解。这种题目的潜在陷阱是让人想太多。任何有能力的程序员都应该能够相当快地找到一个可行解决方案，但是如果专注于设计一个非常优雅的解决方案，那么你就掉坑里了。特别是在筛选面试中，不要让"完美"这个词成为"良好"这个词的敌人。与其在编写代码之前花费大量时间尝试优化和完善方法，不如迅速找到一个可靠而准确的可行方案。如果觉得解决方案不够优雅，则可以向面试官提一下，看看他是否建议修改，或者继续下一题。一段不大优雅但可行的 Java 解决方案可以像这样：

```java
for ( int i = 1; i <= 100; ++i ) {
    boolean divByThree = ( i % 3 == 0 );
    boolean divByFive = ( i % 5 == 0 );
    if ( divByThree && divByFive ) {
      System.out.println( "FizzBuzz" );
    } else if ( divByThree ) {
        System.out.println( "Fizz" );
    } else if ( divByFive ) {
        System.out.println( "Buzz" );
    } else {
        System.out.println( i );
    }
}
```

3.3.5　字符串翻转

问题： 编写一个不使用任何库函数来翻转字符串的函数。

这个简单的问题能够考验候选人对基本字符串操作的理解程度。一个简单的 Java 方案可能如下所示：

```java
public static String reverse( String in ) {
    String out = "";
    for ( int i = in.length() - 1; i >= 0; --i ) {
        out += in.charAt( i );
    }
    return out;
}
```

上面的方法是可行的，但下面的方法更好：

```java
public static String reverse( String in ) {
    int len = in.length();
    StringBuilder out = new StringBuilder( len );
    for ( int i = len - 1; i >= 0; --i ) {
        out.append( in.charAt( i ) );
    }
    return out.toString();
}
```

通过避免在每次循环迭代中构造新的 **String** 对象，这个版本更有效率并且展示了对 Java 语言中字符串不变性的清晰理解(有关此内容的更详细讨论，请参阅第 7 章)。在电话面试中，这两个解决方案都是足够的。可能会有下面的故事情形：由程序员主持电话面试时，你首先给出了第一个解决方案，这个答案可能会被评价为"运行效率低下"。接下来，面试官会提出有关实现中的效率低下问题，想看看你能否设法给出接近第二个解决方案的解决方案。

3.3.6　删除重复项

问题： 给定一个未排序的整数列表，编写一个函数，返回一个删除了所有重复值的新列表。

一种简单但笨拙的方法是将整数值存储在第二个列表中，搜索该列表以确定是否已经看到过某个值。以 C++为例：

```cpp
#include <list>

std::list<int> removeDuplicates( const std::list<int>& in ) {
  std::list<int> out;
  for ( auto ival : in ) {
    bool found = false;
```

```
        for ( auto oval : out ) {
            if ( ival == oval ) {
                found = true;
                break;
            }
        }
        if ( !found ) {
            out.push_back( ival );
        }
    }
    return out;
}
```

通过将列表转换为不允许重复值的集合，可以更加简洁有效地实现相同的目标。集合不保留其数据的原始顺序。这种处理方式或许还算可行，因为问题陈述并不要求保留顺序，但是你应该和面试官说明一下。如果目标要求是避免重复，那么采用集合存储这些数据可能是比有序的列表更好的选择(如果面试官技术基础扎实，则这样讨论是可行的)。但是，该题目要求返回一个列表，因此你应该将该集合转换回列表，而不是返回一个集合。在 C++中，可以通过将迭代器从一个数据结构传递到另一个数据结构的构造函数，将列表转换为集合，反之亦然。具体实现如下所示：

```
#include <list>
#include <unordered_set>

std::list<int> removeDuplicates( const std::list<int>& in ) {
    std::unordered_set<int> s( in.begin(), in.end() );
    std::list<int> out( s.begin(), s.end() );
    return out;
}
```

同样，因为电话面试的目的主要考查候选人会不会编程，所以提出第一种解决方案后可能已经够格了，但如果列表排序无关紧要，那么第二种解决方案显然是更好的，并且一旦想出利用集合的办法，实现起来也更简单。

3.3.7　括号嵌套

问题： 给定一个包含左右括号字符的字符串。编写代码以确定括号是否正确嵌套。例如，字符串"(())"和"()()"是正确嵌套，但"())("和")("不是。

我们知道，在正确嵌套的字符串中，左括号和右括号的数量相等，因此可以先将此题目定为计数问题。因为括号组的总数可以不关心，所以可以使用单个变量来跟踪左括号和右括号的相对数目。当看到左括号时让计数器自增，并在看到右括号时让计数器自减。如果最后计数器非零，则表示字符串嵌套错误。

在开始编码之前要检查刚才所提出的解决方案。这个解决方案到目前为止是否已经可以了？至少应该检查所提出的方案能通过问题中给出的 4 个示例。计数方法将在前两个正确嵌套的情况下给出正确结果，对于第一个错误嵌套的情况，计算也是正确的，但对于最后一个例子，计数器的最终值是零，因此程序将错误地断定嵌套是正确的。当右括号和左括号的数量相等时，应该如何扩展当前的解决方案以检测嵌套错误？

样例")("没有正确嵌套，因为右括号出现在与它配对的左括号之前。只有相同数量的左右括号是不够的。每个右括号都必须在与它配对的左括号后面。将样例放在目前的算法中进行计数，结果为零，但这样不行。还必须永远不会出现负数。什么时候需要检查计数器为负数的情况？计数器只会在递减之后变为负数，所以可以在减量之后立即检查。Java 中的实现如下所示：

```java
public static boolean checkNesting( String s ) {
    int count = 0;
    for ( int i = 0; i < s.length(); ++i ) {
        char ch = s.charAt( i );
        if ( ch == '(' ) {
            ++count;
        } else if ( ch == ')' ) {
            --count;
            if ( count < 0 ) return false;
        }
    }
    return count == 0;
}
```

3.4 小结

电话面试是雇主用于筛选没有所需技能和经验的候选人的一种方式，防止他们进入现场面试。要被邀请进行现场面试，必须先通过电话面试，因此电话面试是获得工作机会的关键一步。请确保自己掌握了所申请的工作所需的基本知识以及自己简历中提到的所有内容。在进行电话面试前，请调整好自己，做好日程安排以及准备好电话面试的环境。

第 **4** 章

编程解题方法

编程问题是面试过程的核心内容，是大多数计算机公司和软件公司用来决定是否雇用候选人的依据。候选人在编程面试中的表现情况是被录用的主要决定因素。

编程问题通常具有难度。如果所有人(或大多数人)都能快速回答某个问题，那么公司在下次面试中就不会再次启用该问题，因为它反映不出候选人的差别。许多问题被设计为需要近一个小时来解决，所以如果没有立即得到答案，也不要泄气。几乎没有面试者能遇上一道简单的题目。

 注意：这些问题很难！有些问题旨在考查候选人在没有立即得到解决方案时处理问题的表现。

4.1 面试过程

编程问题的实质是用于界定编程水平。这是面试中最重要的部分，因为自己所写的代码和提交给面试官的答案在很大程度上决定了面试官是否会推荐自己得到这份工作。

4.1.1 面试场景

面试一般是在面试官跟前当面解题。面试官可能会提供计算机，但大多数情况下只会给候选人一支马克笔和一块白板(或纸笔)并要求编写一些代码。面试官通常希望候选人在开始编码之前先分析题目。一般来说，候选人需要写出一个函数或方法，但有时则需要编写类定义或一系列相关的代码模块。无论是哪种情况，使用实际存在的编程语言或某种形式的伪代码完成编程都是允许的(越贴近实际运行的代码则越好)。

4.1.2   面试问题

面试选用的题目是有具体要求的。它们必须足够短，以便能够被快速合理地解释和解决，但又必须足够复杂，以防能被过多人解决。因此，给候选人的面试题不可能是实际项目中的问题。几乎所有有价值的现实项目问题仅进行解释都需要很长时间，更不用谈解决了。反倒是很多选用的题目都需要候选人掌握算法技巧或不常用的编程语言特性。

这些问题通常禁止候选人使用最常见的办法完成任务或禁止候选人使用最理想的数据结构。例如，可能会遇到如下问题：编写一个函数，判断两个整数是否相等，不能使用任何比较运算符。

这纯粹是一个刻意为之而愚蠢的问题。几乎所有存在的语言都有某种方式来比较两个整数。然而，如果对这个问题的回应是"这是一个愚蠢的问题，我一直用的都是相等运算符。我在实际中永远不会遇到这个问题"，那么这样的回应在面试中是不被认可的。即便题目是真的愚蠢，如果拒绝解决所要求的编程问题，那只会和录用通知擦肩而过。在这里，面试官是在等待候选人提出另一种比较两个整数的方法(提示：尝试使用位运算符)。

可以采取另一种回应方式，先说明在没有限制的情况下解决该问题的办法，然后按照问题要求解决问题。例如，如果被要求使用哈希表解决某个问题，则可以说"使用二叉搜索树会很容易，因为提取最大元素要容易得多，不过可以看看我采用哈希表如何解决这个问题"。

 注意：许多问题具有荒谬的限制条件，需要用到不常用的编程语言特性。候选人最好遵守规则。在特定条件约束下工作的能力是一项值得养成的重要技能。

问题通常按照难度逐渐增加的方式出现。这不是一个严格的规则，但是如果正确地回答了前面的题目，后面的会变得更加困难。通常情况下，各个面试官会彼此沟通，互相知悉问了候选人什么，候选人能回答什么，以及无法回答什么。如果在早期的面试中解决了所有问题，但后来遇到了更难的问题，那么这可能表明前面的面试官对你的回答印象深刻。

4.1.3   选用哪种编程语言

如果所申请的工作有特定编程语言要求，那么了解这些语言并使用它们来解决问题是必需的。好的工作介绍往往会将这些要求讲得很清晰，但如果还是不确定应该掌握哪种语言，则请询问招聘人员。如果申请的是一般的编程或开发岗位，那么全面了解 Java、Python、JavaScript、C#和 C++等主流语言就足够了。面试官可能允许使用其他流行语言作答，例如 Ruby、PHP、Swift 或 Objective-C。如果可以选择，则请选择自己最熟悉的语言，但可能针对某个待解答问题需要使用特定语言。面试官不太可能接受你使用 Go、Scala、Perl、Lisp 或 Fortran 等语言，但如果你对其中一种特别擅长，那么不妨试着申请使用。

在进行面试之前，请确保自己对计划使用的编程语言的运用和语法轻车熟路。例如，如果已经有几年完全没碰 C++编程，那你至少应该找一本优秀的 C++参考指南翻阅一下，重新熟悉该语言。

4.1.4　互动是关键

你在面试中编写的代码可能是面试官看到的关于你所写代码的唯一样例。如果代码写得差，则面试官会认为你总是编写差的代码。这可是打造并展示自己最佳代码的机会。要花点时间把代码处理得可靠而漂亮。

注意：复习自己打算使用的语言，始终写出最好的代码！

编程问题旨在了解候选人的编程能力以及解决问题的方式。倘若所有的面试官们只想测试候选人的编码能力，他们可能会发一堆题目，一小时后回来评估候选人的表现，就像他们在组织编程比赛一样。事实上，面试官想要的是看到候选人在完成编程问题的每个阶段时的思维过程。

这些面试中解决编程问题的过程是允许互动的，如果你遇到困难，则面试官通常会通过一系列提示将你导向正确的答案。当然，解决问题所需的帮助越少，候选人会显得越出色，但展示一个机灵的思考过程并对面试官所给的提示作出很好的反应也很重要。如果对面试官的引导作出的反应不好，则他们可能会怀疑候选人在团队环境中不能很好地工作。

即使问题的解法一下子就想出来，也不要只是脱口而出。将答案分解为几个分开的步骤，并解释每个步骤背后的思维过程。关键是向面试官展示候选人对基本概念的理解，而不是让他们觉得候选人只是设法记住了编程难题的答案。

如果了解有关该问题的其他任何信息，那么即使它对于手头的问题派不上直接用场，也可以在面试过程中提及这些信息，以展示自己的编程常识。在面试中需要展示自己具有逻辑思维能力和了解计算机常识，并且可以很好地沟通。

注意：多说话！多解释自己处理每个步骤的原因。否则，面试官无法知道你是如何解决复杂编程问题的。

4.2　解决问题

开始解题时，不要立即编写代码。首先，确保自己完全理解该问题。通过一个简单具体的例子将处理过程走一遍可能更有效，然后尝试将过程推广到算法。如果确信自己设计的算法正确，则请明确说明。编写代码应该是最后一步。

4.2.1　基本步骤

解决面试问题的最佳方法是有条不紊地处理它：

(1) 确保理解问题。你对问题的初步假设可能会不对，或者面试官对问题的解释可能很短或难以理解。如果不理解问题，则无法展示自己的能力。因此，要毫不犹豫地询问面试官问题，并且在理解之前不要解决问题。面试官可能故意掩盖事实，以确定你是否能够找到并理解实际问题。在这些情况下，向面试官适当地提出用于澄清事实的问题是找到正确解决方案的重要部分。

(2) 如果理解了问题，则尝试一个简单的例子。这个例子可以引导你解决整个问题或挑明对问题的其余误解。从一个例子出发也是在展示一个有条理的、合乎逻辑的思维过程。如果解决方案不能很快想出来，则举例子甚为好用。

 注意：确保在开始解决问题之前先理解问题，然后从一个示例开始，以巩固自己的理解。

(3) 专注于解决问题所用的算法和数据结构。这可能需要很长时间，并且需要额外的示例。出现这种情况完全正常。在此过程中，互动很重要。如果只是静静地站着，盯着白板，则面试官无法知道你目前是否有所推进，或者只是无能为力。和面试官谈谈你在做什么。例如，可以说"我想知道是否可以将值存储在数组中然后对它们进行排序，但我认为这不会起作用，因为我无法按值快速查找数组中的元素"。这展示了自己的能力，是面试的关键，也可能会因此而得到面试官的暗示，他们可能会回应"你已接近解决方案。你真的需要按值查找元素吗，或者你能够……"

解决问题可能需要很长时间，在找到完整的解决方案之前，你可能很想开始编码。要抵制这种冲动。考虑一下你更喜欢和哪种人合作——长时间思考问题然后第一次就正确编码的人，还是匆忙跳进问题的人(他们在编码时会犯几个错误，并且不知道接下来走哪个方向)。答案显然不难选择。

(4) 在弄清楚算法以及如何实现之后，向面试官阐述解决方案。这为自己在编码之前评估解决方案提供了机会。面试官可能会说"听起来很棒，进入代码编写过程吧"。或者这样说"这不太对，因为你不能那样使用哈希表查找元素"。另一种常见的反应是"这方法听起来似乎可行，但还有更有效的解决方案"。无论如何，你得到了有关是否应该开始编码或返回去继续考虑算法的有用信息。

(5) 编码时解说一下自己正在做什么。例如可以说："在这里，我是将数组初始化为全零。"这种表达使得面试官可以更轻松地理解自己的代码。

 注意：在为解决方案编写代码之前以及编写代码过程中向面试官解说进展。要多说话！

(6) 必要时提问。 询问那些在参考资料中能查到的事实性问题是不会受到处罚的。诸如"如何解决这个问题"这样的问题显然不能问，但是像下面这样问是可以的："我想不起来了——我用什么格式的字符串能打印出一个本地化的日期？"虽然这些事情自己能记住更好，但是提出这种问题是允许的。

(7) 写完题目对应的代码后，立即用例子过一遍，以验证代码是否可行。 此步骤可清楚地表明所写代码至少在一种情况下是正确的。这还展示了自己的逻辑思维过程以及自己是如何检查代码和寻找缺陷的。用例还能有助于清除解决方案中的小错误。

(8) 确保自己检查过代码包含的所有错误和特例，尤其是边界条件。 程序员经常忽略错误和特例。在面试中忘记这些情况表明你可能会在工作中忘记它们。如果由于时间限制不允许大量检查，则至少要说明检查这些错误的必要性。覆盖错误和特例可以给面试官留下深刻印象并帮助自己正确解决问题。

> **注意：** 尝试一个例子，并检查所有错误和特例。

在尝试一个用例并确认代码无误后，面试官可能询问与所写代码有关的问题。这些问题通常集中在运行用时、替代实现方法和复杂性方面(本章稍后讨论)。如果面试官没有问这些问题，那么应该主动提供信息，以表明自己已经认识到这些问题。例如可以说："此实现具有线性运行用时，由于我需要完成所有输入值的检查，因此这是可达到的最佳运行用时。动态内存分配和采用递归带来的开销都会让程序变慢。"

4.2.2　被题目困住时

被问题难住是正常的，这是面试的关键一环。当不能马上想到问题的对策时，面试官通常希望看到回应。面对这种情况，放弃或沮丧是最糟糕的。比较好的做法是，表现出对问题的兴趣并继续尝试不同的方法来解决它。

- **回到一个用例。** 尝试执行题目中的任务并分析各个步骤。尝试将具体用例扩展到一般情况。用例可能要尽可能详尽。不必紧张，因为这个过程向面试官展示了你对找到正确解决方案的坚持。

> **注意：** 当其他方法都失败了，请返回到一个具体用例上。尝试从具体用例扩展到一般情况，从而找到解决方案。

- **尝试其他数据结构。** 也许链表、数组、哈希表或二叉搜索树能帮上忙。如果问题给定了不常见的数据结构，则请找出该数据结构与自己更熟悉的数据结构之间的相似之处。使用正确的数据结构通常会使问题变得更加容易。
- **考虑编程语言中不太常用或更高级的方面。** 有时，解题的关键就在这些功能里面。

注意： 有时，不同的数据结构或高级语言功能是解决方案的关键。

即使你可能没有被难住的感觉，但对最优解法也没有头绪。你也许会错过求解某一问题的优雅之道，也可能错过一条不寻常路。建议每隔一段时间停下来，重新审视一下更大的图景，看看是否有更好的方法。偏离正轨的一种征兆是，察觉自己编写了太多代码。几乎所有的面试编程问题都有简短的答案。很少需要编写超过 30 行代码，而且几乎不会超过 50 行。如果一出手就写了很多代码，则很可能方向错了。

4.3 分析解决方案

问题解答后，面试官可能会问及代码的效率。通常，你必须将自己的解法与其他可能解法进行权衡比较，并找出使每个解法更讨人喜欢的适用条件。常见问题集中在运行用时和内存使用方面。

透彻地理解大 O 分析法很重要，能给面试官留下好印象。大 O 分析是运行用时分析的一种手段，它以算法运行耗时作为算法输入规模的函数，通过此函数来衡量算法效率。它不是一个正式的基准测试，而是根据处理极大输入规模时的相对效率对算法进行分类的简单方法。

本书中的大多数编程问题的解决方案都包含运行用时分析，有助于巩固你对算法的理解。

4.3.1 大 O 分析法

假设有个简单的函数，它返回存储在非负整数数组中的最大值。数组的大小是 n。至少存在两种简单的方法来实现该函数。

在第一种方法中，当函数遍历数组时跟踪当前最大值，并在循环完成后返回该值。将代码实现起名为 CompareToMax，具体内容如下所示：

```c
/* Returns the largest value in an array of n non-negative integers */
int CompareToMax(int array[], int n){
    int curMax, i;

    /* Make sure that there is at least one element in the array. */
    if (n <= 0)
        return -1;

    /* Set the largest number so far to the first array value. */
    curMax = array[0];

    /* Compare every number with the largest number so far. */
    for (i = 1; i < n; i++) {
        if (array[i] > curMax) {
            curMax = array[i];
        }
    }
```

```
    return curMax;
}
```

第二种方法是将每个值与所有其他值进行比较。如果所有其他值小于或等于给定值，则该值必然是最大值。起名为 CompareToAll 的实现如下所示：

```
* Returns the largest value in an array of n non-negative integers */
int CompareToAll(int array[], int n){
    int  i, j;
    bool isMax;

    /* Make sure that there is at least one element in the array. */
    if (n <= 0)
        return -1;

    for (i = 0; i < n; i++) {
        isMax = true;
        for (j = 0; j < n; j++) {
            /* See if any value is greater. */
            if (array[j] > array[i]) {
                isMax = false; /* array[i] is not the largest value. */
                break;
            }
        }
        /* If isMax is true, no larger value exists; array[i] is max. */
        if (isMax) break;
    }

    return array[i];
}
```

这两个函数都能正确返回最大值。哪一个效率更高？可以尝试对它们进行基准测试，但这会将效率度量与用于基准测试的特定系统以及输入规模联系起来。相比之下，仅依赖于算法进行算法性能比较的方法更有用。通常，不同算法的相对性能仅在输入规模变大时产生关系，因为对于小规模输入，所有合理的算法都很快。大 O 分析法可用于比较各种算法在输入规模变大时所预测的相对性能(少数情况下，小规模输入与性能相关，这点挺重要，特别是在必须处理大量小规模输入的情况下。本书会提醒各位注意这些大 O 分析可能会产生误导的异常情况)。

4.3.2　大 O 分析的原理

在大 O 分析法中，假定输入规模为未知值 n。在此示例中，n 只表示数组中元素的数量。在其他问题中，n 还可能表示链表中的结点数、数据类型中的位数或哈希表中的条目数。根据输入确定 n 的含义后，必须确定根据 n 个输入项产生的操作数量。"操作"是一个模糊的词，因为算法差别很大。通常，操作是真实计算机在常数时间内可以做的事情，例如向常量添加输入项、创建新输入项或删除输入值。在大 O 分析法中，这些操作的时间都被认为是相等的。在 CompareToMax 和 CompareToAll 中，操作的主要目的是将数组值与另一个值进行比较。

在 CompareToMax 中，每个数组元素都被用于作一次最大值比较。因此，n 个输入项各被检查一次，于是有 n 次检查。这被记作 $O(n)$，通常称为线性时间：运行算法所需的时间随输入项的数量线性增长。

不难察觉，除了每个元素被检查一次外，还要检查以确保数组不为空，执行初始化 curMax 变量的步骤。可能采用 $O(n+2)$ 函数以反映这些额外操作似乎更准确。然而，大 O 分析考虑的是渐近运行用时：即 n 变得非常大时的极限运行用时。对此的理由是，当 n 很小时，几乎任何算法都会很快。只有当 n 变大时，算法之间的差异才会明显。当 n 接近无穷大时，n 和 $n+2$ 之间的差异是微不足道的，因此可以忽略常数项。类似地，对于在 $n+n^2$ 时间内运行的算法，如果是非常大的 n，则 n^2 和 $n+n^2$ 之间的差异可以忽略不计。因此，在大 O 分析中，可以消除除最高阶项之外的所有项：当 n 变得非常大时，最高阶项最大。在此例中，n 是最高阶项。因此，CompareToMax 函数的时间复杂度是 $O(n)$。

CompareToAll 的分析有点困难。首先，需要假设数组中出现最大数字的位置。假设现在最大元素位于数组的末尾。这种情况下，该函数可将 n 个元素中的每一个与 n 个其他元素进行比较。因此，有 $n \cdot n$ 次检查，所以这是一个 $O(n^2)$ 算法。

到目前为止的分析表明，CompareToMax 的时间复杂度是 $O(n)$，CompareToAll 的时间复杂度是 $O(n^2)$。这意味着随着数组的增长，CompareToAll 中的比较次数变得比 CompareToMax 中的大得多。考虑一个包含 30 000 个元素的数组。CompareToMax 按 30 000 个元素的量级进行比较，而 CompareToAll 则按 900 000 000 个元素的量级进行比较。可以想象 CompareToMax 更快。实际上，一次 CompareToMax 的基准测试时间不超过 0.01 秒，而 CompareToAll 需要 23.99 秒。

4.3.3　最好情况、平均情况和最坏情况

你可能会觉得刚才的比较是针对 CompareToAll 而特意设计的，因为最大值被放在最后。这是事实，它引出了最好情况、平均情况和最坏情况等重要的运行用时问题。CompareToAll 分析的是最坏情况：最大值是在数组的末尾。考虑平均情况，其最大值在中间。最终只检查一半的值 n 次，因为最大值在中间。这种情况需要检查 $n(n/2)=n^2/2$ 次。看起来运行用时的结果为 $O(n^2/2)$。但是，大 O 分析关注的是输入变得非常大时的运行用时变化。随着 n 向无穷大增长，相对于 n^2 与所有其他函数形式(例如，n 或 n^3)之间的差异，$n^2/2$ 和 n^2 之间的差异变得微乎其微。因此，在大 O 分析中，需要放弃所有常数因子，就像删除所有低阶项一样。这就是为什么可以考虑每个操作的时间是等价的：想象一下，不同操作的用时不同，假设时间恒定，则能得到一个恒定的乘法因子，而这个因子最后会不可避免地去掉。因此，CompareToAll 的平均情况并不比最坏情况好，仍然是 $O(n^2)$。

CompareToAll 的最好情况下的运行用时优于 $O(n^2)$。在这种情况下，最大值位于数组的开头。最大值与所有其他值仅进行一次比较，因此运行用时的结果是 $O(n)$。

在 CompareToMax 中，最好情况、平均情况和最坏情况下的运行用时是相同的。

无论数组中值的排列如何，算法始终为 $O(n)$。

问问面试官他们最感兴趣的场景。有时可以在问题中找到线索。尽管某些排序算法对于未排序数据会导向可怕的最坏情况，但这些排序算法可能非常适合于输入数据已经排序的问题。第 10 章将讨论常用的排序算法，会对这类权衡进行更详细的讨论。

4.3.4　优化和大 O 分析

算法优化并不一定会对问题的整体运行用时造成预期变化。试分析针对 CompareToAll 的优化：原来是将每个数字与其他各个数字进行比较，现在改为每个数字仅与数组中排在其后的数字进行比较。当前数字之前的每个数字都已与当前数字进行比较。因此，如果仅比较当前数字之后出现的数字，则算法仍然是正确的。

这个实现的最坏情况下的运行用时是多少？第一个数字与 n 个数字进行比较，第二个数字与 $n-1$ 个数字进行比较，第三个数字与 $n-2$ 个数字进行比较，导致比较次数等于 $n+(n-1)+(n-2)+(n-3)+\cdots+1$。这是一个常见的结果，即一个数列，总和为 $n^2/2 + n/2$。但由于 n^2 是最高阶项，因此在最坏的情况下，此版本的算法仍然具有 $O(n^2)$ 的运行用时！虽然这种优化减少了运行用时，但随着 n 的增加，这种优化对运行用时的增长速率没有影响。

4.3.5　如何进行大 O 分析

大 O 运行用时分析的一般过程如下所示：
(1) 弄清楚输入是什么以及 n 代表什么。
(2) 用 n 表示有关的算法执行产生的操作次数。
(3) 消除除最高阶以外的所有项。
(4) 删除所有常数因子。

对于面试中出现的算法，只要能正确找出与输入规模有关的操作，大 O 分析法应该是直截了当的。

如果想了解更多与运行用时分析相关的信息，那么可以在各种优秀算法教科书的前面一些章中找到更广泛的、在数学上严谨定义的观点。本书粗浅地定义了大 O 分析法，毕竟它是专业程序员最常用的。本书给出了大 O 分析法的非正式定义，相比教科书中对大 O 分析法的定义，它更略微接近大 θ 分析法的定义。

4.3.6　哪种算法更好

所有运行用时分析的最快执行时间是 $O(1)$ 级，通常称为常数级运行用时。无论输入规模如何，具有常数运行用时的算法始终需要相同的执行时间。这是各种算法的理想运行用时，但难以实现。

大多数算法的性能取决于 n，即输入的规模。算法的常见运行用时可以从性能最好到性能最差，归类如下：

- **$O(\log n)$**。如果算法的运行用时与输入规模成对数比例增加，则称该算法是对数级的。
- **$O(n)$**。线性级算法的运行用时与输入规模成正比例增长。
- **$O(n \log n)$**。拟线性级算法位于线性级算法和多项式级算法之间。
- **$O(n^c)$**。多项式级算法根据输入的规模快速增长。
- **$O(c^n)$**。指数级算法比多项式级算法的增长速度更快。
- **$O(n!)$**。阶乘级算法增长最快，即使很小的 n 值也会快速增长为无法使用状态。

随着 n 变大，各级算法的运行用时迅速拉开。例如 $n=10$ 时，每个级别的算法运行用时为：

- $\log 10=1$
- $10=10$
- $10 \log 10=10$
- $10^2=100$
- $2^{10}=1024$
- $10!=3\ 628\ 800$

如果翻倍到 $n=20$，则运行用时为：

- $\log 20 \approx 1.30$
- $20=20$
- $20 \log 20 \approx 26.02$
- $20^2=400$
- $2^{20}=1\ 048\ 576$
- $20! \approx 2.43 \times 10^{18}$

找到一个在拟线性用时或更好的时间内运行的算法可以使应用程序的执行情况产生巨大的差别。

4.3.7　内存占用分析

运行用时分析不是性能的唯一相关指标。面试官常常还要求候选人分析程序使用的内存量。这有时被称为应用程序的内存占用量(memory footprint)。内存使用有时与运行用时一样重要，特别是在嵌入式系统等受限环境中。

在某些情况下，面试官会询问算法的内存使用情况。为此，该方法根据输入规模 n 表示所需的内存量，类似于前面对大 O 运行用时分析的讨论。不同之处在于，在这里不是确定每个输入项需要多少操作，而是确定每个输入项所需的存储量。

另外，面试官可能会问及代码实现的内存占用情况。这通常是一种估算练习，尤其适用于在虚拟机中运行的 Java 和 C#等语言。面试官不需要候选人确切地算出使用了多少内存字节，但他们希望候选人清楚底层数据结构是如何实现的。如果你是 C++专家，被问到结构体或类需要占多少内存，那么请不要感到惊讶——面试官可能想要考核你是否了解内存对齐和结构打包问题。

对最优内存占用和最优运行用时进行折中是很常见的事情。这方面的经典示例有第 7 章中讨论的 Unicode 字符串编码，它可以实现字符串的更紧凑表示，但是进行其他常见的字符串操作的代价会变得更大。在讨论内存占用问题时，请务必和面试官讨论一下如何折中。

4.4　小结

在面试中如何解决编程问题可以决定自己是否能取得工作机会，因此需要尽可能正确而完整地解答这些问题。随着时间推移，题目通常会变得越来越难，所以如果困难到需要面试官给予些许提示，则不必感到惊讶。面试通常要求采用主流编程语言编写代码，但编程语言的选择最终取决于所应聘的工作要求，因此请熟悉题目要求的语言。

在尝试解题时，尽可能与面试官互动。让他们知道自己分析问题的过程中的每一步想法以及解题过程中的每一步尝试。首先确保自己理解问题，然后尝试通过一些用例来强化这种理解。选择算法并确保其适用于这些例子。记得测试特例。如果遇到困难，则请尝试更多用例或选择其他算法。在寻找替代方案时，可以想想不常用的或高级一点的编程语言功能。

如果要求对解决方案的性能发表评论，那么采用大 O 运行用时分析可以满足大多数情况。尽可能选择常数级、对数级、线性级或拟线性级复杂度的算法。另外还应该准备好对算法的内存占用情况进行分析。

第 **5** 章

链　表

链表这种数据结构看似形式简单，是处理动态数据的基础，但与其相关的问题多得令人吃惊。有些问题关注链表高效遍历，有些关注链表高效排序，有些则关注链表端数据的插入和删除，它们都是考查基本数据结构概念的好题目，这也是整章内容专门用于介绍链表的原因。

5.1　为什么考链表

因为面试官所出的题目必须要能够让候选人在合理的 20～30 分钟内做出解答，所以他们被链表问题的简单所吸引，这样可以在 1 小时的面试过程中出至少两三个链表问题。一般来说，候选人能用不到 10 分钟时间编写一个相对完整的链表实现，然后留有大量的时间来解决问题。相比之下，实现诸如哈希表之类更复杂的数据结构可能需要花费大部分面试时间。

此外，链表实现方式差异很小，这意味着面试官可以简单地说"链表"，而不用花费时间讨论和澄清实现细节。

也许最有力的原因是链表有助于确定候选人是否理解指针和引用是如何工作的，特别是在 C 和 C++中。如果你不是 C 或 C++程序员，那么可能会觉得本章中的链表问题具有挑战性。尽管如此，链表是如此基础，你应该熟悉它们，然后再转到后面章节中更复杂的数据结构。

 注意：在实际开发中，很少有人自己编写链表代码。编程语言的标准库一般都包含链表实现。在编程面试中，候选人应该能够创建自己的实现，以证明完全理解链表。

5.2 各种链表

链表的基本类型有三种：单链表、双向链表和循环链表。单链表是面试中最常遇到的种类。

5.2.1 单链表

当面试官提及"链表"时，他们通常指线性单链表(singly linked list)，其中链表中的每个数据元素都有一个链接(指针或引用)指向链表中的后续元素，如图 5-1 所示。单链表中的第一个元素称为链表的头部。该链表的最后一个元素称为链表的尾部，链表尾部用于指向下一个元素的链接为空。

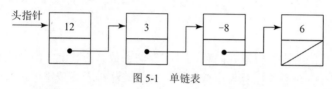

图 5-1 单链表

单链表有许多特例和潜在的编程陷阱。因为单链表中的链接仅包含下一个指针(或引用)，所以链表只能前向遍历。因此，要完整遍历链表必须从第一个元素开始。换句话说，如果想定位链表中的所有元素，则需要指向链表的第一个元素的指针或引用。将这个指针或引用存储在单独的数据结构中是很常见的。

在 C 中，最简单的单链表元素是一个 struct，它有一个指针元素指向一个相同类型的 struct 作为其唯一的成员：

```
// The simplest singly linked list element
typedef struct ListElement {
  struct ListElement *next;
} ListElement;
```

因为不带数据，所以这样的 struct 作为链表元素用处不大。更有效的 struct 除了包含指针，还至少包含一个数据成员：

```
// A more useful singly linked list element
typedef struct IntElement {
    struct IntElement *next;
    int             data;
} IntElement;
```

next 指针可以位于 struct 中的任何位置，但是将它放在开头会使得编写通用链表处理程序更加容易，可通过将指针强制转换为通用列表元素类型，那么无论这个结构体包含什么样的数据，各种程序都能访问 next 指针。

在 C++中，可以将链表元素定义为一个类：

```
// A singly linked list in C++
class IntElement {
  public:
```

```
    IntElement( int value ): next( NULL ), data( value ) {}
    ~IntElement() {}

    IntElement *getNext() const { return next; }
    int value() const { return data; }
    void setNext( IntElement *elem ) { next = elem; }
    void setValue( int value ) { data = value; }

  private:
    IntElement *next;
    int        data;
};
```

但是，将链表元素定义为模板通常更有意义：

```
// A templated C++ singly linked list
template <class T>
class ListElement {
  public:
    ListElement( const T &value ): next( NULL ), data( value ) {}
    ~ListElement() {}

    ListElement *getNext() const { return next; }
    const T& value() const { return data; }
    void setNext( ListElement *elem ) { next = elem; }
    void setValue( const T &value ) { data = value; }

  private:
    ListElement *next;
    T           data;
};
```

 注意：在 C++中定义类时(特别是以模板形式)，最好显式添加复制构造函数和赋值运算符，这样就不依赖于编译器生成的版本。在面试中，像在这里所做的那样跳过额外的细节很常见，但是在与面试官交流时提到它们并没有什么坏处。

使用泛型的 Java 实现方法比较类似，但很显然，Java 使用引用而不是指针：

```
// A templated Java singly linked list
public class ListElement<T> {
  public ListElement( T value ) { data = value; }

  public ListElement<T> next() { return next; }
  public T value() { return data; }
  public void setNext( ListElement<T> elem ) { next = elem; }
  public void setValue( T value ) { data = value; }

  private ListElement<T> next;
  private T             data;
}
```

5.2.2　双向链表

如图 5-2 所示，双向链表消除了使用单链表的许多困难。在双向链表(doubly linked list)中，每个元素都有一个链接指向链表中的前一个元素以及链表中的下一个元素。这种增加链接的办法使得可以从任一个方向遍历链表。可以从任何元素开始遍历整个链表。双向链表具有头部和尾部元素，就像单链表一样。链表头部用于指向前一个元素的链接为空，正如链表尾部用于指向下一个元素的链接为空一样。

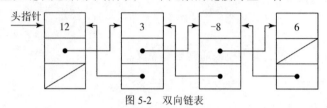

图 5-2　双向链表

面试问题很少涉及双向链表。许多问题明显涉及单链表，主要因为采用单链表后变难了，而用双向链表后题目显得平庸无奇。如果面对的问题本不需要链表解决，那么无论链表是单向还是双向的，解决问题都会很难，因此使用双向链表没有意义，既劳神费力，又达不到效果。

5.2.3　循环链表

最后一种链表是循环链表，它是单链和双链的变种。循环链表(circular linked list)没有任何端——无头无尾。循环链表中的每个元素都具有非空的后续(以及前面的——对于双向链表而言)指针或引用。包含一个元素的链表仅指向其自身。

遍历这种链表的主要问题是需要避免循环——如果不跟踪起点，则会在链表中无限循环。

循环链表在工作中可能会不期而遇，但在面试问题中并不常见。

5.3　基本链表操作

成功解决链表问题需要透彻了解如何操作链表。这包括跟踪头元素，以便不丢失链表、遍历链表以及插入和删除链表元素。通过双向链表，这些操作更直接，因此我们将聚焦在采用单链表实现这些操作时暗藏的陷阱上。

5.3.1　跟踪头元素

必须跟踪单链表的头元素，自始至终记住元素位置，否则链表将丢失——接下来就只能等着编程语言来决定是垃圾收集还是内存泄漏了。这意味着当在第一个元素之前插入新元素或从链表中删除现有的第一个元素时，必须更新链表头部的指针或引用。

当修改函数或方法中的链表时，跟踪头元素会成为问题，因为必须让调用代码知道新的头元素。例如，以下 Java 代码是不正确的，因为它未能更新对链表头部的引用：

```java
public void insertInFront( ListElement<Integer> list, int data ){
    ListElement<Integer> l = new ListElement<Integer>( data );
    l.setNext( list );
}
```

正确的解决方案是从该方法返回新的头元素：

```java
public ListElement<Integer> insertInFront( ListElement<Integer> list, int
data ){
    ListElement<Integer> l = new ListElement<Integer>( data );
    l.setNext( list );
    return l;
}
```

调用代码应该相应地更新其对头元素的引用：

```java
int data = ....; // data to insert
ListElement<Integer> head = ....; // reference to head

head = insertInFront( head, data );
```

在 C 或 C++中，指针滥用比较容易引发出错。例如以下 C 代码，其本意是在链表的前面插入一个元素：

```c
bool insertInFront( IntElement *head, int data ){
    IntElement *newElem = malloc( sizeof(IntElement) );
    if ( !newElem ) return false;

    newElem->data = data;
    newElem->next = head;
    head = newElem; // Incorrect! Updates only the local head pointer
    return true;
}
```

以上的代码不正确，因为它只更新头指针的本地副本。正确的版本将传入指向头指针的指针：

```c
bool insertInFront( IntElement **head, int data ){
    IntElement *newElem = malloc( sizeof(IntElement) );
    if ( !newElem ) return false;

    newElem->data = data;
    newElem->next = *head;
    *head = newElem;
    return true;
}
```

此函数使用返回值来指示内存分配的成功或失败(因为 C 中没有异常)，所以它不能像 Java 函数那样返回新的头指针。在 C++中，头指针也可以通过引用传入，或者函数可以返回新的头指针。

5.3.2 遍历链表

链表里有用的元素通常是除头元素以外的元素。除链表的第一个元素之外的任何元素上的操作都需要对链表的部分元素进行遍历。遍历时，必须养成检查链表末尾是否到达的习惯。以下遍历是不安全的：

```java
public ListElement<Integer> find( ListElement<Integer> head, int data ){
    ListElement<Integer> elem = head;
    while ( elem.value() != data ){
        elem = elem.next();
    }

    return elem;
}
```

只要待查找的数据实际位于链表中，此方法就可以正常工作。如果不是，则当遍历经过最后一个元素时会发生错误(空引用异常)。对循环进行简单修改即可解决问题：

```java
public ListElement<Integer> find( ListElement<Integer> head, int data ){
    ListElement<Integer> elem = head;
    while ( elem != null && elem.value() != data ){
        elem = elem.next();
    }

    return elem;
}
```

有了此实现，调用代码必须通过检查空返回值来检测错误条件(或者，如果程序运行到达链表的末尾并且找不到元素，则再抛出异常可能更有意义)。

 注意： 在遍历链表时一定要检查是否到达链表的结尾。

5.3.3 插入和删除元素

由于单链表中的链接仅对下一个指针或引用进行维护，因此链表中间的任何元素的插入或删除都需要修改其前一个元素的后继指针或引用。如果只给出要删除的元素(或在其之前插入)，则需要从头部遍历链表，因为没有其他方法可以找到前面的元素。当要删除的元素是链表的头部时，必须特别小心。

下面的 C 函数实现从链表中删除元素：

```c
bool deleteElement( IntElement **head, IntElement *deleteMe )
{
    IntElement *elem;

    if (!head || !*head || !deleteMe ) /* Check for null pointers */
        return false;

    elem = *head;
    if ( deleteMe == *head ){ /* special case for head */
        *head = elem->next;
        free(deleteMe);
        return true;
```

```
    }

    while ( elem ){
        if ( elem->next == deleteMe ){
            /* elem is element preceding deleteMe */
            elem->next = deleteMe->next;
            free(deleteMe);
            return true;
        }
        elem = elem->next;
    }
    /* deleteMe not found */
    return false;
}
```

虽然以上是一个通用的实现，但 Linus Torvalds(Linux 的创建者)曾经指出，对删除第一个元素作特别处理是不优雅且不必要的。如果不是使用指向当前元素的指针遍历链表，而是使用指向下一个元素的指针遍历，那么无论它是否为头指针或前一个元素的下一个指针，遍历指针指向删除元素时都需要更改指针。采用双重指针的办法理解起来要困难一点，但对消除特别处理和相关的重复代码确实有效：

```
bool deleteElement( IntElement **npp, IntElement *deleteMe ){

    if (!npp || !*npp || !deleteMe ) /* Check for null pointers */
        return false;

    while (*npp) {
        if( *npp == deleteMe ){
            /* npp points to head pointer (if deleteMe is first element)
             or to next pointer within preceding element */
            *npp = deleteMe->next;
            free(deleteMe);
            return true;
        }
        npp = &((*npp)->next);
    }
    /* deleteMe not found */
    return false;
}
```

 注意：删除和插入时需要直接位于删除或插入位置之前的元素的指针或引用。

执行删除操作会在 C 或 C++之类没有垃圾回收的计算机语言中引发另一个问题。假设要从链表中删除所有元素。自然倾向是使用单个指针一边遍历链表一边释放元素。然而，在实现这一点时会出现问题。应该先前移指针还是先释放元素？如果先前移指针，那么释放是不可能的，因为指向要释放的元素的指针被覆盖了。如果先释放元素，那么前移指针是不可能的，因为它涉及读取刚刚释放的元素中的下一个指针。解决方案是使用两个指针，如下例所示：

```
void deleteList( IntElement **head )
{
    IntElement *deleteMe = *head;

    while ( deleteMe ){
        IntElement *next = deleteMe->next;
        free(deleteMe);
        deleteMe = next;
    }

    *head = NULL;
}
```

注意：删除元素总是需要至少两个指针变量。插入也需要两个指针变量，但由于其中一个用于链表中的元素，而另一个用于内存分配调用返回的指针，因此在插入情况下忘了这样做的危险并不大。

5.4 有关链表的面试问题

以下链表问题的解决方案可以用任何支持动态内存的语言实现，但由于现在很少人在 Java 和 C#等语言中实现自己的链表，因此这些问题在 C 语言中最有意义。

5.4.1 栈实现

问题：讨论栈数据结构。使用链表或动态数组在 C 中实现栈，并且说出选择链表或动态数组的原因。设计的栈接口应完整、一致且易于使用。

此问题旨在确定三件事：
- 候选人对基本数据结构的了解
- 候选人编写程序来操作这些结构的能力
- 候选人为一组程序设计一致的接口的能力

栈是一种后进先出(Last-In-First-Out，LIFO)的数据结构：元素总是按照添加它们的相反顺序被移除，这与从一堆盘子中放进或拿走盘子的过程非常相似。添加元素和删除元素操作通常分别称为压栈(push)和弹栈(pop)。对于要划分为多个子任务的任务，栈是一种很有用的数据结构。示例包括跟踪子程序的返回地址、参数和局部变量，以及在解析编程语言时跟踪令牌。

实现栈的方法之一是使用动态数组(dynamic array)，这是一个在添加元素时能根据需要更改大小的数组(有关数组的更完整的讨论，请参阅第 7 章)。动态数组相对于链表的主要优点是数组可以提供对数组元素的随机访问——如果知道索引，那么可以立即访问数组中的任何元素。但是，栈上的操作总是在数据结构的一端(栈的顶部)上工作，因此动态数组的随机可访问特性对于这个问题不起作用。此外，随着动态数组的增长，必须偶尔调整大小，调整操作可能比较耗时，因为要将元素从旧数组复制到新数组。

链表通常为每个元素动态分配内存。根据内存分配器的开销，这些分配通常比动态数组所需的复制更耗时。另外，动态数组的相邻元素通常在存储器中也是相邻的，而链表的相邻元素则不一定相邻，并且动态数组不具有针对每个元素的指针的开销。因此，动态数组具有更好的内存局部特性，随着处理器速度变得比内存更快，这对性能的影响越来越大。基于以上原因，采用动态数组实现的栈通常比采用链表实现的栈更快。实现链表比实现动态数组要简单，因此为适应面试节奏，链表可能是解决方案的最佳选择。无论做出何种选择，请务必向面试官解释两种方法的利弊。

在解释完选择后，可以开始设计程序及其接口。如果在编写代码前花点时间进行构思，则可以避免实现中的错误和不一致。更重要的是，这表明你不会在更大的项目中跳过正确的编程习惯——良好的规划对于成功至关重要。一如既往，多向面试官报告自己正在做什么。

栈代码需要实现 push 和 pop 程序。这些函数的原型是什么？每个函数必须接收它操作的栈作为参数。push 操作将传递待压栈的数据，pop 将从栈中返回一段数据。

压栈的最简单方法是将指针传递给栈。因为栈采用链表实现，所以指向栈的指针会是指向链表头部的指针。除了指向栈的指针外，还可以将数据作为第二个参数传递给压栈函数 push。弹栈函数 pop 只能将指向栈的指针作为参数，并返回从栈中弹出的数据值。

要编写代码原型，需要知道存储在栈中的数据类型。应该为具有适当数据类型的链表元素声明一个 struct。如果面试官没有提出任何建议，则存储 void 指针是一个很好的通用解决方案：

```
typedef struct Element {
    struct Element *next;
    void *data;
} Element;
```

push 和 pop 的相应原型如下所示：

```
void push( Element *stack, void *data );
void *pop( Element *stack );
```

现在考虑如何在这些程序中实现相应的功能，以及如何进行错误处理。这两个操作都会更改链表的第一个元素。必须修改调用程序的栈指针以反映此改变，但是对传递给这些函数的指针所做的任何更改都不会传回调用程序。可以通过让两个程序都接受指向栈的指针的指针来解决此问题。这样，就可以调整调用程序的指针，使其继续指向链表的第一个元素。修改后的函数原型如下所示：

```
void push( Element **stack, void *data );
void *pop( Element **stack );
```

怎样进行错误处理？push 操作需要为新元素动态分配内存。C 语言中的内存分配是一个可能失败的操作，因此请记住在编写此程序时检查分配是否成功(在 C++中，当分配失败时抛出异常，因此错误处理有所不同)。

此外，还需要一些方法来向调用程序指示 push 是成功还是失败。在 C 中，通常最方便的方法是从程序返回值判断成功或失败。这样，可以从 if 语句的条件中调用程序，并在语句体内进行错误处理。push 返回 true 表示成功，false 表示失败(在 C++和其他支持异常的语言中，抛出异常也是一个选择)。

pop 函数会不会失败？它不必分配内存，但是如果它被要求弹出一个空栈怎么办？它应该指示操作不成功，但仍然必须在成功时返回数据。C 函数只有一个返回值，但pop 需要返回两个值：弹出的数据和错误代码。

这个问题有许多可行的解决方案，但没有一个是完全令人满意的。一种方法是将单一返回值用于处理两种情况。如果 pop 成功，则让它返回数据。如果不成功，则返回 NULL。前提条件是将数据设为指针类型，并且永远不在栈上存储空指针，这样才能保证 pop 成功。但是，如果必须存储空指针，则无法确定 pop 返回的空指针表示的是所存储的合法元素还是空栈。另一种选择是返回一个不能表示有效数据的特殊值——例如，指向保留内存块的指针或者(对于仅处理非负数的栈)负值。虽然在某些情况下限制栈中存储的值是可以接受的，但是这种限制存储值的策略对于本题目行不通。

必须返回两个不同意义的值，要不然函数应该如何返回数据？处理栈参数的方式相同：通过传递指向变量的指针。程序可以通过使用指针更改变量的值来返回数据，调用代码可以在弹出栈后访问该值。

pop 接口有两种形式用于返回两个值。一种是让 pop 将指向错误代码变量的指针作为参数并返回数据，另一种是让它获取指向数据变量的指针并返回错误代码。从直觉上看，大多数程序员都希望 pop 返回数据。但是，如果错误代码不是其返回值，则使用 pop 并不方便——不是简单地在 if 或 while 语句的条件中调用 pop，而是必须显式声明错误代码的变量，并在调用 pop 后在单独的语句中检查其值。此外，push 将获取数据参数并返回错误代码，而 pop 将采用错误代码参数并返回数据。

这两种办法都不合适，它们都会出现问题。在面试中，只要确定了每个选择的优点和缺点，并表明自己的选择合理，那么选用哪种方案关系不大。我们认为错误代码参数特别令人厌烦，因此假设选择 pop 返回错误代码，则这一讨论还能继续下去。据此条件设计以下函数原型：

```
bool push( Element **stack, void *data );
bool pop( Element **stack, void **data );
```

尽管 createStack 和 deleteStack 函数在链表栈实现中不完全必要，但还是需要写出来。可以通过调用 pop 来删除栈，直到栈为空，以及将空指针作为栈参数压进栈，从而创建栈。但是，编写这些函数可为栈提供完整的与实现无关的接口。采用动态数组实现的栈需要 createStack 和 deleteStack 函数来妥善管理底层数组。通过在实现中包含这些函数可使其他人不需要调整调用栈的那几行代码，而直接修改栈的底层实现代码——这通常是好事情。

针对实现的独立性和一致性目标，让这些函数返回错误代码也是一个好主意。尽管在链表实现中，createStack 和 deleteStack 都不会失败，但它们可能会在其他实现下失败，例如 createStack 无法为动态数组分配内存。如果所设计的接口无处让这些函数完成失败指示，那么任何打算要修改此实现的人会被严重妨碍。

与 pop 相同的问题再一次出现了：createStack 必须同时返回空栈和错误代码。此时不能使用空指针来指示失败，因为空指针是链表实现的空栈。为了与先前的做法保持一致，我们编写了一个将错误代码作为返回值的实现。因为 createStack 不能将栈作为其值返回，所以它必须接受指向栈的指针的指针作为参数。因为所有其他函数都接受指向栈指针的指针作为参数，所以让 deleteStack 以相同的方式获取其栈参数是有意义的。这样就不需要记住哪些函数只需要一个指向栈的指针，以及哪些函数接受指向栈的指针的指针作为参数——它们都以相同的方式工作。因此给出如下函数原型：

```
bool createStack( Element **stack );
bool deleteStack( Element **stack );
```

当一切设计得当时，编码非常简单。createStack 程序将栈指针设置为 NULL 并返回成功：

```
bool createStack( Element **stack ){
    *stack = NULL;
    return true;
}
```

push 操作为新元素分配空间并检查是否失败，然后完成新元素的数据赋值，将其置于栈的顶部并调整栈指针：

```
bool push( Element **stack, void *data ){
    Element *elem = malloc( sizeof(Element) );
    if ( !elem ) return false;

    elem->data = data;
    elem->next = *stack;
    *stack = elem;
    return true;
}
```

pop 操作检查栈是否为空，从顶部元素获取数据，调整栈指针并释放不再在栈上的元素，如下所示：

```
bool pop( Element **stack, void **data ){
    Element *elem;
    if ( !(elem = *stack) ) return false;

    *data = elem->data;
    *stack = elem->next;
    free( elem );
    return true;
}
```

虽然 deleteStack 可以重复调用 pop，但是单纯地遍历数据结构并按需释放内存更有效。不要忘记在释放当前元素时需要采用临时指针来保存下一个元素的地址：

```
bool deleteStack( Element **stack ){
```

```
    Element *next;
    while ( *stack ){
        next = (*stack)->next;
        free( *stack );
        *stack = next;
    }
    return true;
}
```

在完成对这个题目的讨论之前，值得注意的是(也许值得向面试官一提的是)，面向对象语言中的接口设计会更直接。createStack 和 deleteStack 操作分别成为构造函数和析构函数。push 和 pop 程序绑定到栈对象，因此它们不需要将栈显式传递给它们，指向指针的指针的需求也不复存在。当尝试弹出空栈或内存分配失败时，可能会抛出异常，这时可以将 pop 的返回值赋值为特定数据来代替错误代码。可以使用模板来允许使用栈存储不同的数据类型，从而消除在使用存储 void *的 C 实现时所需的可能易错的类型转换。极为简短的 C++版本代码如下所示：

```
template <class T>
class Stack
{
public:
    Stack() : head( nullptr ) {};
    ~Stack();
    void push( T data );
    T pop();
protected:
    class Element {
    public:
        Element( Element *n, T d ): next( n ), data( d ) {}
        Element *getNext() const { return next; }
        T value() const { return data; }
    private:
        Element     *next;
        T            data;
    };

    Element *head;
};

template <class T>
Stack<T>::~Stack() {
    while ( head ){
        Element *next = head->getNext();
        delete head;
        head = next;
    }
}

template <class T>
void Stack<T>::push( T data ){
    ///* Allocation error will throw exception */
    Element *element = new Element( head, data );
    head = element;
```

```
}

template <class T>
T Stack<T>::pop() {
    Element *popElement = head;
    T data;

    /* Assume StackError exception class is defined elsewhere */
    if ( head == nullptr )
        throw StackError( E_EMPTY );

    data = head->value();
    head = head->getNext();
    delete popElement;
    return data;
}
```

更完整的 C++ 实现应该包括复制构造函数和赋值运算符，因为在进行 Stack 类复制的时候可能会由于疏漏造成对同一个 Element 类成员的多份引用，从而导致编译器默认生成的版本会对同一个 Element 类型变量进行多次删除。

5.4.2　维护链表尾指针

问题：head 和 tail 分别是整数单链表的第一个和最后一个元素的全局指针。采用 C 语言为以下原型实现相应函数：

```
bool delete( Element *elem );
bool insertAfter( Element *elem, int data );
```

delete 的参数是待删除的元素。insertAfter 的两个参数给出了要插入的新元素和对应的数据。能通过调用 insertAfter 并使用 NULL 作为元素参数来插入链表的开头。这些函数应该返回一个表示成功的布尔值。
这些函数必须保持头尾指针一直指向最新位置。

这个问题似乎比较简单。删除和插入是链表的常用操作，而使用链表头指针是必备技能。维护尾指针则是这个题目中唯一的特殊要求。此要求似乎没有从根本上改变链表或操作方式的任何内容，因此看上去不需要设计任何新算法。务必在必要时更新头部和尾部指针。

什么时候需要更新这些指针？显然，在长链表中间的操作不会影响头部或尾部。只有在更改链表以便在开头或结尾显示不同的元素时才需要更新这些指针。更具体地说，当在链表的任一端插入新元素时，该元素将成为链表的新开头或新结尾。删除链表开头或结尾的元素时，头结点的下一个元素或尾结点的前一个元素将成为新的第一个或最后一个元素。

每个操作都包含一般情况和特殊情况，一般情况为在链表中间进行操作，特殊情况为在两端进行操作。当有多种特殊情况要面对时，很容易有疏漏；如果某些特殊情况里有更具体的特殊情况，尤其如此。识别特殊情况的一种方法是研究可能导致其触发的条件。然后，检查所想的实现是否适用于各种已知情况。如果某个情况出现问题，则一个新的特殊情况就诞生了。

刚才讨论了链表两端操作的情况。另一个容易出错的情况是空指针参数。唯一可以改变的其他东西是正在操作的链表，特别是它的长度。

多长的链表会出问题？对于链表的头部、中部和尾部，多多少少存在不同的情况。任何缺少这三个不同类别元素的链表都可能导向其他特殊情况。空链表没有元素，因此它显然没有头部、中部或尾部元素。单元素链表没有中部元素，一个元素既是头元素又是尾元素。双元素链表具有不同的头部和尾部元素，但没有中部元素。任何长于此的链表都包含完整的三种元素，是不折不扣的一般情况——不太可能出现特殊情况。基于此推理，应明确代码实现对于长度为 0、1 和 2 的链表是否能正常工作。

此时，对于这个问题，先编写实现 delete。如果使用通用实现，采用指向当前元素的单个指针遍历链表，那么如之前所述，需要针对特殊情况来删除链表中的第一个元素。可以将要删除的元素与 head 进行比较，以确定是否需要调用对应情况处理：

```
bool delete( Element *elem ){
    if ( elem == head ) {
        head = elem->next;
        free( elem );
        return true;
    }
    ...
```

接着编写实现一般情况的链表中部处理。此处需要一个元素指针来跟踪链表位置(调用指针 curPos)。回想一下，要从链表中删除元素，需要一个指向前一个元素的指针，以便修改其下一个指针。找到前面元素的最简单方法是比较 curPos->next 和 elem，所以在找到 elem 后，将 curPos 指向前面的元素。

还需要构建一个循环，避免错过任何元素。如果将 curPos 初始化为 head，则 curPos->next 将作为链表的第二个元素开始。从第二项开始是个好主意，因为第一个元素需要作特殊处理，但在前移 curPos 之前应先进行检查，否则会错过第二个元素。如果 curPos 变为 NULL，则此时已到达链表的尾部，若未找到需要删除的元素，则应该返回失败信息。中间情况的代码实现如下(添加的代码采用粗体显示)：

```
bool delete( Element *elem ){

    Element *curPos = head;

    if ( elem == head ) {
        head = elem->next;
        free( elem );
        return true;
    }


    while ( curPos ){
        if ( curPos->next == elem ){
```

```
        curPos->next = elem->next;
        free( elem );
        return true;
    }
    curPos = curPos->next;
}

return false;
...
```

接下来，考虑最后一个元素的处理。最后一个元素的下一个指针是 NULL。要从链表中删除它，需要让倒数第二个元素的下一个指针为 NULL 并释放最后一个元素。如果采用循环检查中部元素，则删除最后一个元素和删除中间元素的办法相似。唯一的区别是在删除最后一个元素时需要更新尾指针。将 curPos->next 设置为 NULL 意味着链表的末尾已经更改，必须更新尾指针。添加对应内容以补全函数，如下所示：

```
bool delete( Element *elem ){
    Element *curPos = head;

    if ( elem == head ){
        head = elem->next;
        free( elem );
        return true;
    }

    while ( curPos ){
        if ( curPos->next == elem ){
            curPos->next = elem->next;
            free( elem );
            if ( curPos->next == NULL )
                tail = curPos;
            return true;
        }
        curPos = curPos->next;
    }

    return false;
}
```

该解决方案涵盖了刚才讨论的三种特殊情况。在向面试官展示解决方案之前，应该检查一下空指针参数的行为以及可能出问题的三种长度的链表处理情况。

如果 elem 为 NULL 会发生什么？while 循环遍历链表，直到 curPos->next 为 NULL(当 curPos 是最后一个元素时)。然后，在下一行，赋值 elem->next 将解引用空指针。因为永远不可能从链表中删除 NULL，所以解决此问题的最简单方法是在 elem 为 NULL 时返回 false。

如果链表没有元素，则 head 和 tail 都为 NULL。因为需要检查 elem 不是 NULL，所以 elem == head 将始终为 false。此外，因为 head 为 NULL，所以 curPos 将为 NULL，并且不会执行 while 循环的主体。零元素链表看上去没有任何问题。该函数只返回 false，因为无法从空链表中删除任何内容。

现在尝试一个单元素链表。这种情况下，head 和 tail 都指向同一个元素，这是可删除的唯一元素。同样，elem == head 为真。elem->next 是 NULL，所以函数正确地将 head 设置为 NULL 并释放元素。但是，tail 仍然指向刚刚释放的元素。正如所见，这里需要增加一段特殊处理，针对单元素链表将 tail 设置为 NULL。

两个元素的链表会怎么样？删除第一个元素会导致 head 指向剩余的元素，就像它应该的那样。同样，删除最后一个元素可以让 tail 正确更新。缺乏中间元素似乎不是问题。基于以上考虑，可以添加两个特殊处理，然后继续实现 insertAfter：

```c
bool delete( Element *elem ){
    Element *curPos = head;

    if ( !elem )
        return false;

    if ( elem == head ){
        head = elem->next;
        free( elem );

        /* special case for 1 element list */
        if ( !head )
            tail = NULL;
        return true;
    }

    while ( curPos ){
        if ( curPos->next == elem ){
            curPos->next = elem->next;
            free( elem );
            if ( curPos->next == NULL )
                tail = curPos;
            return true;
        }
        curPos = curPos->next;
    }

    return false;
}
```

可将类似的分析过程应用于实现 insertAfter。因为在此函数中分配了一个新元素，所以必须注意检查内存分配是否成功以及没有产生内存泄漏。尽管如此，在 delete 中遇到的许多特殊情况都与 insertAfter 相关，并且代码结构相似：

```c
bool insertAfter( Element *elem, int data ){
    Element *newElem, *curPos = head;

    newElem = malloc( sizeof(Element) );
    if ( !newElem )
        return false;
    newElem->data = data;

    /* Insert at beginning of list */
```

```
    if ( !elem ){
        newElem->next = head;
        head = newElem;

        /* Special case for empty list */
        if ( !tail )
            tail = newElem;
        return true;
    }

    while ( curPos ){
        if ( curPos == elem ){
            newElem->next = curPos->next;
            curPos->next = newElem;

            /* Special case for inserting at end of list */
            if ( !(newElem->next) )
                tail = newElem;
            return true;
        }
        curPos = curPos->next;
    }

    /* Insert position not found; free element and return failure */
    free( newElem );
    return false;
}
```

　　它们是适当的解决方案，但不大优雅。它们每一个都有多种特殊情况处理，一个特殊情况嵌套在另一个特殊情况中。在设计算法时枚举特殊情况是一种很好的做法。许多面试问题都有特殊情况，所以很正常。在编程的现实世界中，未处理的特殊情况引发的问题可能难以找到、重现和修复。在编码时就意识到特殊情况的程序员可能比通过调试才发现特殊情况的程序员更高效。

　　编写特殊处理代码的另一种方法是尝试进一步推广一般情况算法，以便它可以像对待一般情况那样处理特殊情况。如果可能，那么这将会生成更简洁、更优雅、更高效以及更易于维护的代码。

　　针对删除第一个元素时更新头指针的特殊处理代码，本章在介绍插入和删除元素时展示了一种消除其的技巧。如何顺着该思路来消除本问题的特殊处理代码？

　　按照之前的顺序，首先考虑 detele。如果直接尝试应用插入删除元素一节中介绍的技术，则会出现一个问题。那一节中的 deleteElement 函数不需要对要删除的元素之前的元素做任何事情，而是改变 next，所以对于这个问题，有指向 next 的指针就足够了。在当前问题中，可能需要将 tail 设置为指向已删除元素之前的元素。如果只有指向 next 字段的指针，那么想获取元素的地址是没有简单快捷的办法的。一种解决方案是使用紧邻的两个指针遍历链表：curPos 指向当前元素，ppNext 指向下一个元素的指针。下面可以讨论如何完成这个实现。

　　仔细考虑这些指针的初始值应该是什么。使用 ppNext 的原因是它代表着更新 head 指针和 next 指针。要完成这个目标，ppNext 必须初始化为 & head。如果 ppNext 指向

head，则遍历中的当前位置实际上在链表的第一个元素之前。因为第一个元素之前没有元素，所以可将 curPos 初始化为 NULL。这有助于找到修改尾部元素的处理方法，但也带来了复杂性：curPos 在开始以及链表遍历结束时可能为 NULL。因此，需要确保在测试其值之前前移 curPos，否则永远遍历不了链表。通过这些思考重新实现 delete 能写出更简洁、更优雅的函数：

```c
bool delete( Element *elem ){
    Element *curPos = NULL, **ppNext = &head;

    if ( !elem )
        return false;

    while (true) {
        if( *ppNext == elem ){
            *ppNext = elem->next;
            if ( !(elem->next)) /* If deleting last element update tail */
                tail = curPos;
            free( elem );
            return true;
        }
        if (!(curPos = *ppNext))
            break;
        ppNext = &(curPos->next);
    }

    return false;
}
```

还可以使用类似的办法重新实现 insertAfter，在代码的长度和优雅方面有同样的进步：

```c
bool insertAfter( Element *elem, int data ){
    Element *newElem, *curPos = NULL, **ppNext = &head;

    newElem = malloc( sizeof(Element) );
    if ( !newElem )
        return false;
    newElem->data = data;

    while (true) {
        if( curPos == elem ){
            newElem->next = *ppNext;
            *ppNext = newElem;

            /* Update tail if inserting at end of list */
            if( !(newElem->next) )
                tail = newElem;
            return true;
        }
        if (!(curPos = *ppNext))
            break;
        ppNext = &(curPos->next);
    }

    /* Insert position not found; free element and return failure */
```

```
    free( newElem );
    return false;
}
```

发现有问题的特殊情况并编写代码以专门解决这些问题非常重要。重新编码去掉特殊情况则是更好的办法。

5.4.3　removeHead 中的错误

 问题：找到并改正以下 C 函数中的错误，该函数的本意是从单链表中删除头元素：

```
void removeHead( ListElement *head ){
    free( head );          // Line 1
    head = head->next;    // Line 2
}
```

找错误的题目会以一定的频率出现，因此在此值得讨论一套常用的策略用于本问题及其他问题。

此类题目一般只有一小部分代码用于分析，所以发现错误的策略与实际编程会略有不同。不必担心与其他模块或程序其他部分的交互。需要做的是在没有调试器帮助的情况下对函数的每一行进行系统分析。不管函数是如何写的，通常考虑以下 4 个方面：

(1) **检查数据是否正确进入函数**。确保没有访问一个不存在的变量，没有按 int 类型读取一个应该为 long 的变量，而且具备执行任务需要的所有数据。

(2) **检查函数的每一行代码都能正确执行**。函数是任务执行的依托。验证任务是否在每一行都正确执行，以及最终结果是否符合预想。

(3) **检查数据是否从函数正确输出**。返回值应该是符合预期的。此外，如果希望函数对任何调用变量进行更新，那么确保相应代码能够完成期望的工作。

(4) **检查常见错误条件**。错误条件取决于问题的具体情况。它们往往涉及不常见的参数值。例如，对数据结构进行操作的函数可能会遇到空的或接近空的数据结构。如果传递空指针，则将指针作为参数的函数可能会失败。确保对可能失败的操作(例如内存分配和 I/O)进行妥善处理。

从第一步开始，检查数据是否正确进入函数。在链表中，只要给定头指针，就能访问每一个元素。因为取得了链表头指针，所以需要的所有数据都可以访问。

现在对题目给出的函数进行逐行分析。第一行释放了 head——目前为止还是对的。然后第二行为 head 分配一个新值，但使用 head 的旧值来执行此操作。那么问题来了。head 已经释放，现在进行引用内存的释放将出现问题。可尝试将这两行代码反过来，但这会导致 head 后面的元素被释放。现在需要释放 head，但是在释放之后还需要它的 next 值。为解决此问题，可以通过使用临时变量来存储 head 的 next 值。然后可以释放 head 并使用临时变量来更新 head。将这些步骤放进函数后，代码如下所示：

```
void removeHead( ListElement *head ){
    ListElement *temp = head->next;     // Line 1
```

```
    free( head );                         // Line 2
    head = temp;                          // Line 3
}
```

现在，转到策略的第三步，以确保函数正确输出数据。虽然函数没有明确的返回值，但有隐含的。该函数本用于修改调用代码的 head 值。在 C 语言中，所有函数参数都按值传递，因此函数获取每个参数的本地副本，并且对该本地副本所做的任何更改都不会反映在函数外部。在第 3 行将 head 指定为任何新值都没有效果——这是另一个问题。要纠正这个问题，需要设法修改调用代码中 head 的值。在 C 语言中，变量不能按引用传递，因此解决方案是将指针传递给待修改的变量——在这种情况下，需要用指向头指针的指针。修改后的函数应该如下所示：

```
void removeHead( ListElement **head ){
    ListElement *temp = (*head)->next;  // Line 1
    free( *head );                       // Line 2
    *head = temp;                        // Line 3
}
```

现在，可以继续第四步并检查错误条件。这里主要检查包含一个元素和没有元素的链表。在单元素链表中，此函数能正常工作。它删除了一个元素并将 head 设置为 NULL，表示头部已被删除。接着看一下没有元素的情况。零元素链表只是一个空指针。如果 head 是一个空指针，则上面第一行的引用将会引发问题。要纠正这一点，应检查 head 是否为空指针，并确保在这种情况下不取消引用它。检查后将函数修改为如下所示：

```
void removeHead( ListElement **head ){
    ListElement *temp;
    if ( head && *head ){
        temp = (*head)->next;
        free( *head );
        *head = temp;
    }
}
```

几项工作都检查完了，函数体正常，函数能正确调用并返回数值，并且针对错误情况做了处理。现在可以宣布调试工作完成，并将此版本的 removeHead 作为解决方案提供给面试官。

5.4.4 链表的倒数第 m 个元素

 问题：给定一个单链表，设计一个时间和空间有效的算法来查找链表的倒数第 m 个元素。实现算法，并注意处理相关的错误条件。若定义了倒数第 m 个，则当 $m = 0$ 时，返回链表的最后一个元素。

为什么说这是一个难题？从链表的开头查找第 m 个元素是一项非常简单的任务。

单链表只能前向进行遍历。而本问题要求根据其相对于链表末尾的位置查找给定元素。在遍历链表时，结束的位置未知，当找到尾结点时，按照需要回溯相应数量的元素可不简单。

至此你可能想告诉面试官，当经常需要找到最后第 m 个元素时，单链表是特别差的数据结构方案。即便在编写实际程序时遇到这样的问题，正确且最有效的解决方案可能是寻找更合适的数据结构(例如双向链表或动态数组)来替换单链表。尽管这样表达可以证明候选人对良好的设计有见解，但面试官仍然希望你解决问题，因为题目已经那样描述。

那么，如何解决无法通过此数据结构向后遍历的问题？已知想要的元素是链表末尾第 m 个元素。因此，从一个元素开始，向前遍历 m 个元素，如果指针这时候准确地落在链表的末尾，那么意味着需要搜索的元素便找到了，就是遍历开始的那个元素。一种方法是以这种方式简单地测试每个元素，直到找到正在搜索的元素。凭直觉，这似乎是一个效率低下的解决方案，因为这样会多次遍历相同的元素。如果更仔细地分析这个可能的解决方案，那么可以发现链表中大部分元素都能形成 m 个元素被遍历的情形。如果链表的长度是 n，则算法复杂度将是 $O(mn)$。接下来需要找到比 $O(mn)$ 更高效的解决方案。

如果在遍历链表时存储一些元素(或者更可能的形式是指向元素的指针或引用)，则会出现什么情况？然后，当到达链表末尾时，可以回顾存储数据结构中的 m 个元素以查找相应的元素。如果使用适当的数据结构完成临时存储，则此算法为 $O(n)$，因为它只需要遍历链表一次。然而，这种方法远非完美。随着 m 变大，临时存储的数据结构也会变大。在最坏的情况下，这种方法可能需要几乎与链表本身一样大的存储空间——这可不是特别节省空间的算法。

也许从链表末尾开始处理并不是最好的方法。因为从链表开头进行计数非常简单，有没有办法从开头开始计数来找到所需的元素？所需元素是从链表末尾开始的第 m 个元素，m 的值是已知的。它也必须是从链表开头开始的第 l 个元素，尽管暂不知道 l。但是，$l + m = n$，n 是链表的长度。对链表中的所有元素进行计数很容易。于是，可以计算 $l = n - m$，并从链表的开头遍历 l 个元素。

虽然这个过程涉及两次通过链表，但计算复杂度仍然是 $O(n)$。由于只需要几个变量的存储空间，因此这种方法比刚才的尝试有了很大的进步。如果可以调整修改链表的函数，以便它们为每个添加的元素递增计数变量，并为每个删除的元素递减它，那么便不需要将计数变量的结果从一个元素位置传递到另一个元素位置，使之成为相对有效的算法。同样，虽然这一点值得向面试官一提，但面试官可能正在寻找一种不用修改数据结构或对用于访问它的方法不用施加任何限制的解决方案。

假设显式计算当前算法中的元素是必需的，则要对链表进行近两次完整遍历。链表存储受系统限制，例如可能主要存在于页外虚拟内存(磁盘上)中。这种情况下，链表的每次完整遍历将需要大量磁盘访问以将链表的相关部分在存储器中交换。在这样的条件下，只进行一次完整遍历链表的算法可能比进行两次遍历的算法快得多，即使它

们都是 $O(n)$。那么有没有办法通过单次遍历找到目标元素？

从头开始计数的算法显然要求链表的长度已知。如果无法提前掌握长度，则只能通过完整的链表遍历来确定长度。照这样讲，似乎没有太多希望将此算法降低到单次遍历。

再次尝试考虑之前的线性时间算法，该算法只需要一次遍历，但由于需要太多存储而被拒绝。能减少这种方法的存储需求吗？

事实上，当抵达链表末尾时，我们只对一直在跟踪的 m 个元素中的一个感兴趣——当前位置后面的 m 个元素。我们要跟踪 m 个元素的其余部分，因为每当位置前进时，当前位置后面的元素 m 会发生变化。保持队列元素长度为 m，将当前元素添加到头部并在每次前推当前位置时从末尾删除元素，确保队列中的最后一个元素始终是当前位置后面的第 m 个元素。

实际上，当前 m 个元素的数据结构是隐式地维护一个指向后面第 m 个元素的指针，以便保持其与当前位置指针同步移动。但是，这种数据结构不是必要的——可以通过移动至每个元素的 next 指针来显式地前推指向后面第 m 个元素的指针，就像移动当前位置的指针一样。这与隐式地前推队列一样容易(或者说更容易)，并且这样做免去了当前位置指针和后面第 m 个元素的指针之间的所有元素的存储需求。此算法似乎是我们一直在寻找的算法：线性时间、单次遍历和可忽略的存储要求。下一步是弄清楚其中细节。

有两个指针是必需的：当前位置指针和后面第 m 个元素的指针。必须确保两个指针实际上是间隔 m 个元素。然后便可以以相同的速度推进它们。如果当前位置是链表的末尾，那么后面第 m 个元素的指针所指即为最后第 m 个元素。另外，怎么能正确地间隔指针？如果在遍历链表时对元素计数，则可以将当前位置指针移动到链表的第 m 个元素。然后如果在链表的开头启动后面第 m 个元素的指针，则它们将间隔 m 个元素。

还需要注意哪些错误情况？如果链表长度小于 m 个元素，则没有倒数第 m 个元素。这种情况下，当尝试将当前位置指针前进到第 m 个元素时，如果在链表末尾进行处理，那么可能在此过程中错误地指向空指针。因此，请在开始时就做好防范，检查是否碰到链表末尾。

把这些问题记在心里，可以开始实现该算法。对于以 m 为间隔将两个项分开或者从一个已知位置数 m 项之类的应用实现，里面常犯的错误是单字节溢出。因此，最好得到面试问题中给出的"最后第 m 个"的确切定义，并在纸上练习一个简单的用例，特别是初始化 current 指针之类的问题，以确保计数正确。

```c
ListElement *findMToLastElement( ListElement *head, int m ){
    ListElement *current, *mBehind;
    int i;
    if (!head)
        return NULL;
    /* Advance current m elements from beginning,
     * checking for the end of the list
     */
    current = head;
```

```
for ( i = 0; i < m; i++ ){
    if ( current->next ){
        current = current->next;
    } else {
        return NULL;
    }
}

/* Start mBehind at beginning and advance pointers
 * together until current hits last element
 */
mBehind = head;
while ( current->next ){
    current = current->next;
    mBehind = mBehind->next;
}

/* mBehind now points to the element we were
 * searching for, so return it
 */
return mBehind;
}
```

5.4.5　链表展平

 问题：从标准的双向链表谈起。现在进行假设，除了下一个和前一个指针之外，每个元素都有一个子指针，它可能指向或不指向单独的双向链表。这些子链表可能有一个或多个自己的子级，以此类推，可以生成多级数据结构，如图 5-3 所示。

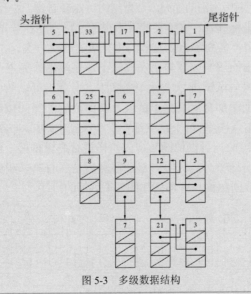

图 5-3　多级数据结构

展平链表，使所有结点出现在单级双向链表中。输入为链表第一级的头部和尾部。每个结点都是一个 C 语言的结构体，定义如下所示：

```
typedef struct Node {
    struct Node *next;
    struct Node *prev;
    struct Node *child;
    int          value;
} Node;
```

这个链表展平问题的实现自由度很高。题目简单地提出展平链表的要求。可以通过多种方式完成此任务。每种方式都会产生一个具有不同结点顺序的单级链表。首先构想出几种算法，并考虑它们将产生的结点顺序。然后实现看起来最简单、最有效的算法。

先从数据结构入手。这个数据结构对于链表来说有点不寻常。它有层级和子链表——有点像树。树也有级别和子级，正如在下一章中提到的那样，但树在同一级别上的结点之间没有连接。可以尝试使用常见的树遍历算法，并在访问时将每个结点复制到新链表中，作为展平结构的简单方法。

数据结构不完全是普通树，因此必须修改所用的遍历算法。从树的角度来看，数据结构中的每个单独的子链表形成单个扩展树结点。这似乎并不太糟糕：标准遍历算法直接检查每个树结点的子指针时，只需要进行链表遍历来检查所有子指针。每次检查结点时，都可以将其复制到重复链表中。此重复链表将是展平后的链表。

在弄清楚此解决方案的细节之前，请分析一下效率。每个结点检查一次，这是一个 $O(n)$ 级的解决方案。遍历所需的递归或数据结构可能会需要一些开销。此外，还要为每个结点创建副本以创建新链表。这种复制效率很低，特别是在数据结构很大的情况下。看看是否能够找到一个不需要那么多复制的更有效的解决方案。

到目前为止，提出的解决方案集中在算法上，还没考虑元素顺序问题。接着换一个思路，聚焦排序，然后试试推导出另一个算法。重点是可以数据结构的层级作为排序源。它有助于将级别的部分定义为子链表。就像酒店的房间按级别排序一样，可以按照所处的级别来对结点排序。每个结点都在一个级别中，并以该级别内的顺序出现(从左到右排列子链表)。因此，可以像酒店房间一样进行逻辑排序。例如可以从所有第一级结点开始排序，然后是所有第二级结点，再然后是所有第三级结点，以此类推。将这些规则应用于示例数据结构，将得到如图 5-4 所示的排序。

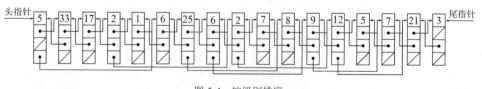

图 5-4　按级别排序

现在探寻一种能得到这种顺序的算法。此排序的一个特点是永远不会重新排列各自级别中结点的顺序,因此可以将每个级别上的所有结点连接到一个链表中,然后加入所有连接的级别。但是,要查找给定级别上的所有结点以便可以加入它们,需要先对该级别进行广度优先搜索。广度优先搜索效率低下,因此应该继续寻找更好的解决方案。

在图 5-3 中,第二级由两个子链表组成。每个子链表以第一级结点的不同子结点开始。可以尝试将子链表一次一个地添加到第一级的末尾,而不是将子链表组合起来。

要一次添加一个子链表,先顺着 next 指针从头遍历第一级。每次遇到带子链表的结点时,将子结点(以及子结点链表)添加到第一级的末尾并更新尾指针。最后,将整个第二级添加到第一级链表的末尾。可以继续遍历第一级并到达原来的第二级的开头。如果继续将子链表放到第一级结尾,那么最终会将所有子链表添加到末尾,并按题目所需顺序得到一个展平链表。这个算法更正式的表达如下所示:

```
Start at the beginning of the first level
While you are not at the end of the first level
    If the current node has a child
        Append the child to the end of the first level
        Update the tail pointer
    Advance to next node
```

该算法易于实现,因为非常简单。在效率方面,第一级之后的每个结点都会被检查两次。更新每个子链表的尾指针时,每个结点都会被检查一次,当检查结点以查看它是否有子结点时,会检查一次。当为子链表检查它们时,第一级中的结点仅检查一次,因为在开始时有一个第一级尾指针。因此,该算法中的比较不超过 $2n$,时间复杂度是 $O(n)$。因为每个结点都必须检查,所以得到线性级时间复杂度已经是极好情况。尽管此解决方案具有与之前考虑的树遍历方法相同的时间复杂度,但它更为有效,因为其不需要递归或额外的内存(对于这个问题,存在其他同样有效的解决方案。例如有个办法是在父结点之后插入子链表,而不是在链表尾)。

该算法的代码如下所示。请注意,该函数采用指向尾指针的指针,以便在函数返回时保留对尾指针的修改:

```c
void flattenList( Node *head, Node **tail ){
    Node *curNode = head;
    while ( curNode ){
        /* The current node has a child */
        if ( curNode->child ){
            append( curNode->child, tail );
        }
        curNode = curNode->next;
    }
}

/* Appends the child list to the end of the tail and updates
 * the tail.
 */
void append( Node *child, Node **tail ){
    Node *curNode;
```

```
/* Append the child list to the end */
(*tail)->next = child;
child->prev = *tail;

/* Find the new tail, which is the end of the child list. */
for ( curNode = child; curNode->next; curNode = curNode->next )
    ; /* Body intentionally empty */

/* Update the tail pointer now that curNode is the new tail */
*tail = curNode;
}
```

5.4.6 链表还原

 问题：将前一个问题创建得到的链表取消展平并将数据结构恢复到原始状态。

此问题与上一个问题相反，所以我们对数据结构已经很熟悉了。简单概括地说，刚才通过将所有子链表组合成很长的一层以创建展平链表。现在要还原为原始链表，必须将长而扁平的链表分离恢复成原始的子链表。

此尝试与刚才创建链表的操作完全相反。展平链表时，从头开始遍历链表并将子链表添加到结尾。要扭转这种情况，要从尾部向后移动并中断第一级的部分。当在还原链表中遇到作为子链表开头的结点时，可以将某个部分拆开。然而，这比想象中难，因为无法快速确定特定结点是否是原始数据结构中的子结点(表示它是子链表的起点)。确定结点是否是子结点的唯一方法是扫描所有先前结点的子指针。这样全扫一遍是低效的，因此应该考虑其他可能性以找到更好的解决方案。

解决子结点问题的一种方法是从头到尾遍历链表，在单独的数据结构中存储指向所有子结点的指针。然后，可以向后浏览链表并分隔每个子结点。以这种方式查找结点可以免于重复扫描以确定结点是否为子结点。办法很好，但仍然需要增加数据结构。尝试寻找没有额外数据结构的解决方案。

看起来现在已经穷尽了从链表中向后走的所有可能性，所以尝试一种从开始到结束遍历链表的算法。目前仍然无法立即确定结点是否为子结点。然而，前向遍历的一个优点是，可以按照将它们附加到第一级的相同顺序查找所有子结点。已知每个子结点都在原始链表中展开一个子链表。如果将每个子结点与它之前的结点分开，则可将链表还原。

不能简单地从头开始遍历链表，找到具有子结点的每个结点，并将子结点与其先前结点分开。可在第一级和第二级之间的中断处到达链表的末尾，而不去遍历其余的数据结构。不过，这种方法似乎还可以。可以从第一个级别(子级链表本身)开始遍历每个子链表。当找到子结点时，继续遍历原始子链表并遍历新找到的子链表。但是，不能同时遍历两者。可以将其中一个位置保存在数据结构中，然后在以后再遍历它。但是，可以使用递归来代替设计和实现此数据结构。具体来说，每次找到包含子结点的结点时，将子结点与其前一结点分开，开始遍历新子结点链表，然后继续遍历原始子结点链表。

这是一种有效的算法，因为每个结点最多检查两次，时间复杂度为 $O(n)$。再次声明，$O(n)$ 级运行用时是你可以做到的最好状态，因为必须至少检查一次每个结点以查看它是否是子结点。在平均情况下，函数调用的数量与结点数量的相关性较小，因此递归开销也不算太差。在最坏的情况下，函数调用的数量不超过结点数。此解决方案与早期提议的效率大致相同，后者需要额外的数据结构，但更简单且更容易编码实现。因此，这种递归解决方案可能是面试中更好的选择。算法大纲如下所示：

```
Explore path:
    While not at the end
        If current node has a child
            Separate the child from its previous node
            Explore path beginning with the child
        Go onto the next node
```

在 C 中可实现为：

```c
/* unflattenList wraps the recursive function and updates the tail pointer. */
void unflattenList( Node *start, Node **tail ){
    Node *curNode;

    exploreAndSeparate( start );

    /* Update the tail pointer */
    for ( curNode = start; curNode->next; curNode = curNode->next )
        ; /* Body intentionally empty */

    *tail = curNode;
}

/* exploreAndSeparate actually does the recursion and separation */
void exploreAndSeparate( Node *childListStart ){
    Node *curNode = childListStart;

    while ( curNode ){
        if ( curNode->child ){
            /* terminates the child list before the child */
            curNode->child->prev->next = NULL;
            /* starts the child list beginning with the child */
            curNode->child->prev = NULL;
            exploreAndSeparate( curNode->child );
        }
        curNode = curNode->next;
    }
}
```

前面的解决方案是通过反转链表展平算法得出的。递归实现中的函数调用开销可能很大。仅仅因为递归可以解决问题并不意味着它是必选方案：接下来考虑是否存在简单的迭代解决方案。

从 start 开始遍历链表，查找非空的 child 指针。当找到一个后，可以从子结点开始与其余部分拆开，使其成为较低级别的一部分。然而，这有一个缺点，即链表的整个剩余部分立即成为下一层的一部分。这将产生看起来像一组楼梯的数据结构，而不是重建原有的数据结构。

让我们看一下所构造的展平链表，每个被定义为高层级的子结点都被置于之后搜索到的子结点之前。因此，如果从链表的末尾开始往回做处理，则可以在遇到其父级时立即断开每个子链表以取消展平，从而在使用此策略前移链表时，能够避免刚才描述的问题。只要认真地将子链表拆开并跟踪 tail，就可以重建原始链表。

对应的 C 代码如下所示：

```c
void unflattenIteratative(Node* start, Node** tail) {
    if (!(*tail)) return;  //don't dereference if passed a null pointer
    Node* tracker = *tail;
    while (tracker){
        if (tracker->child){
            *tail = tracker->child->prev;
            tracker->child->prev = NULL;
            (*tail)->next = NULL;
        }
        tracker = tracker->prev;
    }
}
```

5.4.7 空或循环

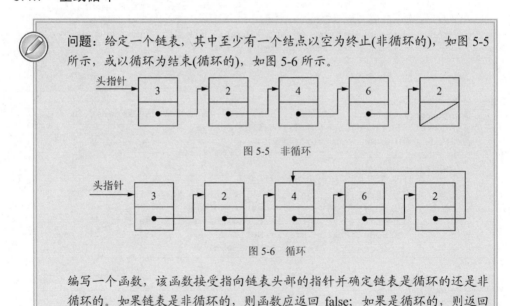

问题：给定一个链表，其中至少有一个结点以空为终止(非循环的)，如图 5-5 所示，或以循环为结束(循环的)，如图 5-6 所示。

图 5-5 非循环

图 5-6 循环

编写一个函数，该函数接受指向链表头部的指针并确定链表是循环的还是非循环的。如果链表是非循环的，则函数应返回 false；如果是循环的，则返回 true。不得以任何方式修改链表。

首先浏览题目图例，看看是否可以找到一种直观的方法来区分循环链表和非循环链表。

两个链表之间的差异出现在它们的尾结点上。在循环链表中，尾结点指向前面的一个结点。在非循环链表中，有一个以空为结束的结点。因此，如果可以找到此结束结点，则可以确定该链表是循环的还是非循环的。

在非循环链表中，找到结束结点很容易。遍历链表，直到找到一个为空的结点终止遍历。

但是，循环链表会难一点。如果只是遍历链表，则会进入一个圈并且不知道这是在循环链表中还是只是一个比较长的非循环链表。因此，需要想想更高级的方法。

再考虑一下端结点。端结点指向一个结点，同时另一个结点也指向这个结点。这意味着两个指针指向同一结点。此结点是唯一具有指向它的两个元素的结点。可以围绕这个特点设计算法。遍历链表并检查每个结点以确定是否有其他两个结点指向它。如果找到这样的结点，则链表必是循环的。否则，链表是非循环的，最终将遇到空指针。

不过，很难检查指向每个元素的结点数。接下来尝试在循环链表中寻找尾结点的其他特性。遍历链表时，尾结点的下一个结点是之前遇到的结点。可以依此检查是否已经遇到结点，而不是检查指向它的两个指针的结点。如果找到以前遇到的结点，则会有循环链表。如果遇到空指针，则表示为非循环链表。这只是算法的一部分。下面仍然需要弄清楚如何确定以前是否遇到过结点。

最简单的方法是在访问时标记每个元素，但是题目要求不允许修改链表。可以通过将已遍历的结点放在单独的链表中来对其进行跟踪。然后，将当前结点与已遍历链表中的所有结点进行比较。如果当前结点指向已遍历链表中的结点，则表示有一个循环。否则，将到达链表的末尾，看到链表以空指针收场，从而断定其是非循环的。方法可行，但在最坏的情况下，已遍历链表需要占用与原始链表一样多的内存。要想办法把这种内存需求降下来。

在已遍历链表中存储了什么？已遍历链表的第一个结点指向原始链表的第一个结点，第二个结点指向原始链表的第二个结点，第三个结点指向原始链表的第三个结点，以此类推。这简直是在创建一个原始链表的镜像。这是不必要的——只需要使用原始链表即可。

试试这种方法：因为链表中的当前结点和链表头已知，所以可以将当前结点的下一个结点与所有先前结点进行直接比较。对于第 i 个结点，比较它的下一个指针，看它是否指向结点 1 到 i-1 之间的某个结点。如果有任何结点相等，则说明这个链表是循环链表。

这个算法的时间复杂度如何？对于第一个结点，检查 0 个前驱结点；对于第二个结点，检查 1 个前驱结点；对于第三个结点，检查两个前驱结点，以此类推。因此，该算法检查了 $0 + 1 + 2 + 3 + ... + n$ 个结点。如第 4 章所述，这种算法的时间复杂度是 $O(n^2)$。

看起来这种办法已经走到其极限了。虽然不给提示很难发现，但有一个更好的解决方案，需要用两个指针。有什么东西是一个指针做不到，而两个指针可以做的呢？可以将它们交替移动，接下来的工作就和只用一个指针时一样了。可以按一定的间隔推进它们，但即便如此也没有任何得益。如果以不同的速度前移指针会发生什么？

在非循环链表中，较快的指针会到达链表尾部。在循环链表中，两个指针在无休止地循环。较快的指针最终会追上并超过较慢的指针。如果较快的指针曾经落后或等于较慢的指针，则这是一个循环链表。如果遇到了空指针，则这是一个非循环链表。需要将较快的指针先于较慢的指针一个结点，以便两个结点在开始时不相等。对应算法要点如下所示：

```
Start slow pointer at the head of the list
Start fast pointer at second node
Loop infinitely
    If the fast pointer reaches a null pointer
        Return that the list is null terminated
    If the fast pointer moves onto or over the slow pointer
        Return that there is a cycle
    Advance the slow pointer one node
    Advance the fast pointer two nodes
```

现在可以实现该解决方案，代码如下所示：

```
/* Takes a pointer to the head of a linked list and determines if
 * the list ends in a cycle or is NULL terminated
 */
bool isCyclicList( Node *head ){
    Node *fast, *slow;
    if ( !head )
        return false;
    slow = head;
    fast = head->next;
    while ( true ){
        if ( !fast || !fast->next )
            return false;
        else if ( fast == slow || fast->next == slow )
            return true;
        else {
            slow = slow->next;
            fast = fast->next->next;
        }
    }
}
```

这个算法比前面的解决方案还要快吗？如果链表是非循环的，则在检查 n 个结点后较快指针到达链表尾，而较慢的指针只遍历 $1/2n$ 个结点。因此，共检查 $3/2n$ 结点，这是一个 $O(n)$ 级的算法。

对于循环链表是什么情况？较慢的指针绝不会跑得超过一圈。当较慢的指针检查了 n 个结点时，不管循环多长，较快的指针将检查 $2n$ 个结点并"超过"较慢的指针。因此，在最坏的情况下，检查了 $3n$ 个结点，这仍然是 $O(n)$ 级的算法。对于这个问题，无论链表是循环的还是非循环的，这种双指针方法都比单指针方法好。

5.5 小结

虽然所介绍的数据结构都很简单，但是注重 C 或 C++经验的面试中经常出现链表的问题，用于确认候选人是否理解基本的指针处理方法。单链表中的每个元素都包含指向链表后一个元素的指针，而双向链表中的每个元素都会指向前一个和后一个元素。两种链表中的第一个元素都称为头部，而最后一个元素称为尾部。循环链表没有头部或尾部。取而代之的形式是，元素链接在一起形成一个环。

采用双向链表进行链表操作会简单得多，因此大多数面试问题都使用单链表。典型的操作包括更新链表表头、遍历链表以从链表表尾查找特定元素，以及插入或移除链表元素。

第6章

树 和 图

树和图是常见的数据结构，因此它们都是编程面试中的常见问题。然而，因为树很容易在面试的时间限制内实现，面试官可以用树考察候选人对递归和运行用时的分析理解，所以与树相关的题目更常见。图的问题虽然重要，但解答和编码往往更耗时，故而不大常见。

与前一章侧重 C 语言实现有所不同，本章和后续章节关注更现代的面向对象语言中的实现。

6.1 树

树由具有零个、一个或多个到其他结点的引用(或指针)的结点(或数据元素)组成。每个结点只有另一个结点引用它。根据定义，数据结构如图 6-1 所示。

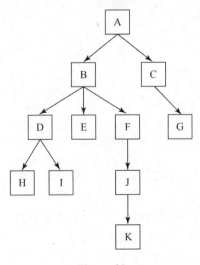

图 6-1 树

正如在链表中一样，结点由结构体或类表示，树可以用包括指针或引用的任何语言实现。在面向对象语言中，通常将结点的公共部分定义为一个类，并采用一个或多个子类承载结点的数据部分。例如，以下 C#类可用于表示整数树：

```
public class Node {
    public Node[] children;
}

public class IntNode : Node {
    public int value;
}
```

在类定义中，children 是一个数组，保存了这个结点引用的所有结点。为简单起见，Node 和 IntNode 类将子结点作为公有数据成员暴露出来，但这不是良好的编码习惯。正确的类定义会将它们定义为私有的，然后采用公有方法来操纵它们。刚才的类定义如果采用等价且更为完整的 Java 实现(带有方法和构造函数)，则如下所示：

```
public abstract class Node {
    private Node[] children;

    public Node( Node[] children ){
        this.children = children;
    }

    public int getNumChildren(){
        return children.length;
    }

    public Node getChild( int index ){
        return children[ index ];
    }
}

public class IntNode extends Node {
    private int value;

    public IntNode( Node[] children, int value ){
        super( children );
        this.value = value;
    }

    public int getValue(){
        return value;
    }
}
```

此示例仍缺少从树中添加或删除结点的方法和错误处理。在面试期间，一种省时省力的方案是把数据成员设为公有，把所有类放在一起，初步拟出处理树结构所需的代码而不进行完整实现。询问面试官，按照他们规定的细节编写代码。如果想采取捷径，那么一旦违背了面向对象设计原则的好习惯，一定要向面试官提及那些更合规的设计，并准备好回答怎样实现。通过这种方式，可以避免陷入实现细节，且不让人觉得自己是一个懒惰的程序员和不懂得类设计的正确方式。

如图 6-1 所示,可以看到一棵树只有一个顶层结点。从这个结点出发,顺着树枝可抵达其他各个结点。这个顶层结点称为根。根(root)是唯一一个到其他各个结点都有路的结点。根结点是所有树的固有起点。因此,人们在谈论树的根结点时常将其称为"树"。

需要了解的其他一些与树相关的术语有:

- **父结点**。指向其他结点的结点是这些结点的父结点(parent)。除根之外的每个结点都有一个父结点。在图 6-1 中,B 是 D、E 和 F 的父结点。
- **子结点**。一个结点是指向它的结点的子结点(child)。在图 6-1 中,结点 D、E 和 F 皆为 B 的子结点。
- **后代**。从一个特定的结点到其子结点会形成多条路径,可以沿着这些路径到达的所有结点都是该结点的后代(descendant)。在图 6-1 中,D、E、F、H、I、J 和 K 是 B 的后代。
- **祖先**。一个结点是其所有后代结点的祖先(ancestor)。例如,A、B 和 D 是 I 的祖先。
- **叶结点**。叶结点(leave)是没有子结点的结点。G、H、I 和 K 是叶结点。

6.1.1 二叉树

目前采用的是树的最通用定义。大多数与树相关的考题涉及一种称为二叉树(binary tree)的特别结构。在二叉树中,每个结点最多只有两个子结点,称为左子结点和右子结点。图 6-2 给出了二叉树的示例。

以下是二叉树的实现。为简单起见,将所有内容放在一个类里面:

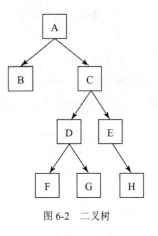

图 6-2　二叉树

```java
public class Node {
    private Node left;
    private Node right;
    private int  value;

    public Node( Node left, Node right, int value ){
        this.left = left;
        this.right = right;
        this.value = value;
    }

    public Node getLeft() { return left; }
    public Node getRight() { return right; }
    public int getValue() { return value; }
}
```

当一个结点没有左子结点或右子结点时,相应的引用为空。

与二叉树有关的题目通常可以比等价的一般树结构题目得到更快的解决,但不乏挑战性。因为面试期间的时间非常宝贵,所以大多数树问题都是二叉树问题。如果面试官说"树"，则最好先请他们确认所指的是一般树还是二叉树。

 注意： 当面试官说"树"时，他们通常指二叉树。

6.1.2 二叉搜索树

树通常用于存储有序数据。在树中存储有序数据的最常用方法是使用名为二叉搜索树(Binary Search Tree，BST)的特别树结构。在 BST 中，结点的左子结点保存的值小于或等于结点自己的值，而右子结点保存的值大于或等于结点自己的值。实际上，BST 中的数据按值排序：结点左侧的所有后代都小于或等于该结点，结点右侧的所有后代都大于或等于该结点。图 6-3 是 BST 的一个示例。

BST 是如此常见，以至于很多人在说"树"时意味着在说 BST。再次提醒，在面试解题之前需要请求面试官明确树的定义。

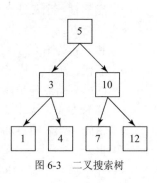

图 6-3 二叉搜索树

 注意： 当面试官说"树"时，他们通常指的是二叉搜索树。

二叉搜索树的一个优点是查找操作(在树中定位特定结点)快速而简单。这对数据存储特别有用。在 BST 中执行查找的算法要点如下：

```
Start at the root node
Loop while current node is non-null
    If the current node's value is equal to the search value
        Return the current node
    If the current node's value is less than the search value
        Make the right node the current node
    If the current node's value is greater than the search value
        Make the left node the current node
End loop
```

如果跳出循环，则说明结点不在树上。

下面是 C#或 Java 的搜索代码：

```
Node findNode( Node root, int value ){
    while ( root != null ){
        int curVal = root.getValue();
        if ( curVal == value ) break;
        if ( curVal < value ){
            root = root.getRight();
        } else { // curVal > value
            root = root.getLeft();
        }
```

```
    }

    return root;
}
```

这种查找速度很快，因为在每次迭代时，通过选择从左子树或右子树出发，可以消去一半的剩余搜索结点。在最坏的情况下，在只剩下一个结点需要搜索时，才知道查找是否成功。因此，查找的运行用时等于在达到 1 之前可以将 n 个结点减半的次数。

假设这个次数为 x，等于从 1 翻倍到 n 的次数，可以表示为 $2^x = n$。然后可以使用对数求解 x。

例如，$\log_2 8 = 3$，由于 $2^3 = 8$，因此查找操作的运行用时为 $O(\log_2(n))$。因为具有不同基数的对数计算的结果差异只取决于真数 n，所以通常省略基数 2 并将其称为 $O(\log(n))$。$\log(n)$ 非常快。例如，$\log_2(1\,000\,000\,000) \approx 30$。

 注意：在平衡二叉搜索树中，查找操作的时间复杂度为 $O(\log(n))$。

在声明 BST 中的查找时间复杂度为 $O(\log(n))$ 时需要非常注意一个情况：只有可以保证剩余要搜索的结点数量在每次迭代时减半或几乎减半，查找才为 $O(\log(n))$。为什么？因为在最坏的情况下，每个结点只有一个子结点，在这种情况下，最终是一个链表，查找变为 $O(n)$ 操作。最糟糕的情况可能比预期更为常见，例如通过添加已排序数据来创建树。

 注意：删除和插入在二叉搜索树中是 $O(\log(n))$ 级操作。

二叉搜索树还有其他重要特征。例如，可以一路顺着左子结点来找到最小元素，也可以一路顺着右子结点来找到最大元素。也可以在 $O(n)$ 时间内按顺序打印出结点。甚至在给定一个结点的条件下，在 $O(\log(n))$ 时间内找到大小仅次于它的结点。

树问题通常用于考察候选人的递归思考的能力。树中的每个结点都是从该结点开始的子树的根。此子树属性有助于递归，因为递归通常涉及根据类似的子问题和基本情况解决问题。在树递归中，从根开始执行操作，然后移动到左侧或右侧子树(或两者，一个接一个)。过程一直继续，直至到达空引用，即树的结尾(这是一个不错的基本情况)。例如，上述的查找操作可以采用递归重新实现，如下所示：

```
Node findNode( Node root, int value ){
    if ( root == null ) return null;
    int curVal = root.getValue();
    if ( curVal == value ) return root;
    if ( curVal < value ){
        return findNode( root.getRight(), value );
    } else { // curVal > value
        return findNode( root.getLeft(), value );
    }
}
```

树的大多数问题都具有这种递归形式。解决与树相关的所有问题的好办法是采用递归思考。

 注意：许多树操作可以采用递归实现。递归实现可能不是最有效的，但一般来说是最好的起点。

6.1.3 堆

另一种常见的树称为堆(heap)。堆通常是二叉树，在最大堆(max-heap)中，每个子结点的值小于或等于父结点的值，而在最小堆(min-heap)中，每个子结点的值大于或等于于父结点的值。因此，最大堆的根结点始终是整棵树的最大值，这意味着可以在常量时间内找到最大值：只需要返回根结点值。插入和删除仍然是 $O(\log(n))$，但查找变为 $O(n)$。和在 BST 中不一样，在 $O(\log(n))$ 时间内找到仅次于给定结点的值的结点是不行的，在 $O(n)$ 时间内按照排序顺序打印出结点也是不行的。虽然从概念上讲堆是树，但往往堆的底层数据实现的实质与之前讨论的树不同。

可采用堆为医院病人在急诊室等待的过程建模。当患者进入时，他们被分配优先级并被放入堆中。心脏病发作患者的优先级高于脚趾骨折的患者。当医生有空时，医生会想要检查具有最高优先级的患者。医生可以从堆中提取最大值来确定具有最高优先级的患者，这个操作的用时是常数级的。

 注意：如果需要快速提取最大值，则请使用堆。

6.1.4 常见搜索

如果有一个具有顺序特性的树(如 BST 或堆)，那会很方便。通常题目给定的树不是 BST 或堆。例如，假设一棵树代表了家谱或公司组织结构图。候选人必须运用不同的技术在这种类型的树中检索数据。一类常见问题与搜索特定结点有关。当在无序的结构中进行树搜索时，搜索结点的时间是 $O(n)$，因此对于大树而言，最好避免这种搜索。接下来可以使用两种常用搜索算法来完成这个任务。

1. 广度优先搜索

一种树搜索的方法是广度优先搜索(Breadth-First Search，BFS)。在 BFS 中，以根为起点，在第二级从左向右移动，然后在第三级从左向右移动，以此类推。一直搜索到检查完所有结点或找到了要搜索的结点。BFS 需要额外的内存开销，因为在搜索每个层级时必须跟踪对应层级上所有结点的子结点。

2. 深度优先搜索

另一种搜索结点的常用方法是深度优先搜索(Depth-First Search，DFS)。深度优先搜索在进入树的一个分支之后将深入至尽可能多的层级，直到找到目标结点或到达尾端。当搜索不能再向下移动时，它会从最近的祖先中选择还没有探索过的子结点继续搜索。

DFS 的内存要求低于 BFS，因为没有在每个层级存储所有子指针的需要。如果掌握关于目标结点的可能位置及更多信息，则两个算法各有其效。例如，如果结点位于树的较高层级，则 BFS 最有效。如果目标结点可能位于树的较低层级，则 DFS 具有以下优势：它不会一层一层地检查(BFS 总是到最后才检查最底层)。

例如，现在需要搜索公司职位层次结构树，以查找不到 3 个月前开始工作的员工，很可能较低级别的员工最近才加入工作。在这种情况下，若假设为真，则 DFS 一般能比 BFS 更快地找到目标结点。

还有其他搜索方法，但这两种是面试中最常见的搜索。

6.1.5 遍历

还有一种常见的与树相关的问题称为遍历(traversal)。遍历就像搜索一样，但不会在找到特定目标结点后停止，而是访问树中的每个结点。遍历通常用于针对树上每个结点执行一些操作。遍历有很多种，分别以不同的顺序访问或处理结点，但是面试最有可能出现的是以下三种二叉树的深度优先遍历类型：

- **先序遍历**。首先对结点本身执行操作，然后在其左后代上执行操作，最后在其右后代上执行操作。换句话说，各结点总是在其任何后代之前进行操作。
- **中序遍历**。首先在结点的左后代上执行操作，然后在结点本身上执行操作，最后在其右后代上执行操作。换句话说，首先操作左子树，然后操作结点本身，之后操作结点的右子树。
- **后序遍历**。首先在结点的左后代上执行操作，然后在结点的右后代上执行操作，最后对结点本身执行操作。换句话说，结点总是在其所有后代之后执行操作。

先序和后序遍历还适用于非二叉树。只要有一种方法辨明子结点是"小于"(在父结点左侧)还是"大于"(在父结点右侧)父结点，则中序遍历也适用于非二叉树。

递归通常是实现深度优先遍历的最简单方法。

 注意：如果要求实现遍历，则递归是切入问题的好办法。

6.2 图

图比树更普遍且更复杂。像树一样，图由带有子结点的结点组成——树实际上是图的特例。但与树结点不同，图结点(或叫顶点，英文为 vertice)可以有多个父结点，还可能会构成一个环(或叫圈，英文为 cycle)。此外，结点之间的连接以及结点本身可以具有值或权重。这些连接称为边(edge)，因为它们除了包含指针外还可以包含其他信息。在图中，边可以是单向或双向的。具有单向边的图被称为有向图(directed graph)。只有双向边的图被称为无向图(undirected graph)。图 6-4 展示的是有向图，图 6-5 展示的是无向图。

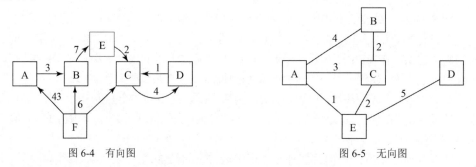

图 6-4 有向图   图 6-5 无向图

图通常用于建模难以采用其他数据结构建模的现实问题。例如，有向图可以代表连接城市的渡槽，因为水单向流动。可以借助这样的图来找到让水从城市 A 到达城市 D 的最快路线。无向图可以表示诸如信号传输中一系列继电器之类的东西的组合关系。

目前有几种常见的方法可以表示图数据结构。最好的表示方法通常取决于正待实现的算法。其中一种常见的表示方法是每个结点的数据结构由邻接表(adjacency list)组成：一张引用表，记录了其他与该结点共享边的结点。该列表类似于树结点数据结构的子引用，但是邻接表通常是动态数据结构，因为每个结点的边数可以在很宽的范围内变化。另一种图的表示是邻接矩阵(adjacency matrix)，一个矩阵维度等于结点数量的方阵。处于位置(i, j)的矩阵元素表示从结点 i 延伸到结点 j 的边的权重。

所有树中可用的搜索方法都在图中有类似实现。由于可能存在环，因此图的等价算法通常会更复杂一些。

图经常在实际编程中出现，但在面试中不常见，部分原因是与图有关的问题如果放在面试中，几乎没人能够按时解决。

6.3 与树和图有关的面试问题

大多数树的题目涉及二叉树。偶尔可能有图的题目，特别是在面试官认为候选人在处理较容易的问题时表现优秀的情况下。

6.3.1 树的高度

> 问题：树(二叉树或非二叉树)的高度定义为从根结点到任何叶结点的最长路径上的结点数。例如，图 6-2 中的树的高度为 4，因为从 A 到 F、G 或 H 的路径涉及 4 个结点。编写一个函数来计算任意二叉树的高度。

首先要确保自己理解题目中对树的高度的定义(这是两个常见定义之一)。然后想想一些简单的树，看看是否有办法以递归方式思考问题。树中的每个结点对应于以该结点为根的另一个子树。对于图 6-2 中的树，每个子树的高度如下所示。

- A：高度为 4
- B：高度为 1
- C：高度为 3
- D：高度为 2
- E：高度为 2
- F：高度为 1
- G：高度为 1
- H：高度为 1

首先猜想结点的高度是其子结点高度的总和，因为 A 的高度= 4 = B 的高度 + C 的高度，但是通过快速检查可见此假设不正确，因为 C 的高度 = 3，但是 D 和 E 的高度加起来为 4，而不是 3。

查看结点两侧的两个子树。如果删除其中一个子树，那么树的高度是否会改变？是的，但仅当删除较高的子树时会改变。这就是所要理解的关键点：树的高度等于其最高子树的高度加 1。这是一个易于转换为代码的递归定义：

```java
public static int treeHeight( Node n ){
    if ( n == null ) return 0;
    return 1 + Math.max( treeHeight( n.getLeft() ),
                         treeHeight( n.getRight() ) );
}
```

这个函数的运行用时是多少？由于需要对每个结点的各个子结点递归调用该函数，因此将为树中的每个结点调用该函数一次。由于每个结点上的操作是常数时间，因此总运行用时为 $O(n)$。

6.3.2　先序遍历

 问题：通俗地说，先序遍历涉及以逆时针方式在树中游走，从根部开始，贴近边，并在遇到结点时打印出它们。对于图 6-6 中所示的树，结果为 100、50、25、75、150、125、110 和 175。执行二叉搜索树的先序遍历，打印每个结点的值。

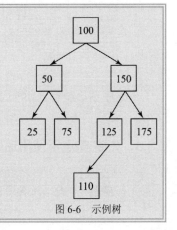

图 6-6　示例树

要设计一个以正确顺序打印结点的算法，应该考虑打印结点时会发生什么。尽可能向左走，再回溯到上一层，向右走一个结点，然后尽可能向左走，再次回溯，以此类推。关键是要根据子树思考分析。

两个最大的子树的根结点分别为 50 和 150。根结点为 50 的子树中的所有结点应该在所有以 150 为根结点的子树结点之前打印出来。此外，每个子树的根结点应先于其余子树结点打印出来。

一般来说，对于先序遍历中的每个结点，先打印结点本身，然后是左子树，之后是右子树。如果从根结点开始打印过程，则会有一个如下所示的递归定义：

(1) 打印根结点(或子树的根结点)的值。

(2) 在左子树上进行先序遍历。

(3) 在右子树上进行先序遍历。

假设现在有一个带有 printValue 方法的二叉树 Node 类(面试官可能不会要求写出这个类的定义，但是如果他们有要求，那么恰当的定义将与本章开头介绍的 Node 类相同，外加 printValue 方法)。上面的伪代码算法可以采用递归轻松地写出来：

```
void preorderTraversal( Node root ){
    if ( root == null ) return;
    root.printValue();
    preorderTraversal( root.getLeft() );
    preorderTraversal( root.getRight() );
}
```

这个算法的运行用时是多少？每个结点检查一次，因此时间复杂度是 $O(n)$。

中序和后序遍历几乎完全相同，唯一变化的是访问结点和子树的顺序：

```
void inorderTraversal( Node root ){
    if ( root == null ) return;
    inorderTraversal( root.getLeft() );
    root.printValue();
    inorderTraversal( root.getRight() );
}
```

```
void postorderTraversal( Node root ){
    if ( root == null ) return;
    postorderTraversal( root.getLeft() );
    postorderTraversal( root.getRight() );
    root.printValue();
}
```

与先序遍历一样，这些遍历会对每个结点进行一次检查，因此运行用时始终为 $O(n)$。

6.3.3 先序遍历(不使用递归)

 问题：执行二叉搜索树的先序遍历，打印每个结点的值，但这次不准使用递归。

有时，递归算法可以用迭代算法代替，后者使用不同的数据结构以完全不同的方式完成相同的任务。考虑自己掌握的数据结构，并构思它们如何发挥作用。例如，可以尝试采用链表、数组或其他二叉树。

因为递归对于先序遍历的定义是固有的，所以寻找用于代替递归算法的完全不同的迭代算法容易碰壁。在这种情况下，最好的做法是分析递归中发生的事情并尝试迭代地模拟该过程。

递归通过在调用栈上放置数据而隐式地使用栈数据结构。这意味着应该有一个显式使用栈的等效解决方案可以避免递归。

假设有一个可以存储结点的栈类。大多数流行编程语言都在其标准库中包含了栈实现。如果想不起来栈的 push 和 pop 方法进行什么操作，则请再回顾第 5 章中的栈实现问题。

现在对递归先序算法做分析，重点关注隐式存储在调用栈上的数据，这样就可以在迭代实现中将相同的数据显式地存储在栈上：

```
Print out the root (or subtree's root) value.
Do a preorder traversal on the left subtree.
Do a preorder traversal on the right subtree.
```

首次进入该过程时，打印根结点的值。接下来，递归调用该过程来遍历左子树。进行此递归调用时，调用过程的状态将保存在栈上。当递归调用返回时，调用过程会从中断处继续。

这里发生了什么？其实，遍历左子树的递归调用用于隐式地将右子树的地址存储在栈上，这样便能在左子树遍历完后遍历右子树。每次打印结点并移动到其左子结点时，右子结点首先存储在隐式栈中。只要没有子结点，就会从递归调用返回，有效地从隐式栈中弹出一个右子结点，这样就可以继续遍历了。

总而言之，该算法打印当前结点的值，将右子结点压进隐式栈，然后移动到左子结点。当没有更多子结点(即到达叶子)时，该算法弹出栈以获得新的当前结点。这一直持续到整个树遍历完且栈为空。

在实现此算法之前，首先消除会使算法更难实现的各种不必要的特例。如果不想为左右子结点编写单独的处理过程，那么试试将两个结点的指针都压到栈上会如何？重点是将结点压入栈的顺序：需要确定一个顺序，能够将两个结点都压入栈，以便始终在右结点之前弹出左结点。

由于栈是后进先出的数据结构，因此首先将右侧结点压入栈，然后压左侧结点。只需要从栈中弹出第一个结点，打印其值，然后以正确的顺序将其两个子结点压进栈，而不是显式检查左子结点。如果通过将根结点压栈然后按照描述弹出、打印和压入来启动该过程，则可以模拟递归先序遍历。总结一下就是：

```
Create the stack
Push the root node on the stack
While the stack is not empty
    Pop a node
    Print its value
```

```
If right child exists, push the node's right child
If left child exists, push the node's left child
```

算法代码(不含错误检查)如下所示：

```
void preorderTraversal( Node root ){
Stack<Node> stack = new Stack<Node>();
    stack.push( root );
    while( !stack.empty() ){
        Node curr = stack.pop();
        curr.printValue();
        Node n = curr.getRight();
        if ( n != null ) stack.push( n );
        n = curr.getLeft();
        if ( n != null ) stack.push( n );
    }
}
```

这个算法的运行用时是多少？每个结点仅检查一次，并仅压栈一次。因此，这仍然是 $O(n)$ 级算法。在此实现中，没有很多递归函数调用的开销。另一方面，此实现中使用的栈可能需要动态内存分配，并且还需要与栈方法调用相关的开销，因此对于迭代实现是否比递归解决方案更高效或更低效的问题，是说不清的。然而，问题的关键在于展示你对树和递归的理解。

6.3.4 最近的共同祖先

> **问题**：给定二叉搜索树中两个结点的值，找到其最低(最近)的共同祖先。可以假设树中存在这两个值。
>
> 例如，使用图 6-7 中所示的树，假设给定 4 和 14 两个值。它们的最近共同祖先是 8，一方面由于它是 4 和 14 的祖先，另一方面树上没有比它低的结点是 4 和 14 的共同祖先。

图 6-7 暗示了一种直观的算法：沿着这两个结点依次向上直到它们聚到一个点。要实现此算法，需要列出 4 和 14 两个结点的所有祖先，然后搜索 4 的祖先构成的列表和 14 的祖先构成的列表，在两个列表中找到第一个不同的结点。紧挨在这个不同结点之上的结点就是它们的最近共同祖先。这是一个不错的解决方案，但还有效率更高的。

第一种算法适用于任何类型的树，但没有利用二叉搜索树的任何特性。可以尝试借助这些特性来更有效地找到最近的共同祖先。

二叉搜索树有两个特性。第一个特性是每个结点都有零个、一个或两个子结点。这个事实似乎对找到新算法没帮助。

第二个特性是左子结点的值小于或等于当前结点的值，

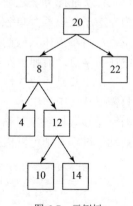

图 6-7 示例树

右子结点的值大于或等于当前结点的值。这个特性看起来比较有用。

继续分析例子中的树，4 和 14 的最近共同祖先(值为 8 的结点)与 4 和 14 的其他祖先的不同之处很明显。其他祖先们要么大于 4 和 14，要么小于 4 和 14。只有 8 在 4 到 14 之间。所以可据此线索来设计更好的算法。

根结点是所有结点的祖先，因为它有到所有其他结点的路径。因此，可以从根结点开始，沿着两个结点的共同祖先一直走。当目标值都小于当前结点时，向左子树移动。如果目标值都比较大，则向右子树移动。所遇到的第一个结点值如果介于目标值之间，则为最近共同祖先。

基于此描述，假设两个结点的值为 value1 和 value2，可以写出如下算法：

```
Examine the current node
If value1 and value2 are both less than the current node's value
    Examine the left child
If value1 and value2 are both greater than the current node's value
    Examine the right child
Otherwise
    The current node is the lowest common ancestor
```

可能用递归实现这个解决方案比较合适，因为它与树有关并且算法在重复地将相同的过程应用于其子树，但在此不必要用递归。当每种情况具有多种子情况时，例如需要检查每个结点扩展出两个分支时，递归最有用。现在要做的是沿着树的一条线往下遍历。可以采用迭代轻松实现这种搜索：

```java
Node findLowestCommonAncestor( Node root, int value1, int value2 ){
    while ( root != null ){
        int value = root.getValue();

        if ( value > value1 && value > value2 ){
            root = root.getLeft();
        } else if ( value < value1 && value < value2 ){
            root = root.getRight();
        } else {
            return root;
        }
    }

    return null; // only if empty tree
}
```

这个算法的运行用时是多少？沿着通往最近共同祖先的路径往下遍历。回忆一下，到任一结点的路径遍历的时间复杂度为 $O(\log(n))$。因此，这是一个 $O(\log(n))$ 级算法。

6.3.5 从二叉树到堆

 问题：给定一组按无序二叉树结构组织的整数。编写数组排序程序将树转换为堆，堆的底层数据结构为平衡二叉树。

　　题目要求写出数组排序程序，所以必须将一开始的树结构转换为数组。因为都以二叉树数据结构开始和结束，所以转换成数组可能不是实现最终目标的最有效方法。你可以与面试官商讨，如果不是因为必须编写数组排序程序，那么简单地对起始树的结点归堆(heapify)会更有效：即按照堆的标准对它们重新排序。对树进行归堆的用时为 $O(n)$，而单纯的数组排序至少为 $O(n \log(n))$。但是，通常情况下，出题的目的暗含通过任意限制来强制候选人展示自己的能力——这里主要是需要在树和数组数据结构之间进行转换的能力。

　　第一个任务是将树转换为数组。需要访问每个结点以将其关联值插入数组中。可通过树遍历来完成此操作。假设采用静态数组，问题是先分配数组才能放入内容，但是在遍历之前不知道树中有多少值，所以不知道这个数组需要做成多大。对此可以通过分两次树遍历来解决：第一次计算结点，第二次将这些值插入数组。数组完成赋值后，调用排序程序会生成一个已排序的数组。此问题的主要挑战是从排序数组构造堆。

　　堆的基本特性是每个结点的值与其子结点的值之间的关系：最小堆中小于或等于其子结点，最大堆中大于或等于其子结点。问题中没有指定最小堆或最大堆。随便选一种情况，构建一个最小堆。因为有序数组中的每个值都小于或等于其后面的所有值，所以需要构造一个树，其中每个结点的子结点来自数组，子结点的位置比它们的父结点更靠后(靠近末尾)。

　　如果将每个结点作为数组中右侧结点的父结点，则堆特性可以满足，但这样的树完全不平衡(它实际上是一个链表)。因此需要一种更好的方法来挑选每个结点的子结点，以形成一棵平衡树。如果不能立即想到对策，那么可以试试反向操作：构造一个平衡二叉树，然后将结点放入线性序列中(与数组中一样)，使得父结点总是领先于子结点。如果能够将此过程反过来，想要的程序就做出来了。

　　要保持父结点领先于子结点，同时线性排列结点，一种简单方法是按层级处理：首先是根结点(树的第一级)，然后是它的两个子结点(第二级)，之后是两个子结点所有的子结点(第三级)，以此类推。这与广度优先遍历中访问结点的顺序相同。接下来分析如何利用从平衡树生成的数组与该平衡树之间建立的关系。

　　从数组构造平衡堆的关键是理清结点的子结点相对于结点本身的位置。如果按层级在数组中排列二叉树的结点，则根结点(在索引 0 处)在索引 1 和索引 2 处具有子结点。索引 1 结点的子结点在索引 3 和索引 4 处，索引 2 结点的子结点在索引 5 和索引 6 处。根据需要将这个索引标识的计算方法推广到其他结点：看起来每个结点的子结点的索引只是父结点索引的两倍。具体来说，索引 i 处的结点的子结点位于索引 $2i + 1$ 和索引 $2i + 2$ 处。验证这条规律是否可以满足所列的示例，然后讨论规律是否成立。在完全二叉树中，树的每一层共有 2^n 个结点，其中 n 表示第几层。于是，每个层次比前面所有层次中的结点总和多一个结点。因此，各层中第一个结点的子结点的索引为 $2i + 1$ 和 $2i + 2$ 是可行的。当沿着该层级进一步移动时，因为每个父结点有两个子结点，所以每次父结点索引递增时，子结点的索引相应递增，为父结点索引的两倍，因此归纳的公式仍然可行。

此时此刻，所提方案值得花时间审视。数组元素已经排序，从而满足堆特性。除了满足堆特性之外，它们是完全有序的，因为题目需要执行完整的排序：额外的排序工作使得这一步的用时变成 $O(n \log(n))$，而不仅仅是本应只是满足堆特性的 $O(n)$。如何在这个数组中找到每个结点的子结点(以及每个结点的父结点)已经确定，不需要有为子结点或父结点显式引用或运用指针等开销。尽管二叉堆在概念上是一种树形数据结构，但没有理由不能使用数组来表示它。实际上，使用基于位置的隐式连接的数组是用于二叉堆的最常见的数据表示形式。它们比显式的树结构更紧凑，维护堆内顺序的操作涉及父结点和子结点的位置交换，这可以采用数组表示轻松完成。

虽然用数组表示的堆作为数据结构可能更有用，但是这个题目明确要求将堆的数组结构拆成与树形数据结构对应。既然每个结点的子结点的位置可计算得知，那么计算过程很简单。

因为问题以二叉树结构开始，并以其结束，所以可以通过创建结点对象数组并对其进行排序来快速实现，而不需要将每个结点中的整数提取到数组中。然后，可以简单地调整这些结点上的子结点引用，而不必从头开始构建树。Java 实现如下所示：

```java
public static Node heapifyBinaryTree( Node root ){

    int size = traverse( root, 0, null ); // Count nodes
    Node[] nodeArray = new Node[size];
    traverse( root, 0, nodeArray );        // Load nodes into array

    // Sort array of nodes based on their values, using Comparator object
    Arrays.sort( nodeArray, new Comparator<Node>(){
        @Override public int compare( Node m, Node n ){
            int mv = m.getValue(), nv = n.getValue();
            return ( mv < nv ? -1 : ( mv == nv ? 0 : 1 ) );
        }
    });

    // Reassign children for each node
    for ( int i = 0; i < size; i++ ){
        int left = 2*i + 1;
        int right = left + 1;
        nodeArray[i].setLeft( left >= size ? null : nodeArray[left] );
        nodeArray[i].setRight( right >= size ? null : nodeArray[right] );
    }
    return nodeArray[0]; // Return new root node
}

public static int traverse( Node node, int count, Node[] arr ){
    if ( node == null )
        return count;
    if ( arr != null )
        arr[count] = node;
    count++;
    count = traverse( node.getLeft(), count, arr );
    count = traverse( node.getRight(), count, arr );
    return count;
}
```

6.3.6 不平衡二叉搜索树

> **问题**：给定一棵不平衡二叉搜索树，左子树中的结点数比右边更多，重新组织树结构以改善其平衡性，同时保持二叉搜索树的特性。

从二叉树角度来说这是一个微不足道的题目，但维持 BST 顺序的要求让问题变得复杂。如果直接考虑大型 BST 以及所有可能的组合方式，则很容易被问题压垮。与之相反，从画一个不平衡二叉搜索树的简单例子入手，则会有受益，如图 6-8 所示。

重新排列这棵树可以怎么做？因为左侧有太多结点而右侧没有足够的结点，所以需要将一些结点从根的左子树移动到右子树。为了让树保持为 BST，根的左子树中的所有结点必须小于或等于根，并且右子树中的所有结点都大于或等于根。只有一个结点(7)大于根结点，因此如果 6 仍然是根结点，则无法将任何结点移动到右侧子树。显然，必须有一个新结点成为重新排列的 BST 中的根。

在平衡 BST 中，一半结点小于或等于根，另一半大于或等于根。这表明 4 对新根结点来说是个不错的选择。尝试使用相同的结点集构建 BST，但以 4 为根结点，如图 6-9 所示。现在在这个例子中，树终于完美平衡。下一步分析如何将第一棵树上的子连接改到第二棵树中。

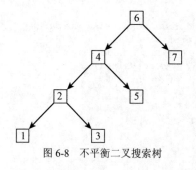

图 6-8　不平衡二叉搜索树

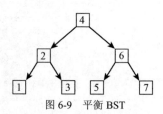

图 6-9　平衡 BST

新的根结点是 4，而 6 成为它的右子结点，因此需要将新根的右子结点设置为以前是根的结点。既然已经更改了新根的右子结点，接下来需要将其原始的右子结点(5)重新附加到树中。根据第二个图，它成为前一个根的左子结点。比较前两个数字，左边的子树 4 和右边的子树 6 保持不变，因此需要做这两个修改，如图 6-10 所示。

这种方法是否适用于更大、更复杂的树，或仅限于这个简单的例子？这需要考虑两种情况：第一种情况是，此示例中的"根"实际上是较大的树的子结点；第二种情况是，此示例中的"叶子"实际上是父结点，并且在它们下面有其他结点。

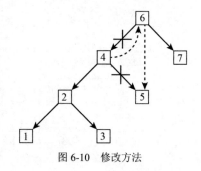

图 6-10　修改方法

在第一种情况下，较大的树是一棵 BST，可以从它入手，因此我们不会通过重新排列子树中的结点来违反较大的树的 BST 特性——记得使用子树的新根结点更新父结点。

在第二种情况下，分析以获得新父结点的两个结点为根的子树的特性。必须确保不违反 BST 特性。新根结点是旧根结点的左子结点，所以新根结点及其所有原始子结点都小于或等于旧根结点。因此，新根结点的一棵子树成为旧根结点的左子树是没有问题的。相反，旧根结点及其右子树都大于或等于新根结点，因此这些结点位于新根的右子树中没有问题。

由于所设计的变换不会违反 BST 特性，因此该算法可应用于所有 BST。此外，它可以应用于 BST 内的所有子树。可以考虑通过重复应用此过程将严重不平衡的树结构处理为平衡结构。通过实行侧向翻转过程，可以改善向右不平衡的树。

换个角度看这个问题，你可能会发现导出的算法其实是在做树旋转(tree rotation)——特指右旋转(right rotation)。树旋转是许多自平衡树的基本操作，包括 AVL 树和红黑树。

右旋转可以实现为：

```java
public static Node rotateRight( Node oldRoot ){
    Node newRoot = oldRoot.getLeft();
    oldRoot.setLeft( newRoot.getRight() );
    newRoot.setRight( oldRoot );
    return newRoot;
}
```

如果将 Node 类的方法采用非静态实现，结果是一样的，而且更符合面向对象的设计原则，参考代码如下所示：

```java
public Node rotateRight() {
    Node newRoot = left;
    left = newRoot.right;
    newRoot.right = this;
    return newRoot;
}
```

无论树的规模如何，rotateRight 都会执行固定数量的操作，因此其运行时间为 $O(1)$。

6.3.7 Kevin Bacon 的六度

问题：有个游戏叫"Kevin Bacon 的六度"，与寻求最短路径有关，路径一端为 Kevin Bacon，另一端为随机选择的演员。如果两个演员出现在同一部电影中，则两者相连。游戏的目标是用尽可能少的连接将特定的演员连接到 Kevin Bacon。

给定历史上所有主要电影及其演员的清单(假设电影和演员的名称是唯一的)，通过构造某种数据结构，可以高效地解决 Kevin Bacon 问题，请对这样的数据结构予以描述。编写一个程序，使用相应的数据结构来确定各个演员的 Bacon 数(连接到 Kevin Bacon 所需的最少连接数)。

需要设计的数据结构似乎涉及结点(演员)和连接(电影)，但它比到目前为止一直在使用的树结构稍微复杂一些。首先，每个结点可以与大量其他结点任意相连。由于不限制结点互连，因此不难想象某些连接集将形成圈(循环连接)。最后，边的两端结点之间没有层次关系(至少在这个数据结构中，好莱坞的潜规则是另一回事)。这些需求指向非常通用的数据结构：无向图。

图的每一个结点对应一个演员。对电影进行表示比较棘手：每部电影都有很多演员。也许应该为每个影片创建结点，但这会使数据结构变得更加复杂：会有两类结点，边只允许出现在不同类的结点之间。因为你只关心电影能否连接两个演员，所以可以用边来表示电影。边仅连接两个结点，因此一部影片将由足够的边表示，以连接演员表中的所有演员结点对。其中的缺点是严重增加了图中边的总数并且难以从图中提取电影信息，而优点是简化了图和图上操作的算法。

一种合理的办法是采用对象来表示每个结点。同样地，因为你只关心通过电影建立连接，如果两个演员同时出现在多部电影中，则需要在电影和两个演员之间只保留一条边。边通常使用引用(或指针)实现，这些引用本身是单向的：对象通常无法确定引用它的内容。实现此处所需的无向边的最简单方法是让每一个结点对象都引用另一个结点对象。Java 中的结点类的实现如下所示：

```java
public class ActorGraphNode{
    private String name;
    private Set<ActorGraphNode> linkedActors;
    public ActorGraphNode( String name ){
        this.name = name;
        linkedActors = new HashSet<ActorGraphNode>();
    }
    public void linkCostar( ActorGraphNode costar ){
        linkedActors.add( costar );
        costar.linkedActors.add( this );
    }
}
```

使用 Set 来保存对其他结点的引用，可支持无限量的边并防止重复。图的构造需要为每个演员建立 ActorGraphNode 对象，并为每个电影的每对演员调用 linkCostar。

使用从这些对象构造的图，确定各个演员的 Bacon 数的过程简化为计算给定结点和 Kevin Bacon 结点之间的最短路径长度。寻找路径需要对图进行搜索。接着考虑如何完成这一步。

深度优先搜索具有简单的递归实现——这种方法在这里好使吗？在深度优先搜索中，反复沿着遇到的每个结点的第一条边走，直到走不下去，然后回溯到一个结点，这个点还有另一条未遍历的边，尽可能地沿着该路径行进，以此类推。马上面临的一个挑战是，在树中每个路径最终都会止于叶结点，会形成一个明显的递归基本情况。而图与树不同，在图中可能存在圈，因此在此需要小心避免无休止递归(在此图中，边是用引用对实现的，每个边高效地在它连接的两个结点之间形成一个圈，因此存在大量圈)。

怎样避免无休止的循环？如果结点已访问，则不应再次访问该结点。跟踪结点是否已被访问的一种方法是更改结点对象上的变量，将其标记为已访问。另一种方法是使用单独的数据结构来跟踪已访问过的所有结点。然后，递归的基本情况是一个没有相邻(有边直接连接)且未访问的结点的结点。这是一种搜索图中所有(连接的)结点的方法，但它是否有助于解决问题？

跟踪从起始结点遍历过的边数并不困难——递归的层数便是。当找到目标结点(待确定 Bacon 数的演员的结点)时，当前的递归层数即是你沿着路径行进到此结点所经过的边数。但是现在需要的是沿最短路径的边(连接)数量，而不仅仅是某一条路径。这种方法会找到最短路径吗？在回溯之前，深度优先搜索会尽可能地深入网络。这意味着，如果给定一个网络，那么可以通过起始结点的第一条边的较长路径或通过第二条边的较短路径到达结点，则碰到结点的将是较长的路径而不是较短的。因此，至少在某些情况下，这种方法将无法找到最短的路径。事实上，如果试试其他例子，则会发现在大多数情况下，所遍历的路径并不是最短的。如果想通过较短的路径遇到目标，则可以考虑通过重新访问以前访问过的结点来尝试解决问题，但这样做过于复杂。把这个想法搁置一下，看看有没有更好的算法。

理想情况下，希望有一种搜索算法能从起始结点走最短路径，并在路径上与每个结点相遇。如果从起始结点沿所有方向向外扩展搜索，一次扩展搜索路径中的一条边，则每次遇到的结点都属于途经最短路径达到的结点——这是广度优先搜索的描述。可以证明此搜索始终会沿着最短路径找到目标结点：如果在起始结点的 n 个边搜索时遇到未访问的结点，则从开头起 $n-1$ 个或更少的边的所有结点都已经被访问过，因此到此结点的最短路径必须包含 n 个边(如果说这个办法比记忆中找到图中两点最短路径的算法简单，那么记忆中的算法很可能是指 Dijkstra 算法。Dijkstra 算法相对更加复杂，用于在给定边的权重或长度时求解最短路径，所以这种条件下的最短路径不一定是边最少的路径。当边没有权重或权重相等时，广度优先搜索足以找到最短路径，例如应对这个问题)。

对于如何采用广度优先实现图搜索可能不难回忆起来，但在这里假设你回忆不起来了，我们会将实现细节说清楚。就像深度优先搜索一样，必须确保不要进入无休止的循环。在此可以使用为深度优先搜索实现的相同策略来解决此问题。

搜索首先访问起始结点邻接的每个结点。在访问与起始结点相邻的所有结点之后，依次访问与每个结点相邻的所有未访问结点。这里需要某种数据结构来跟踪所发现的未访问结点，以便在轮到它们时可以转向它们。应该访问所发现的每个未访问的结点，但只有在访问过所有以前发现的未访问结点之后才能访问。队列作为一种数据结构，能够按照发现或添加的顺序组织要完成的任务：可以在发现未访问结点时将其添加到队列的末尾，并在准备访问时从队列的前面删除它们。

采用递归实现深度优先搜索是很自然的，在发现每个未访问的结点时就立即对其访问，然后返回到离开的位置，而现在的迭代方法更简单，因为要访问的结点已经形成队列。通过添加开始结点来准备队列。在每个迭代周期中，从队列的前面删除一个结点，并将每个未访问的相邻结点添加到队列的末尾。当发现目标结点或队列为空时(表示已搜索从起始结点可到达的所有图结点)，则任务完成。

最后还需要做的是找到目标结点后确定路径长度。可以尝试确定经历的路径是什么并测量其长度，但采用上述算法并不能够辨识路径。解决这个问题的一个方法是不断跟踪从一开始经过多少边。这样，当找到目标时，路径及长度便知道了。最简单的方法是在发现每个结点时使用 Bacon 数标记每个结点。新发现的未访问结点的 Bacon 数是当前结点的 Bacon 数加 1。下面还有一种方便的办法来区分已访问的结点和未被访问的结点：如果采用无效的 Bacon 数(例如-1)初始化每个结点，则具有非负 Bacon 数的结点是已经访问过的，Bacon 数为-1 的结点是没有访问过的。

伪代码算法如下所示：

```
Create a queue and initialize it with the start node
While the queue is not empty
    Remove the first node from the queue
    If it is the target node, return its Bacon number
    For each node adjacent to the current node
        If the node is unvisited (Bacon number is -1)
            Set the Bacon number to current node's Bacon number + 1
            Add the adjacent node to the end of the queue
Return failure because the loop terminated without finding the target
```

在对此进行编码之前，请考虑是否可以针对需要确定多个演员的 Bacon 数的可能情况对其进行优化。每次运行时搜索都是一样的；唯一的区别是终止的目标结点。因此，每次运行搜索时，都要重新计算很多演员的 Bacon 数，即使这些数字根本不变。如果不想在目标结点上终止搜索，而是将这个程序运行一次，对整个图(或至少可以从 Kevin Bacon 出发访问的整个图)进行广度优先遍历，以预先计算所有演员的 Bacon 数，那么这个办法如何？求得演员的 Bacon 数将简化为返回单一的预先计算的值。添加到之前的 ActorGraphNode 类定义的代码如下所示：

```java
private int baconNumber = -1;

public int getBaconNumber() { return baconNumber; }

public void setBaconNumbers(){
    if ( name != "Kevin Bacon" )
        throw new IllegalArgumentException( "Called on " + name );
    baconNumber = 0;
    Queue<ActorGraphNode> queue = new LinkedList<ActorGraphNode>();
    queue.add( this );
    ActorGraphNode current;
    while ( (current = queue.poll() ) != null ){
        for ( ActorGraphNode n : current.linkedActors ){
            if ( -1 == n.baconNumber ){ // if node is unvisited
                n.baconNumber = current.baconNumber + 1;
                queue.add( n );
            }
        }
    }
}
```

这个算法的运行用时是多少？计算 Bacon 数的函数对每个(可到达的)结点计算一次，对每个边计算两次，因此在具有 m 个结点和 n 个边的图中，计算复杂度是 $O(m+n)$。在此图中，很可能的情况是 n 远大于 m，因此复杂度减小为 $O(n)$。如果没有预先计算它们，则运行用时与确定单个演员的 Bacon 数相同。通过预计算，单个演员的 Bacon 数只需要单次查找，即 $O(1)$。当然，前提是具有对相关演员结点的引用。如果只拥有演员的名字，那么找到结点的图搜索将是 $O(m+n)$ 级别的时间复杂度，所以为了保持 $O(1)$ 性能，需要一个常数级时间的算法来寻找代表该演员的结点，例如采用哈希表将名字映射到结点。

如果想再做一做图类的练习，那么可以把此算法扩展成打印将目标演员和 Kevin Bacon 联系起来的演员的名字。或者设计一种方法，在发布新影片时向现有图中加边，并且只针对修改过的 Bacon 数实现高效数据更新。

6.4 小结

树和图是常见的数据结构，树在面试问题中很常见。两种数据结构都包含一些结点，这些结点引用了结构中的其他结点。树是图的一种特殊情况，其中每个结点(根结点除外)正好只有一个结点(它的父结点)引用它并且没有圈。

有三种重要的树，分别是二叉树、二叉搜索树和堆。二叉树有两个子树，称为左二叉树和右二叉树。二叉搜索树是有序二叉树，其中结点左侧的所有结点具有小于或等于结点自身值的值，并且结点右侧的所有结点具有大于或等于结点值的值。堆是一棵树，其中每个结点小于或等于其子结点(在最小堆中)或者大于或等于其子结点(在最大堆中)，这意味着最大(最大堆)或最小(最小堆)值是根结点，可以在常数时间内访问。使用递归算法可以解决许多关于树的问题。

树和图的面试问题通常都涉及遍历(遍历过程需要访问数据结构的每个结点)，还涉及搜索(搜索过程基于遍历过程，一旦找到目标结点就会终止遍历)。本章介绍了两个基本的结点访问思路，分别是深度优先和广度优先。图可能含有圈，因此当将这些算法应用于图时，需要一些机制来避免重复遍历图中已经访问过的部分。

第 **7** 章

数组和字符串

数组和字符串密切相关。从抽象意义上讲，字符串就是一个(可能是只读的)字符数组。候选人遇到的大多数字符串操作问题都基于对数组数据类型的理解，特别是在 C 中，字符串和字符数组在本质上是相同的。其他语言将字符串和字符数组视为不同的数据类型，但总有一种方法可以将字符串转换为数组，反之亦然。当两者不同的时候，重要的是理解它们什么地方不同以及为什么不同。此外，并非所有数组问题都与字符串有关，所以在面对与数组有关的题目时，在理论上理解数组的工作原理以及如何用自己擅长的语言实现它们非常重要。

7.1 数组

数组(array)是在内存块中连续排列的相同类型变量序列。由于数组的作用领域覆盖商业开发中使用的各种主要语言，因此我们假定候选人应在一定程度上了解其语法和用法。考虑到这一点，本讨论主要围绕数组的理论和应用展开。

与链表一样，数组本质上为线性存储形式，但数组和链表的查找特性是明显不同的(多维数组并不完全是线性的，但它们是以线性数组的线性数组实现的)。在链表中，查找固定为 $O(n)$复杂度，但在数组中只要知道所需元素的索引，数组查找复杂度就为 $O(1)$。给出索引很重要——如果只知道值，则在平均条件下查找复杂度仍为 $O(n)$。例如，给定一个字符数组。找到第六个字符是 $O(1)$，但是定位值为'w'的字符是 $O(n)$。

查找变快需要付出代价，它会明显地降低在数组中间插入和删除数据的效率。因为数组本质上是一块连续的内存，所以不可能像链表一样在任何两个元素之间创建或删除存储的内容。相反，要在数组中实实在在地移动数据，以便为插入腾出空间或缩小删除留下的空白。操作复杂度为 $O(n)$。

数组不是动态数据结构：它们具有有限的、固定数量的元素。即使数组只用了一部分，也必须为数组中的每个元素分配内存。如果在程序运行前明确了元素存储需求，则数组能得到最大程度的利用。当程序需要可变数量的存储时，数组的大小限制了可存储的数据量。让数组足够大以保证程序始终低于限制运行并不能解决问题：要么浪费内存，要么没有足够的内存来应对可能的数据上限。

大多数流行编程语言都针对动态数组(dynamic array)提供了开发库支持：可以根据需要调整数组大小以存储尽可能多的数据，或者使存储占用尽可能少(某些语言——通常是脚本语言——采用动态数组作为其基本数组类型，并且没有静态数组类型)。本讨论不准备涉及实现动态数组的细节，但你应该知道的是，大多数动态数组实现都要用到内部静态数组。静态数组(static array)无法调整大小，因此通过分配适当大小的新数组，将旧数组中的每个元素复制到新数组中并释放旧数组，可以调整动态数组的大小。这是一项代价高昂的工作，应尽可能少做。

每种语言处理数组的方式都有所不同，接下来分别为每种语言的数组运用提供编程建议。

7.1.1　C 和 C++

尽管 C 和 C++有差别，但它们在数组处理方面是相似的。在大多数情况下，数组名称相当于指向数组第一个元素的指针常量。这意味着通过简单赋值是不能将一个数组给另一个数组作初始化的。

> **注意**：指针和常量这两个概念都让不少人迷惑，两者结合后甚至让人无法理解。当我们说指针常量(pointer constant)时，指的是一个像 char * const chrPtr 这样声明的指针，它不能被改变为指向内存中的其他位置，但是可以用它来改变它指向的内存的内容。这与较为常见的常量指针(constant pointer)不同，常量指针像 const char * chrPtr 这样声明，可以更改为指向不同的内存位置，但不能用于更改内存位置的内容。

例如：

```
arrayA = arrayB;  /* Compile error: arrayA is not an lvalue */
```

这种赋值操作意味着 arrayA 和 arrayB 将会引用相同的内存区域。如果 arrayA 已声明为数组，则会导致编译错误，因为 arrayA 引用的内存位置是无法更改的。要将 arrayB 复制到 arrayA 中，必须编写一个循环将元素逐个分配，或者使用库函数(如 memcpy)执行复制(通常更高效)。

在 C 和 C++中，编译器仅跟踪数组位置，而不跟踪数组大小。编译器不会对数组访问进行边界检查，而是由程序员跟踪数组大小——如果在有 10 个元素的数组的第 20 个元素位置上存储内容，那么编程语言不会报错。可以想象，在数组边界外写入通常会覆盖其他数据结构，从而导致各种奇怪且难以发现的错误。开发工具可用于帮助程序员识别其 C 和 C++程序中的数组访问越界以及其他与内存相关的问题。

7.1.2　Java

和 C 数组不同，Java 数组本身就是一个对象，与它所拥有的数据类型是分开的。因此，对数组的引用不能与对数组元素的引用互换。Java 数组是静态的，并且该语言会跟踪每个数组的大小，可以通过隐式数据成员 length 来访问它们。与 C 语言一样，Java 不支持用简单的赋值实现数组复制。如果两个数组引用类型相同，则允许将一个引用分配给另一个引用，但它会导致两个符号引用相同的数组，如以下示例所示：

```
byte[] arrayA = new byte[10];
byte[] arrayB = new byte[10];
arrayA = arrayB; // arrayA now refers to the same array as arrayB
```

如果要将一个数组的内容复制到另一个数组，则必须在循环中逐个元素地执行复制或调用系统函数：

```
if ( arrayB.length <= arrayA.length ){
    System.arraycopy( arrayB, 0, arrayA, 0, arrayB.length );
}
```

对于数组索引的每次访问，Java 都会根据当前数组规模加以检查，如果索引超出范围，则抛出异常。与 C 或 C++数组相比，这会让数组访问成本相对提高。但是，如果 JVM 可以证明边界检查不需要，则会跳过这个过程以提高性能。

分配数组时，元素将初始化为其默认值。由于对象类型的默认值为 null，因此在创建对象数组时不会构造任何对象。必须构造对象并将它们分配给数组的元素：

```
Button myButtons[] = new Button[3]; // Buttons not yet constructed
for ( int i = 0; i < myButtons.length; i++ ) {
    myButtons[i] = new Button(); // Constructing Buttons
}
// All Buttons constructed
```

或者可以使用数组初始化语法(仅在声明数组的情况下可以这样做)：

```
Button myButtons[] = { new Button(), new Button(), new Button() };
```

通过创建数组对象数组，可在 Java 中实现二维数组。由于每个嵌套数组都是一个单独的对象，因此它们可以具有不同的长度。可以更深入地嵌套数组以创建多维数组。

7.1.3　C#

C#支持 Java 风格的数组对象数组，采用 foo[2][3]形式的语法来对其进行访问。C#还支持使用其他语法的单对象多维数组：foo[2,3]。Java 风格的数组被称为锯齿数组(jagged array)，因为每个内部数组可以具有不同长度(因此数据结构图将具有锯齿状边缘)。相反，单对象多维数组必须是矩形的(每个内部数组具有相同的长度)；这些类型的数组称为多维数组(multidimensional array)。可以将 C#数组声明为只读的。所有数组都派生自 System.Array 抽象基类，该类定义了数组操作的方法。

7.1.4　JavaScript

JavaScript 中的数组是 Array 对象的实例。JavaScript 数组是动态的，并可自动调整大小：

```
Array cities = new Array(); // zero length array
cities[0] = "New York";
cities[1] = "Los Angeles"; // now array is length 2
```

只需要修改其长度属性即可更改数组的大小：

```
cities.length = 1; // drop Los Angeles...
cities[ cities.length ] = "San Francisco"; // new cities[1] value
```

可以调用 Array 对象的方法来拆分、组合和排序数组。

JavaScript 中的数组值通常存储在单个连续的内存块中，但不总是这样。只有在连续存储时，它们才具有预期的数组性能特征。

7.2　字符串

字符串(string)是字符序列。但是，构成字符(character)的内容取决于所使用的语言以及运行应用程序的操作系统的设置。假定字符串中的每个字符由单个字节表示的日子已经一去不复返了。准确地存储当今全球经济中的文本需要使用 Unicode 多字节编码(具有定长和变长两种形式)。

最近设计的语言(如 Java 和 C#)具有多字节基本字符类型，而 C 和 C++中的 char 始终是单字节(C 和 C++的最新版本也定义了字符类型 wchar_t，通常为多字节的)。即便使用内置的多字节字符类型，正确处理 Unicode 的所有情况也很棘手：超过 100 000 个代码点是用 Unicode 定义的，因此它们不能都用单个 2 字节的 Java 或 C# char 表示。这个问题通常使用可变长度编码来解决，该编码使用多于一种基本字符类型的序列来表示某些代码点。

一种这样的编码是 UTF-16，用于编码 Java 和 C#中的字符串。UTF-16 代表单个 16 位 char 中大多数常用的 Unicode 代码点，并使用两个 16 位 char 来表示剩下的代码点。

UTF-8 是另一种常见的编码，经常用于存储在文件中或通过网络传输的文本。UTF-8 使用 1~4 个字节来编码所有 Unicode 代码点。使用以下四种位模式之一对每个代码点进行编码：

```
0xxxxxxx
110xxxxx 10xxxxxx
1110xxxx 10xxxxxx 10xxxxxx
1111xxxx 11110xxx 10xxxxxx 10xxxxxx 10xxxxxx
```

前导字节(leading byte，第一个字节)的高位指的是用于表示字符的字节数。UTF-8 的一个优点是所有 ASCII 字符(0~127 范围内的值)都表示为单个字节，这意味着 ASCII 编码文本是 UTF-8 编码文本的子集。

可变长度编码使字符串处理变得复杂得多。字符串长度是按固定字符类型计数的，但实际占用存储的是变长编码字符，占用空间总和可能会小一些，所以必须注意避免将多字符编码的一部分代码点解释为完整字符。为简单起见，涉及字符串处理的大多数编程问题都集中在使用语言的自然字符类型的字符串操作算法上，将可变长度编码的问题忽略。

如果候选人在国际化和本地化方面有特定的专长，那么字符串问题将成为一项展示自身经验和价值的绝佳机会。尽管面试官可能会假定输入字符串是具有固定长度的字符编码(例如 ASCII)，在按照定长编码要求完成解决方案的代码实现后，候选人还是可以提及在处理变长字符编码时的不同方法。

无论字符串是如何编码的，以及大多数编程语言在处理数组和字符串方面存在多大的差异，这些语言都在内部将字符串按数组结构存储。许多字符串问题都涉及以数组形式访问字符串的操作。在字符串和数组属于不同类型的编程语言中，将字符串转换为数组并在处理后再回到字符串可能会更有益处。

7.2.1　C

C 字符串采用 char 数组存储。因为 C 不跟踪数组的大小，所以它也无法跟踪字符串的大小。其中，字符串的末尾标有空字符，在语言中表示为'\ 0'。空字符有时被称为 NUL——不要将 NUL(值为 0 的 char 类型)混淆为 NULL，NULL 是指向内存地址 0 的指针。字符数组必须有终止符的空间：10 个字符的字符串需要 11 个字符的数组。可以推测，这种要求使得查找字符串的长度为 $O(n)$ 操作而不是 $O(1)$：strlen()(返回字符串长度的库函数)必须扫描字符串，直到找到结束标志。

出于同样的原因，一个 C 数组不能被赋值给另一个 C 数组，因此无法使用=运算符复制 C 字符串。通常取而代之的是使用 strlcpy()函数(在大多数情况下，不推荐使用旧的 strcpy()，因为它是缓冲区溢出安全漏洞的常见来源)。

通过访问数组的各个字符来读取或更改字符串在大多数情况下很方便。如果以这种方式更改字符串的长度，那么请确保在字符串中新的最后一个字符后写入空字符，并且使用的字符数组足够大以容纳新字符串和终止符。截断 C 字符串很容易(尽管包含字符串的数组保持相同的大小)：只需要在字符串的新结尾后直接放置一个空字符。

现在的 C 编译器还定义了一个宽字符类型(wchar_t)，并扩展了标准库函数以对表示为 wchar_t 数组的字符串进行操作(C 不支持重载，所以这些函数与 char 对应的名称相似，用 wcs 替换 str)。使用 wchar_t 时需要注意，它的大小依赖于实现，在少数情况下甚至可能与 char 相同。这使得用 wchar_t 的 C 代码与一般的 C 代码相比，可移植性较差。

7.2.2　C++

C 风格的字符串可以与 C++一起使用，但首选方法是尽可能使用 C++标准模板库(STL)中的 string 或 wstring 类(当需要多字节字符时)。这两个类是针对同一 basic_string

模板类采用 char 和 wchar_t 数据类型实现的特化。

字符串类已在 STL 中很好地集成。可以将它们与流和迭代器一起配合运用。此外，C++字符串不以空值终止，因此与 C 语言的字符串不同，它们可以存储空字节。同一个字符串的多个副本会尽可能共享相同的底层缓冲区，但由于字符串是可变的(字符串可以更改)，因此会根据需要创建新的缓冲区。为了与旧代码兼容，可以从 C++字符串派生 C 风格字符串，反之亦然。

在 C++17 中引入 STL 的 string_view 类定义了一个已存在字符串的全部及部分视图(view)。视图不需要分配额外的内存，因此在函数之间创建和传递的代价很低。从字符串中构造它们是微不足道的，并且可以根据需要从视图创建新字符串。只要底层内存不更改或移动，可以考虑使用视图来优化字符串操作。

7.2.3　Java

Java 字符串是 String 类的对象，String 类是一个特殊的系统类。虽然字符串可以很容易地在实现与字符数组或字节数组的内部转换，但是 String 类使用 char 数组来保存字符串——它们的类型是不同的。Java 的 char 类型的大小为两个字节。无法直接访问字符串的单个字符，只能通过 String 类中的方法访问。程序源代码中的 String 字面量由 Java 编译器自动转换为 String 实例。与在 C++中一样，只要有可能，底层数组就会在实例之间共享。可以通过 length()方法获得字符串长度。有多种方法可用于检索和返回子字符串、提取单个字符、裁剪空白字符等。

Java 字符串是不可变的；在构造字符串后，它们无法更改。似乎修改字符串的方法实际上返回一个新的字符串实例。StringBuffer 和 StringBuilder 类(前者在所有 Java 版本中都有，且是线程安全的；后者更新且性能更高，但不是线程安全的)创建可变字符串，可以根据需要转换为 String 实例。当使用+运算符连接两个 String 实例时，编译器隐式使用 StringBuilder 实例，这很方便，但如果不小心则可能会导致代码效率低下。例如，代码

```
String s = "";
for ( int i = 0; i < 10; ++i ){
    s = s + i + " ";
}
```

等同于

```
String s = "";
for ( int i = 0; i < 10; ++i ){
    StringBuilder t = new StringBuilder();
    t.append( s );
    t.append( i );
    t.append( " " );
    s = t.toString();
}
```

更高效的代码如下所示：

```
StringBuilder b = new StringBuilder();
for ( int i = 0; i < 10; ++i ){
    b.append( i );
    b.append( ' ' );
}
String s = b.toString();
```

每当在循环中操作字符串时，请注意这种情况。

7.2.4 C#

C#字符串几乎与 Java 字符串相同。它们是 String 类的实例(别名为其全小写的替代形式 string)，类似于 Java 的 String 类。C#字符串也像 Java 字符串一样是不可变的。可以使用 StringBuilder 类创建可变字符串，但在连接字符串时应注意与 Java 类似的问题。

7.2.5 JavaScript

尽管 JavaScript 定义了一个 String 对象，但由于隐式类型化功能，因此许多开发人员并没意识到它的存在。不过，通常的字符串操作以及更高级的功能都是具备的，例如使用正则表达式进行字符串匹配和替换。

7.3 有关数组和字符串的面试问题

许多数组和字符串问题需要使用其他临时数据结构才能实现最有效的解决方案。在某些情况下，在字符串是对象的编程语言中，将字符串转换为数组比直接按字符串处理更有效。

7.3.1 找到第一个不重复的字符

 问题： 编写一个高效的函数来查找字符串中的第一个非重复字符并讨论算法的效率。例如，"total"中的第一个非重复字符是"o"，"teeter"中的第一个非重复字符是"r"。

首先，这项任务看上去显得很简单。如果字符重复，那么它必须在字符串中的至少两个位置处出现。因此，可以通过将特定字符与字符串中的所有其他字符进行比较来确定该特定字符是否重复。从第一个字符开始，对字符串中的每个字符执行此搜索是一件简单的事情。当在字符串中找到与其他位置不匹配的字符时，即找到第一个非重复字符。

这个解决方案的时间复杂度如何？如果字符串长度为 n 个字符，那么在最坏的情况下，n 个字符中的每个字符将进行近 n 次比较。这表示该算法的最坏情况为 $O(n^2)$(可以通过只比较每个字符和其之后的字符来改进算法，因为它已经与之前的字符进行了比较。而这仍然是 $O(n^2)$)。对于单个单词的字符串，不太可能会遇到最坏情况，但对于较长的字符串(例如文本段落)，大多数字符可能会重复，最常见的情况可能接近最坏的情况。这个解法既然容易萌生，那么说明有更好的选择——如果答案真的很微不足道，那么面试官不可能无故出这道题。一个最差情况优于 $O(n^2)$ 的算法是必然存在的。

为什么刚才的算法是 $O(n^2)$？n 的一个因素来自检查字符串中的每个字符以确定它是否是非重复的。因为非重复字符可以在字符串中的任何位置，所以在这里似乎不太可能提高效率。n 的另一个因素是在尝试查找每个字符的匹配时搜索整个字符串。如果提高此搜索的效率，则可以提高整体算法的效率。提高一组数据的搜索效率的最简单方法是将其置于允许更高搜索效率的数据结构中。那么可以比 $O(n)$ 更有效地搜索哪些数据结构呢？二叉树的搜索复杂度为 $O(\log(n))$。数组和哈希表都具有常量时间的元素查找效率(哈希表查找具有 $O(n)$ 的最坏情况，但是平均情况是 $O(1)$)。首先尝试利用数组或哈希表，因为这些数据结构提供了最大的改进潜力。

如果希望快速确定字符是否重复，那么需要能够按字符搜索数据结构。这意味着必须将该字符用作索引(在数组中)或键(在哈希表中)——可以将字符转换为整数以将其用作索引。在这些数据结构中存储哪些值？非重复字符在字符串中只出现一次，因此如果存储每个字符出现的次数，那么它有助于发现非重复字符。在获得每个字符的最终计数之前，必须扫描整个字符串。

完成此操作后，扫描数组或哈希表中的所有计数值，查找 1。这将找到一个非重复的字符，但它不一定是原始字符串中的第一个。

因此，需要按原始字符串中的字符顺序搜索计数值。这并不困难——只需要查找每个字符的计数值，直到找到 1。当找到 1 时，便找到了第一个非重复字符。

下面分析这种新算法是否真的有所进步。总是必须遍历整个字符串以构建计数数据结构。在最坏的情况下，可能得查找字符串中每个字符的计数值以查找第一个非重复字符。因为用于保存计数的数组或哈希表上的操作是常量时间，所以最坏的情况是字符串中每个字符都有两个操作，即 $2n$ 次，这是 $O(n)$ 复杂度——相对于先前尝试的主要进步。

哈希表和数组都提供常量时间查找，在此需要决定使用哪一个。一方面，哈希表的查找开销高于数组。另一方面，数组最初将包含随机值，必须花时间置零，而哈希表最初没有值。也许最大的区别在于内存需求。对于每个可能的字符，数组都需要一个元素对应。如果是处理 ASCII 字符串，则需要 128 个元素才合适，但如果必须处理可能包含任何 Unicode 字符的字符串，则需要超过 100 000 个元素。相反，哈希表只需要存储输入字符串中实际存在的字符。因此，对于具有有限可能字符值集的长字符串，数组是更好的选择。哈希表对于较短的字符串或存在许多可能的字符值的情况更有效。

可以以任何方式实现方案。假设代码可能需要处理 Unicode 字符串(这可以保证目前都是安全的)并选择哈希表实现。需要编写的函数算法概要如下所示：

```
First, build the character count hash table:
    For each character
        If no value is stored for the character, store 1
        Otherwise, increment the value
Second, scan the string:
```

```
For each character
    Return character if count in hash table is 1
If no characters have count 1, return null
```

接下来实现该函数。可以选择使用 Java 或 C#编写函数,这两者都内置了对哈希表和 Unicode 的支持。因为不知道函数将属于哪个类,所以将其实现为公共静态函数:

```java
public static Character firstNonRepeated( String str ){
    HashMap<Character,Integer> charHash =
                new HashMap<Character,Integer>();
    int i, length;
    Character c;

    length = str.length();
    // Scan str, building hash table
    for (i = 0; i < length; i++) {
        c = str.charAt(i);
        if (charHash.containsKey(c)) {
            // Increment count corresponding to c
            charHash.put(c, charHash.get(c) + 1);
        } else {
            charHash.put(c, 1);
        }
    }
    // Search hash table in order of str
    for (i = 0; i < length; i++) {
        c = str.charAt(i);
        if (charHash.get(c) == 1)
            return c;
    }
    return null;
}
```

在大多数面试场合中,上述实现可能已经足够,但它至少有两个主要缺陷。首先,它假定每个 Unicode 字符都可以使用一个 16 位 Java char 表示。运用 Java 在内部用于字符串的 UTF-16 编码,只有前 2^{16} 个 Unicode 字符或代码点(即 Basic Multilingual Plane,缩写为 BMP)可以用单个 char 表示。剩下的代码点需要两个 char。因为之前实现遍历字符串时一次处理一个 char,所以它不会正确解释 BMP 之外的任何内容。

此外,目前还有提高性能的空间。尽管自动装箱技术让性能提升效果不太明显,但请记住,Java Collections 类仅适用于引用类型。这意味着每次递增与键关联的值时,保存该值的 Integer 对象会被丢掉,并构造具有递增值的新 Integer。有没有办法可以避免构造这么多的 Integer?考虑一下,对于字符出现在字符串中的次数而言,实际需要什么样的信息。只有三个有关的次数需要知道:出现零次、一次或是多次。为什么不只是构造两个 Object 值作为“一次”和“多次”标志(在哈希表中不存在意味着“零次”)来代替将整数存储在哈希表中呢?下面针对这些问题重新实现:

```java
public static String firstNonRepeated( String str ){
    HashMap<Integer,Object> charHash = new HashMap<Integer,Object>();
    Object seenOnce = new Object(), seenMultiple = new Object();
    Object seen;
```

```
    int i;
    final int length = str.length();
    // Scan str, building hash table
    for (i = 0; i < length; ) { // increment intentionally omitted
        final int cp = str.codePointAt(i);
        i += Character.charCount(cp); // increment based on code point
        seen = charHash.get(cp);
        if (seen == null) {  // not present
            charHash.put(cp, seenOnce);
        } else {
            if (seen == seenOnce) {
                charHash.put(cp, seenMultiple);
            }
        }
    }
    // Search hash table in order of str
    for (i = 0; i < length; ) {
        final int cp = str.codePointAt(i);
        i += Character.charCount(cp);
        if (charHash.get(cp) == seenOnce) {
            return new String(Character.toChars(cp));
        }
    }
    return null;
}
```

正如该实现所示，处理编码为两个字符的 Unicode 代码点需要进行多处更改。Unicode 代码点表示为 32 位 int，因为它们不能始终适合 char。因为代码点可能在字符串中占用一个或两个 char，所以必须检查每个代码点中的 char 数，并按此数量将字符串索引前移，以查找下一个代码点。最后，第一个非重复字符可能是一个无法在单个 char 中表示的字符，届时该函数返回一个 String。

7.3.2 删除指定的字符

> 问题：编写一个高效的函数，从可变的 ASCII 字符串中删除字符。函数应包括两个参数：str 和 remove。必须从 str 中删除 remove 中存在的字符。例如，假定 str 为"Battle of the Vowels: Hawaii vs. Grozny"以及 remove 为"aeiou"，该函数应该将 str 转换为"Btll f th Vwls: Hw vs. Grzny"。证明你所做决策的合理性并讨论此解决方案的效率。

此问题分为两个单独的任务。对于 str 中的每个字符，需要确定是否应删除。然后，删除必须删掉的字符。首先讨论第二个任务——如何删除。

任务目标是从字符串中删除字符，这在算法上等同于从数组中删除元素。数组是一个连续的内存块，因此不能像使用链表那样简单地从中间删除元素。这时候，必须重新排列数组中的数据，以便在删除后保持连续的字符序列。例如，如果从字符串"abcd"中删除'c'，则可以将'a'和'b'向前移动一个位置(向末端移动)或将'd'向后移动一个位置(向开头移动)。这两种方法都会在数组的连续元素中留下字符"abd"。

除了移动数据之外，还需要将字符串的大小减少一个字符。如果在向前删除前移动字符，则需要删除第一个元素；如果在向后删除后移动字符，则需要删除最后一个元素。在大多数编程语言中，最后缩短字符串(可以递减字符串长度或写入 NUL 字符，具体取决于语言)比在开头时更容易，因此向后移动字符可能是最佳选择。

在最糟糕的情况下，需要删除 str 中的所有字符，所提出的算法将如何表现？对于每次删除，所有剩余的字符后移一个位置。如果 str 长度为 n 个字符，则将移动最后一个字符 $n-1$ 次，接下来移动 $n-2$ 次，以此类推，成为最坏情况下的 $O(n^2)$ 删除(如果从字符串的末尾开始并向开头进行处理，则效果更好，但在最坏的情况下仍然是 $O(n^2)$)。多次移动相同的字符似乎效率极低。那如何避免？

如果分配了一个临时字符串缓冲区并在那里构建了修改后的字符串，而不是原位修改，则会怎样？这时，只需要将要保留的字符复制到临时字符串中，跳过要删除的字符即可。完成构建修改后的字符串后，可以将其从临时缓冲区复制回 str。这样，最多移动每个字符两次，从而删除复杂度变为 $O(n)$。但是，这样做需要承受与原始字符串大小相同的临时缓冲区的内存开销，以及将修改后的字符串复制回原始字符串的时间开销。在保留 $O(n)$ 算法的同时，有什么方法可以避免这些负面因素吗？

要实现刚刚描述的 $O(n)$ 算法，需要跟踪源位置和目标位置。源位置是原始字符串中的读取位置，目标位置是临时缓冲区中的写入位置。这些位置都从零开始。每次读取时源位置会递增，而每次写入时目标位置也会递增。换句话说，复制字符时，两个位置都增长，但删除字符时，只增加源位置。这意味着源位置始终与目标位置相同或位于目标位置之前。从原始字符串中读取一个字符后(也就是说，源位置已超过它)，这个字符不再需要——因为只是要将修改后的字符串复制到其上。因为原始字符串中的目标位置始终是不再需要的字符，所以可以直接写入原始字符串，从而完全消除临时缓冲区。这仍然是一个 $O(n)$ 算法，但不需要之前版本的内存和时间开销。

既然明确了如何删除字符，就可以开始决定是否删除特定字符的任务。最简单的方法是将字符与 remove 中的每个字符进行比较，如果匹配其中一个字符，则将其删除。这样的效率怎样？如果 str 长度为 n 个字符且 remove 长度为 m 个字符，那么在最坏的情况下，会对 n 个字符中的每一个进行 m 次比较，因此算法是 $O(nm)$。检查长度为 n 的 str 中的每个字符不可避免，但也许可以使确定给定的字符是否在 remove 中的查找比 $O(m)$ 更好。

如果已经完成了"找到第一个不重复的字符"的工作，那么接下来的做法应该很熟悉。正如在那个问题中所做的那样，可以使用 remove 来构建具有常量时间查找的数组或哈希表，从而提供 $O(n)$ 解决方案。哈希表和数组之间的权衡与先前讨论的相同。在这种情况下，当 str 和 remove 很长并且字符具有相对较少的可能值(例如 ASCII 字符串)时，数组是最合适的。当 str 和 remove 很短或者字符有许多可能的值(例如 Unicode 字符串)时，哈希表可能是更好的选择。只要能证明合理性，那么任何一种选择都是可以接受的。这一次，要求的输入是 ASCII 字符串，所以数组不会太大。考虑到多样性，由于前面的实现使用了哈希表，因此这次的题目试着使用查找数组。

 注意：为什么要构建查找数组？不能直接将 remove 转换为数组吗？是的，这样也可以，但它是一个由任意(即对这个问题毫无意义)位置索引的字符数组，需要搜索每个元素。这里引用的数组是一个 boolean 数组，通过 char 的所有可能取值进行索引。所以可以通过检查单个元素来确定一个字符是否在 remove 中。

函数包含三部分：

(1) 遍历 remove 中的每个字符，将查找数组中的相应值设置为 true。

(2) 使用源索引和目标索引迭代 str，仅当查找数组中的相应值为 false 时才复制每个字符。

(3) 将 str 的长度设为已删除字符后的长度。

现在已将两个子任务组合到一个算法中，分析长度为 n 的 str 以及长度为 m 的 remove 的整体效率。采用常量时间分配 remove 中的每个字符，因此构建查找数组是 $O(m)$。最后，对 str 中的每个字符最多执行一次常量查找和一次常量时间复制，此阶段用时为 $O(n)$。对两部分求和得到 $O(n + m)$，因此该算法具有线性运行用时。

在证明了解决方案的正确性并对其作了分析后，就可以开始对其编码了。可以用 Java 编写此函数(C#实现几乎完全相同)。由于题目要求 str 参数是可变的，因此它将是一个 StringBuilder 而不是一个不可变的 String。

```java
public static void removeChars( StringBuilder str, String remove ) {
    boolean[] flags = new boolean[128]; // assumes ASCII
    int src, dst = 0;

    // Set flags for characters to be removed
    for (char c: remove.toCharArray()) {
        flags[c] = true;
    }

    // Now loop through all the characters,
    // copying only if they aren't flagged
    for ( src = 0; src < str.length(); ++src ) {
        char c = str.charAt(src);
        if ( !flags[ c ] ) {
            str.setCharAt( dst++, c );
        }
    }

    str.setLength(dst);
    return;
}
```

7.3.3　反转单词

问题：编写一个反转字符串中单词顺序的函数。例如，函数应该将字符串"Do or do not, there is no try. "转换为"try. no is there not, do or Do"。假设所有单词都以空格分隔，标点符号与字母一视同仁。

这个问题可能不难想到解决办法。因为需要对单词进行操作，所以要确定单词的开始和结束位置。可以采用简单的单词扫描器来遍历字符串中的每一个字符。根据问题陈述中给出的定义，扫描器需要区分非单词字符(即空格字符)和单词字符(这里指除了空格之外的所有字符)。显而易见，一个词从单词字符开始，到下一个非单词字符或字符串的结尾结束。

最直接的方法是使用扫描器识别单词，将这些单词写入临时缓冲区，然后将缓冲区复制回原始字符串。要反转单词的顺序，需要向后扫描字符串以反向顺序识别单词，或者以相反的顺序将单词写入缓冲区(从缓冲区的末尾开始)。选择哪种方法都行。下面讨论以相反的顺序标识单词。

与往常一样，在开始编码之前，分析其工作原理。首先，需要分配适当大小的临时缓冲区。接下来，进入扫描循环，从字符串的最后一个字符开始。找到非单词字符时，可以直接将其写入缓冲区。但是，当找到单词字符时，无法立即将其写入临时缓冲区。因为反向扫描字符串时，遇到的第一个单词字符是单词的最后一个字符，所以如果按照找到它们的顺序复制字符，就不得不将单词倒着写。这时候，应该继续扫描，直到找到单词的第一个字符，然后以正确的非反转顺序复制单词的每个字符(也许可以通过向前扫描字符串并反向写入单词来避免复杂处理。但是，必须接着解决一个类似的相关问题，即在写入临时缓冲区时计算每个单词的起始位置)。在复制单词的字符时，需要识别单词的结尾，以便知道何时停止。可以通过检查每个字符是否为单词字符来完成此操作，但由于单词中最后一个字符的位置已知，因此更好的解决方案是继续复制，直到达到该位置。

也许举个例子有助于把事情说清楚。假设给定字符串"piglet quantum"。这时候遇到的第一个单词字符是'm'。如果在找到它们时就复制字符，那么最终会得到字符串"mutnauq telgip"。要作为一个技术小组的名字，这个字符串没有本应生成的字符串那样好，即"quantum piglet"。要从"piglet quantum"得到"quantum piglet"，需要扫描到'q'，然后在前进方向上复制单词中的字母，直到回到位置 13 的'm'。接下来，直接复制空格字符，因为它是一个非单词字符。然后，就像"quantum"一样，应将字符't'识别为单词字符，将位置 5 存储为单词的结尾，向后扫描到'p'，最后写出"piglet"的字符直到到达位置 5。

扫描并复制整个字符串后，将缓冲区复制回原始字符串。然后，就可以释放临时缓冲区并从函数返回。该过程在图 7-1 中以图形方式说明。

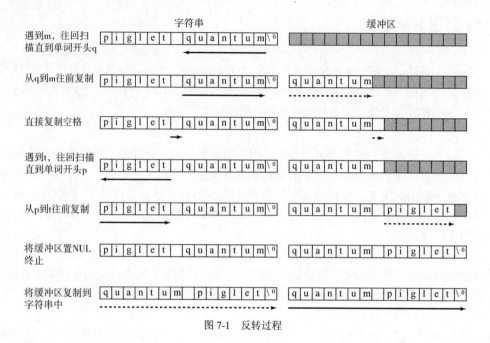

图 7-1 反转过程

当扫描器到达字符串的第一个字符时，停止扫描显然很重要。虽然这听起来很简单，但不少人会忘记检查读取位置是否仍在字符串中，尤其是当读取位置在代码中的多个位置更改时。在此函数中，应在单词扫描主循环中移动读取位置，取得下一个单词，并在单词扫描循环中移动读取位置，以取得该单词的下一个字符。确保两个循环都没有越过字符串的开头。

这次换个方式，在 C 中实现该问题，并假设正在处理的是可以安全地存储在字节数组中的 ASCII 字符：

```c
bool reverseWords( char str[] ){
    char *buffer;
    int slen, tokenReadPos, wordReadPos, wordEnd, writePos = 0;

    slen = strlen( str );
    /* Position of the last character is length - 1 */
    tokenReadPos = slen - 1;
    buffer = (char *) malloc( slen + 1 );
    if ( !buffer )
        return false; /* memory allocation failed */
    while ( tokenReadPos >= 0 ){
        if ( str[tokenReadPos] == ' ' ){ /* Non-word characters */

            /* Write character */
            buffer[writePos++] = str[tokenReadPos--];

        } else {  /* Word characters */

            /* Store position of end of word */
            wordEnd = tokenReadPos;
```

```
            /* Scan to next non-word character */
            while ( tokenReadPos >= 0 && str[tokenReadPos] != ' ' )
                tokenReadPos--;
            /* tokenReadPos went past the start of the word */
            wordReadPos = tokenReadPos + 1;
            /* Copy the characters of the word */
            while ( wordReadPos <= wordEnd ){
                buffer[writePos++] = str[wordReadPos++];
            }
        }
    }
    /* null terminate buffer and copy over str */
    buffer[writePos] = '\0';
    strlcpy( str, buffer, slen + 1 );
    free( buffer );

    return true; /* reverseWords successful */
}
```

前面基于单词扫描程序的实现是针对此类问题的一般情况解决方案。它的效率非常高，并且其功能可以轻松扩展。能够将此类解决方案实现非常重要，但这个解决方案并不完美。向后扫描、存储位置和向前复制的算法都缺乏优雅。对临时缓冲区的需求也不尽人意。

通常，面试问题有明显的一般解决方案和不太明显的特殊解决方案。特殊解决方案可能比一般解决方案难扩展，但效率更高或更优雅。反转字符串的单词就属于这种题目。一般解决方案已经出来了，但还存在一种特殊解决方案。在面试中，你可能希望能在编写代码之前跳出一般解决方案的圈子(这里之所以给出一般解决方案的代码，是因为单词和字符串扫描是重要的技术)。

一个改进算法的办法是关注特定的、具体的缺点并尝试对其进行补救。由于优雅或缺乏优雅难以量化，你可能会尝试从自己的算法中消除对临时缓冲区的需求。但此时会发现这需要一个明显不同的算法。不能简单地改变前面的方法来写入原来读取的相同字符串——当到达中间时，需要读取的其余数据已经被覆盖。

应该把注意力转向可以做的事情，而不是专注于不采用缓冲区时不能做的事情。可以通过交换字符来就地反转整个字符串。试一个例子，看看这是否有用，例如"in search of algorithmic elegance"将成为"ecnagele cimhtirogla fo hcraes ni"。其中单词完全按照需要的顺序排列，但单词中的字符是向后的。所要做的就是反转反向字符串中的每个单词。这里可以通过使用类似于前面实现中使用的扫描器定位每个单词的开头和结尾，并在每个单词子串上调用反向函数来实现。

现在只需要设计一个就地反向字符串函数。唯一的技巧是要记住，在 C 语言里面，没有单条语句支持两个值进行交换——必须使用一个临时变量和三个赋值。反向字符串函数应该将字符串、起始索引和结束索引作为参数。首先将起始索引处的字符与结束索引处的字符进行交换，然后递增起始索引并减少结束索引。像这样持续下去，直到开始和结束的索引在中间相遇(在一个奇数长度的字符串中)，或者结束的索引小于开始的索引(在一个偶数长度的字符串中)——简单地说，在结束的索引大于开始的索引时一直循环。

下面继续采用 C 语言实现，但为了有趣，这次采用宽字符串(宽字符串和字符字面量的前缀为 L，以区别于常规字节大小的字面量)。这些函数如下所示：

```c
void wcReverseString( wchar_t str[], int start, int end ){
    wchar_t temp;
    while ( end > start ){
        /* Exchange characters */
        temp = str[start];
        str[start] = str[end];
        str[end] = temp;
        /* Move indices towards middle */
        start++; end--;
    }
}

void wcReverseWords( wchar_t str[] ){
    int start = 0, end = 0, length;
    length = wcslen(str);
    /* Reverse entire string */
    wcReverseString(str, start, length - 1);
    while ( end < length ){
        if ( str[end] != L' ' ){ /* Skip non-word characters */
            /* Save position of beginning of word */
            start = end;
            /* Scan to next non-word character */
            while ( end < length && str[end] != L' ' )
                end++;
            /* Back up to end of word */
            end--;
            /* Reverse word */
            wcReverseString( str, start, end );
        }
        end++; /* Advance to next token */
    }
}
```

此解决方案不需要临时缓冲区，并且比以前的解决方案优雅得多。这个方法效率也更高，主要因为它不会受到动态内存开销的影响，也不需要从临时缓冲区复制回结果。

7.3.4 整数/字符串转换

 问题：本题要求编写两个转换程序。第一个程序将字符串转换为有符号整数。可以假设该字符串仅包含数字和减号('-')，而且格式正确，范围在 int 类型之内。第二个程序将存储为 int 的有符号整数转换回字符串。

每种语言都有库程序来执行这些转换。例如，在 C#中，有 Convert.ToInt32()和 Convert.ToString()方法。Java 使用 Integer.parseInt()和 Integer.toString()方法。应该向面试官提及这些库函数，告诉他们，在日常工作中你所知道的可不只是复制标准库所提供的功能。然而问题还没解决——现在仍然需要实现问题所要求的函数。

1. 从字符串到整数

可以从字符串到整数的程序入手，该程序对一个有效的整数形式字符串做转换。想想看要处理的是什么东西。假设题目给的是"137"。这是一个三字符的字符串，其中字符编码为位置 0 的'1'、位置 1 的'3'和位置 2 的'7'。请你回忆一下小学的知识，1 代表100，因为它在百位，3 代表 30，因为它在十位，而 7 代表 7，因为它在个位。将这些值相加得到完整的数字：$100 + 30 + 7 = 137$。

这表示了一个框架，用于剖析字符串表示并将其构建回单个整数值。需要确定每个字符所代表的数字的数(整数)值，将该值乘以适当的位置值，然后对这些积求和。

首先考虑字符到数值的转换。你对字符数值有什么了解？在所有常见的字符编码中，值是连续的：'0'的值小于'1'，后面依次为'2'、'3'，以此类推(当然，如果面试时不知道这一点，则应该向面试官请教)。因此，字符数值等于数字加上'0'的值('0'的值是表示字符'0'的非零代码编号)。这意味着从数字字符中减去'0'的值以查找数字的数值。甚至不需要知道'0'的值是什么；只需要写-'0'，编译器会将其解释为"减去'0'的值"。

接下来，需要确认每个字符数值必须乘以的位置值。从左到右处理字符数值似乎有问题，因为在知道数字的长度之前，第一个字符数值的位置值是什么并不清楚。例如，"367"的第一个字符与"31"的第一个字符相同；虽然它在第一种情况下代表300，在第二种情况下代表 30。最明显的解决方案是从右到左扫描数字，因为最右边的位置始终是个位，次于最右边的位置始终是十位，以此类推。可以从位置值为 1 的字符串的右端开始，并在字符串中向后处理，每次移动到新位置时将位置值乘以 10。然而，该方法每次迭代需要两次乘法，一次用于将字符数值乘以位置值，另一次用于增加位置值。这看起来效率有点低。

可能从左到右进行字符处理的替代方案会很快地被驳回。在扫描整个字符串之前，有没有办法解决不知道数字位置值的问题？回到"367"的例子，当遇到第一个字符'3'时，注册一个值 3。如果下一个字符是字符串的结尾，那么字符数值将是 3。但是，接着遇到'6'作为字符串的下一个字符。现在'3'代表 30，而 6 代表'6'。在下一次迭代中，读取最后一个字符'7'，因此'3'表示 300，'6'表示 60，'7'表示 7。总之，已扫描的字符数值每次遇到一个新字符时，当前值变为原来的 10 倍，并与当前字符数值相加。最初不知道'3'是代表 3、30 或 30 000 并不重要——每当遇到一个新字符数值时，只需要将已读过的数值乘以 10 并加上新字符数值即可得到新数字。不必再跟踪位置值，因此此算法会在每次迭代时省去乘法计算。此算法中描述的优化在计算校验和时经常用到，并且由于大家都觉得这个办法非常巧妙，因此它被取名为霍纳法则(Horner's Rule)。

到目前为止，只讨论了正数。如何扩展策略以包含负数？负数在第一个位置有一个'-'字符。需要跳过'-'字符，以免将其解释为数字。扫描完所有字符数值并构建整数数值后，需要更改数值的符号，使其为负数。可以使用求负运算符更改符号：-。在扫描字符数值之前，必须检查'-'字符，以便知道是否跳过第一个字符，但在扫描完字符数值之前不能对该值取负。解决此问题的一种方法是，如果找到'-'字符，则设置一个标志，然后仅在设置了这个标志时才应用求负运算符。

总之，算法如下所示：

```
Start number at 0
If the first character is '-'
    Set the negative flag
    Start scanning with the next character
For each character in the string
    Multiply number by 10
    Add (digit character - '0') to number
If negative flag set
    Negate number
Return number
```

用 Java 实现的相应代码如下所示：

```java
public static int strToInt( String str ){
    int i = 0, num = 0;
    boolean isNeg = false;
    int len = str.length();

    if ( str.charAt(0) == '-' ){
        isNeg = true;
        i = 1;
    }
    while ( i < len ){
        num *= 10;
        num += ( str.charAt(i++) - '0' );
    }
    if ( isNeg )
        num = -num;
    return num;
}
```

在宣称此函数完成之前，请检查可能存在问题的情况。至少，应该检查-1、0 和 1 三种情况，即检查了正值、负值以及既不是正数也不是负数的值。另外还应检查多位数值(如 324)，以确保循环没有问题。对于这些情况，该函数似乎可以正常工作，因此可以转到 intToStr 中去研究相反的转换。

2. 从整数到字符串

在 intToStr 中，执行在 strToInt 中执行的转换的反转。鉴于此，在编写 strToInt 时发现的大部分规律在这里应该是有帮助的。例如，正如可以通过将每个字符数值减去'0'得到整数值一样，可以通过把每个整数值加上字符'0'将整数值转换回字符数值。

在将值转换为字符之前，需要知道这些值是什么。考虑一下如何做到这一点。假设给定整数值 732。在纸上研究此数值的十进制表示，识别字符数值 7、3 和 2 似乎很简单。但是，必须记住计算机不使用十进制表示，而是采用二进制表示，即 1011011100。因为不能直接从二进制数中选择十进制数字，所以必须计算每个字符数值。从左到右或从右到左找到字符数值的办法似乎都可行。

先从左到右尝试。整数 732 除以位置值(100)得到第一个字符数值 7。但是，接下来如果 732 按照下一个位置值(10)做整数除法，将得到 73，而不是 3。看起来好像在继续之前，需要减去所得到的百位数的值，即去掉 7。基于这个思路，得出以下内容：

```
732 / 100 = 7 (first digit); 732 - 7 * 100 = 32
32 / 10 = 3 (second digit); 32 - 3 * 10 = 2
2 / 1 = 2 (third digit)
```

要实现此算法，必须找到第一个字符数值的位置值，并将每个新字符数值的位置值除以 10。这个算法似乎可行，但很复杂。从右到左处理会如何呢？

从 732 开始，可以执行什么算术运算来产生 2，即最右边的字符数值？取模运算给出整数除法的余数(在受 C 语法影响的语言中，模运算符为%)。732 模 10 得到 2。接着怎么得到下一个字符数值？732 取模 100 得到 32。可以整除 10 得到第二个字符数值 3，但是现在必须跟踪两个单独的位置值。

如果在取模之前做了整数除法怎么办？例如 732 整除 10 得 73，73 取模 10 是 3。对于第三个字符数值重复该处理，有 73/10 = 7，7%10 = 7。这似乎是一个更简单的解决方案——甚至不必跟踪位置值，只需要除法和取模，直到不剩任何东西。

这种方法的主要缺点是以相反的顺序找到字符数值。因为在全部找到它们之前不知道会有多少字符数值，所以不知道从字符串中的哪个地方开始写。可以运行两次计算——一次用以查找位数，以便确定从哪里开始写它们并在第二次计算中实际写入字符数值——但这看起来有点浪费。也许更好的解决方案是在发现它们时向后写入字符数值，在完成后将它们反转为正确的顺序。因为整数的最大可能值对应的字符串相对较短，所以可以将数字写入临时缓冲区，然后将它们反转为最终字符串。

负数又一次被忽略了。然而，负数取模在不同语言中没有一致的处理办法，因此编写计算负数取模的代码可能容易出错，也许还会使其他人阅读代码时感到困惑。解决这个问题的一种方法是完全不采用这个办法。在 strToInt 中，将该整数值视为正数，然后如果它是负数，则在最后进行调整。那么怎样才能在此采用这种策略？如果它是负数，则可以先对其求负。然后变成了处理正数，因此将其视为正数不会成为问题。唯一的问题是，如果这个数字原来是负数，则需要写一个'-'号，但这并不困难——只需要设置一个标志，表示当对它求负的时候，数字为负数。

至此已经解决了 intToStr 中的所有重要子问题——现在将这些解决方案组装成可用于编写代码的算法要点：

```
If number less than zero:
    Negate the number
    Set negative flag
While number not equal to 0
    Add '0' to number % 10 and write this to temp buffer
    Integer-divide number by 10
If negative flag is set
    Write '-' into next position in temp buffer
Write characters in temp buffer into output string in reverse order
```

在 Java 中实现该算法的代码如下所示：

```
public static final int MAX_DIGITS = 10;
public static String intToStr( int num ){
    int i = 0;
    boolean isNeg = false;
    /* Buffer big enough for largest int and - sign */
    char[] temp = new char[ MAX_DIGITS + 1 ];
    /* Check to see if the number is negative */
    if ( num < 0 ){
        num = -num;
        isNeg = true;
    }

    /* Fill buffer with digit characters in reverse order */
    while ( num != 0 ){
        temp[i++] = (char)( ( num % 10 ) + '0' );
        num /= 10;
    }
    StringBuilder b = new StringBuilder();
    if ( isNeg )
        b.append( '-' );

    while ( i > 0 ){
        b.append( temp[--i] );
    }
    return b.toString();
}
```

  同样，要对 strToInt 可能出现问题的情况进行检查(多位数值、-1、0 和 1)。多位数值、-1 和 1 不会引发任何问题，但如果 num 为 0，则 while 循环的主体会被跳过。这将导致函数写入的是空字符串而不是"0"。怎样解决这个错误？需要让程序至少进入 while 循环一次，这样即便 num 从 0 开始，字符串也会是'0'。因此，可以考虑将 while 循环改为 do...while 循环，以确保循环体至少被执行一次。

  与进行大量数值计算的此类函数特别相关的另一类错误是算术溢出。尝试通过分析执行的每个算术运算以及是否可能溢出来识别溢出错误。特别试验最小值和最大值输入会发生什么。在此函数中，取模、除法和加法运算都不会导致溢出。但是，当对负输入求负使其为正(num = -num;)时，可能会发生非常微妙的溢出。当 num 为 Integer.MIN_VALUE 时，请考虑结果。鉴于二进制补码表示的工作方式(见第 14 章)，有符号整数的最小值在绝对量方面是大于最大值的。因此，如果尝试对 Integer.MIN_VALUE 求负，则它会溢出，并再次倒退回 Integer.MIN_VALUE。有几种方法可以解决这种溢出问题。由于它只出现一个输入值，因此最直接的解决方案可能就是对输入值进行特殊处理。

  修复后得到以下代码，它可以实现将 0 以及正值和负值转换为字符串：

```
public static final int MAX_DIGITS = 10;
public static String intToStr( int num ){
    int i = 0;
    boolean isNeg = false;
    /* Buffer big enough for largest int and - sign */
    char[] temp = new char[ MAX_DIGITS + 1 ];
```

```
    /* Check to see if the number is negative */
    if ( num < 0 ){
        /* Special case to avoid overflow on negation */
        if (num == Integer.MIN_VALUE){
            return "-2147483648";
        }
        num = -num;
        isNeg = true;
    }
    /* Fill buffer with digit characters in reverse order */
    do {
        temp[i++] = (char)( ( num % 10 ) + '0' );
        num /= 10;
    } while ( num != 0 );
    StringBuilder b = new StringBuilder();
    if ( isNeg )
        b.append( '-' );

    while ( i > 0 ){
        b.append( temp[--i] );
    }
    return b.toString();
}
```

7.3.5　UTF-8 字符串验证

> **问题**：有效的 UTF-8 字符串可能只包含以下四种位模式:
>
> ```
> 0xxxxxxx
> 110xxxxx 10xxxxxx
> 1110xxxx 10xxxxxx 10xxxxxx
> 11110xxx 10xxxxxx 10xxxxxx 10xxxxxx
> ```
>
> 编写一个函数来确定字符串是否满足 UTF-8 有效性的必要(但不充分)条件。

首先，在这些模式中发现组织原则。明显可以判断的事情有:

- 尾随字节以 10 开头。
- 以 0 开头的前导字节表示单字节模式(ASCII 字符)。
- 所有其他前导字节以 11 开头:以 110 开头的前导字节后跟一个尾随字节;1110 之后是两个字节;11110 之后是三个字节。

需要通过计算每个字节的高位以确定它属于哪个类别。可以使用位运算符来执行此操作。具体来说，构造一个称为掩码(mask)的值，其中感兴趣的位的值为 1，所有其他位的值为 0。将掩码与要使用&运算符查询的字节组合在一起，能将不感兴趣的数字位统统置零(如果不熟悉这种技术，则请参阅第 14 章)。为每个字节类别实现这些操作而编写辅助函数可能很有用。在 C 中，可以编码如下:

```
// Byte is 10xxxxxx
bool IsTrailing( unsigned char b ) {
    return ( b & 0xC0 ) == 0x80; // 0xC0=0b11000000 and 0x80=0b10000000
```

```
}

// Byte is 0xxxxxxx
bool IsLeading1( unsigned char b ) {
    return ( b & 0x80 ) == 0;
}

// Byte is 110xxxxx
bool IsLeading2( unsigned char b ) {
    return ( b & 0xE0 ) == 0xC0; // 0xE0=0b11100000
}

// Byte is 1110xxxx
bool IsLeading3( unsigned char b ) {
    return ( b & 0xF0 ) == 0xE0; // 0xF0=0b11110000
}

// Byte is 11110xxx
bool IsLeading4( unsigned char b ) {
    return ( b & 0xF8 ) == 0xF0; // 0xF8=0b11111000
}
```

使用这些辅助函数，可以实现一个基本算法，该算法检查每个字符是否以正确的位模式开头，并将检查指针是否按照合适的字节数前移：

```
bool ValidateUTF8( const unsigned char* buffer, size_t len ) {
    size_t i = 0;
    while ( i < len ) {
        unsigned char b = buffer[i];
        if ( IsLeading1( b ) ) {
            i += 1;
        } else if ( IsLeading2( b ) ) {
            i += 2;
        } else if ( IsLeading3( b ) ) {
            i += 3;
        } else if ( IsLeading4( b ) ) {
            i += 4;
        } else {
            return false;
        }
    }

    return true;
}
```

但是，此代码并不完整，因为它不会检查缓冲区是否以完整的 UTF-8 字符结尾，或者是否只有尾随字节位于前导字节之间。可以使用以下测试用例轻松确认问题的存在：

```
// Bad buffer -- 4-byte character chopped off.
const unsigned char badIncompleteString[] = { 0xF0, 0x80, 0x80 };
// Bad buffer -- trailing bytes are missing between characters.
const unsigned char badMissingTrailingBytes[] = { 0xE0, 0x80, 0x00 };
```

记住在编写算法后检查边缘条件！

　　要检查缓冲区是否以完整的 UTF-8 字符结尾非常简单。只需要确保缓冲区索引完全等于缓冲区长度：

```
bool ValidateUTF8( const unsigned char* buffer, size_t len ) {
    size_t i = 0;
    while ( i < len ) {
        unsigned char b = buffer[i];
        if ( IsLeading1( b ) ) {
            i += 1;
        } else if ( IsLeading2( b ) ) {
            i_+= 2;
        } else if ( IsLeading3( b ) ) {
            i += 3;
        } else if ( IsLeading4( b ) ) {
            i += 4;
        } else {
            return false;
        }
    }

    return ( i == len);    // Make sure it doesn't go past the buffer.
}
```

　　但这并没有真正解决这个算法的根本问题，即它跳过整个字节序列而不检查它们的有效性。为了有效，前导字节必须跟有正确数量的尾随字节，这表示需要跟踪预期的尾随字节数，并确认它们确实都是尾随字节。对应实现如下所示：

```
bool ValidateUTF8( const unsigned char* buffer, size_t len ) {
    int expected = 0; // Expected number of trailing bytes left
    for ( size_t i = 0; i < len; ++i ) {
        unsigned char b = buffer[i];
        if ( IsTrailing( b ) ) {
            if ( expected-- > 0 ) continue;
            return false;
        } else if (expected > 0 ) {
            return false;
        }

        if ( IsLeading1( b ) ) {
            expected = 0;
        } else if ( IsLeading2( b ) ) {
            expected = 1;
        } else if ( IsLeading3( b ) ) {
            expected = 2;
        } else if ( IsLeading4( b ) ) {
            expected = 3;
        } else {
            return false;
        }
    }

    return ( expected == 0 );
}
```

7.4 小结

数组几乎是所有编程语言的重要组成部分，所以它们会毫无意外地出现在面试问题中。在大多数编程语言里面，如果拥有所需元素的索引，则数组访问用时是常量时间，但如果只有元素的值而没有索引，则访问为线性时间。如果在数组中间插入，则必须移动后面的所有元素才能打开想插入的空位，或者想删除中间元素，也需要移动后面的所有元素才能把空出来的位置填上。静态数组以固定大小创建，动态数组则根据需要增长。大多数语言或多或少地对这两种类型有所支持。

字符串是数组最常见的应用之一。在 C 中，字符串只是一个字符数组。在面向对象的语言中，数组通常隐藏在字符串对象中。字符串对象可以转换为字符数组，也可以从字符数组转换回字符串对象。确保自己掌握如何运用将要使用的语言执行处理，因为编程问题所需的处理通常采用数组更为方便。基本字符串对象在 C#和 Java 中是不可变的(只读)，而其他类则提供了可写字符串功能。不小心把不可变字符串相连可能导致生成低效代码，会产生和丢弃很多字符串对象。

大多数流行的应用程序使用 Unicode 支持多种语言。有多种编码可用于表示 Unicode，这些字符编码都需要至少多个字节表示，这些字符编码中的许多编码需要的字节是可变长度的(有些字符需要比其他字符更多的字节)。这些编码可能会使字符串问题变得复杂得多，但大多数情况下，可能不需要为面试问题担心这一点。

第 **8** 章

递　归

递归是一个看似简单的概念：所有调用自身的函数都是递归的。尽管这个概念表面上简单，但理解和应用递归可能异常复杂。理解递归的主要障碍之一是通用描述往往过于理论、过于抽象而且过于数学化。虽然这种通用描述无疑有其存在的价值，但本章更偏向实用性，侧重于递归和迭代(非递归)算法的示例、应用和比较。

8.1　理解递归

递归对于可以根据类似子任务定义的任务非常有用。例如，排序、搜索和遍历问题通常具有简单的递归方案。递归函数(recursive function)通过调用自身执行子任务来部分地执行任务。在某些时候，函数的子任务可以在不调用自身的情况下执行。对于这种函数不递归的情况，我们称为基本情况(base case)。对于前者——函数调用自身执行子任务，我们则称为递归情况(recursive case)。

 注意： 递归算法有两种情况：递归情况和基本情况。

这些概念可以用一个简单而常用的例子来说明：阶乘运算符。$n!$(读作"n 的阶乘")是 n 和 1 之间所有整数的乘积。例如，$4! = 4 \cdot 3 \cdot 2 \cdot 1 = 24$。$n!$ 可以更正式地定义如下：

$n! = n(n-1)!$

$0! = 1! = 1$

这个定义很容易得到阶乘的递归实现。任务是确定 $n!$ 的值，子任务是确定 $(n-1)!$ 的值。在递归的情况下，当 n 大于 1 时，函数调用自身来确定 $(n-1)!$ 的值并乘以 n。在基本情况下，当 n 为 0 或 1 时，函数只返回 1。可以用代码表示如下：

```
int factorial( int n ){
   if ( n > 1 ) {   /* Recursive case */
      return factorial( n - 1 ) * n;
   } else {         /* Base case */
      return 1;
   }
}
```

图 8-1 说明了刚才编写的函数在计算 4! 时的操作。请注意，每次函数递归时 *n* 都会减 1。这可确保最终达到基本情况。如果函数写得不正确，以致永远无法达到基本情况，那么它将无限递归。在实际中，无限递归这种东西是不存在的，而是最终将引发栈溢出和程序崩溃等类似于灾难的事件。

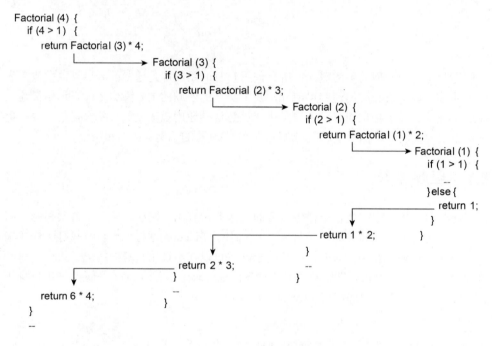

图 8-1　计算 4!时的操作

如果递归调用返回值的同时其本身立即返回，则函数是尾递归的(tail-recursive)(刚才的 factorial 函数实现不是尾递归的，因为它对递归调用返回的值执行乘法而不是立即返回它)。一些编译器可以对尾递归函数执行尾调用消除，这种优化方法可以对每个递归调用的栈帧进行重用。一个经过适当优化的尾递归函数如果没有达到基本情况而无限递归，那么不会产生栈溢出。

 注意：每个递归情况最终必须转到基本情况。

阶乘的实现是递归函数的一个非常简单的应用示例。在许多情况下，递归函数可能需要增加数据结构或增加跟踪递归层级的参数。在这种情况下，最好的解决方案通常是将数据结构或参数初始化代码移动到单独的函数中。这个包装函数执行初始化后调用纯递归函数，为程序的其他部分提供一个干净而简单的接口。

例如，如果需要一个返回其所有中间结果(阶乘小于 n)以及最终结果($n!$)的阶乘函数，那么最自然的想法是将结果以整数数组返回，这意味着函数需要分配一个数组。如果还需要知道数组中应该写入结果的位置，则使用包装函数可以轻松完成这些任务，如下所示：

```
int[] allFactorials( int n ) { /* Wrapper function */
    int[] results = new int[ n == 0 ? 1 : n ];
    doAllFactorials( n, results, 0 );
    return results;
}
int doAllFactorials( int n, int[] results, int level ) {
    if ( n > 1 ){  /* Recursive case */
        results[level] = n * doAllFactorials( n - 1, results, level + 1 );
        return results[level];
    } else {        /* Base case */
        results[level] = 1;
        return 1;
    }
}
```

可以发现，使用包装函数可以隐藏数组分配和递归层级跟踪，以保持递归函数的简洁。在这种情况下，可以从 n 确定适当的数组索引，从而避免使用 level 参数，但在许多情况下，除了跟踪递归层级之外别无选择，如此处所示。

 注意：编写单独的包装函数来为复杂的递归函数进行初始化是很有用的。

虽然递归是一种强大的技术，但它并不总是最好的方法，而且一般不会是最高效的方法。这是由于大多数平台上的函数调用开销相对较大。对于像 factorial 这样的简单递归函数，大多数计算机体系结构在调用开销上花费的时间多于实际计算上的时间。使用循环结构而不是递归函数调用的迭代函数不会受到这种开销的影响，通常更为有效。

 注意：迭代方案通常比递归方案更有效。

任何可以递归求解的问题也可以采用迭代解决。迭代算法通常易于编写，即使对于可能看起来根本上是递归的任务也是如此。例如，阶乘的迭代实现相对简单。重构阶乘的定义可能会有所帮助，所以这样来描述：将 $n!$ 作为 n 和 1 之间的每个整数的乘积，包括 n 和 1。可以使用 for 循环来迭代这些值并计算乘积：

```
int factorial( int n ){
    int i, val = 1;
```

```
    for ( i = n; i > 1; i-- )   /* n = 0 or 1 falls through */ {
        val *= i;
    }
    return val;
}
```

此实现比先前的递归实现明显更有效，因为它不进行任何额外的函数调用。虽然它代表了一种不同的思考问题的方式，但它的编写并不比递归实现困难。

有些问题不像刚才的例子那样，是不存在明显的迭代替代方案的，但总有不采用递归调用的递归算法实现。递归调用通常会保留局部变量的当前值，并在递归调用执行的子任务完成时恢复它们。因为局部变量是在程序栈上分配的，所以程序的每个递归实例都有一组独立的局部变量，因此递归调用会隐式地将变量值存储在程序栈上。可以通过自行分配栈并手动存储和检索栈中的局部变量值来消除递归调用的需要。

实现这种基于栈的迭代函数往往比使用递归调用实现等效函数复杂得多。此外，除非使用的栈开销明显小于递归函数调用开销，否则以这种方式编写的函数将不会比传统的递归实现更有效。因此，除非另有要求，否则应使用递归调用实现递归算法。在 6.3.3 节问题的解决方案中给出了在没有递归调用的情况下实现的递归算法的示例。

注意：通过使用栈，可以在没有递归调用的情况下实现递归算法，但实现它通常更麻烦而不值得去实现。

在面试中，可以工作的解决方案是最重要的，而高效的解决方案是次要的。除非另有要求，否则不管是什么解决方案，只要可以工作就先用着。如果是递归方案，那么可能得和面试官提及递归方案天生低效，让他们知道你是掌握情况的。在极少数情况下，对于所想到的一个递归方案和一个大致相同复杂度的迭代方案，你应该向面试官谈论它们并说明倾向实现迭代方案，因为它可能更高效。

8.2 与递归有关的面试问题

递归算法为非递归编码难以解决的问题提供了优雅的解决方案。面试官喜欢这类问题，因为很多人觉得递归思维很难。

8.2.1 二分搜索

注意：实现一个函数，对已排序的整数数组执行二分搜索，以查找给定整数的索引。评论此搜索的效率，并将其与其他搜索方法进行比较。

在二分搜索中，将已排序搜索空间(在本例中为数组)中的中间元素与要查找的项进行比较。存在三种可能性。如果中间元素小于待搜索的内容，则可消去搜索空间的前半部分。如果它大于搜索值，则可消去搜索空间的后半部分。第三种情况是，中间元素等于搜索项,此时停止搜索。否则,对搜索空间的剩余部分重复此过程。如果你在计算机科学课程中还没学过以上知识,那么这个算法可能会让你想起儿童猜数游戏中的最佳策略,其中一个孩子猜测某个范围内的数字,而另一个孩子会对错误的猜测回答"更高"或"更低"。

因为二分搜索的描述是一个可以让搜索空间持续变小的搜索过程,所以它适合采用递归实现。所设计的方法需要传入待搜索的数组、搜索限制以及正在搜索的元素。可以用上限减去下限求出搜索空间的大小,将此大小除以 2,并将除以 2 的结果与下限相加,得到中间元素的索引。接下来,将此元素与搜索元素进行比较。如果它们相等,则返回索引。否则,如果搜索元素较小,则新的上限变为中间的索引-1。如果搜索元素较大,则新的下限是中间的索引+1。如此递归直到匹配到待搜索的元素。

在编码之前,分析需要处理的错误条件。可以采用的一种方法是考虑对所提供数据做出的假设,然后考虑可能会如何违反这些假设。在问题中明确陈述的一个假设是只能搜索排序的数组。如果存储在数组中的数值出现大小反序,只要位于上限的数字小于位于下限的数字,则表示该列表未排序,程序应该抛出异常。

搜索中隐含的另一个假设可能稍欠明显:假设要搜索的元素存在于数组中。如果基本情况被完全定义为找到正在搜索的元素,那么如果那个元素不存在,则程序将永远不会到达基本情况。这时候,程序将无限递归或触发数组异常,具体取决于缺少的元素在数组中的位置。可以通过在找到目标元素或确定它不存在时终止递归来避免这种情况。如果目标元素不存在,则当继续收缩搜索空间时,上限最终将小于下限。可以使用此条件来检测目标元素是否缺失。

如果编写一个包装器,将限制的初始值设置为数组的完整范围,则递归函数将更易于使用。现在,可以将这些算法和错误检查转换为 Java 代码:

```java
int binarySearch( int[] array, int target ) throws BSException {
   return binarySearch( array, target, 0, array.length - 1 );
}


int binarySearch( int[] array, int target, int lower,
               int upper ) throws BSException {
   int center, range;

   range = upper - lower;
   if ( range < 0 ){
      throw new BSException("Element not in array");
   }

   if ( array[lower] > array[upper] ){
      throw new BSException("Array not sorted");
   }
   center = ( range / 2 ) + lower;
   if ( target == array[center] ){
      return center;
   } else if ( target < array[center] ){
      return binarySearch( array, target, lower, center - 1 );
   } else {
```

```
        return binarySearch( array, target, center + 1, upper );
   }
}
```

虽然前面的函数完成了给定任务，但它并没有达到它所能达到的效率。正如本章的介绍中所讨论的，递归实现通常比等效的迭代实现效率低。

如果在上一个解决方案中分析递归，则可以看到每个递归调用仅用于更改搜索限制。因此没有理由不在每次循环迭代中更改限制并避免递归的开销(当使用尾调用消除模式进行编译时，前面的递归实现可能会生成类似于迭代实现的机器代码)。接下来的方法更加高效，采用迭代模拟递归二分搜索：

```
int iterBinarySearch( int[] array, int target ) throws BSException {
   int lower = 0, upper = array.length - 1;
   int center, range;

   while ( true ){
      range = upper - lower;
      if ( range < 0 ){
         throw new BSException("Element not in array");
      }
      if ( array[lower] > array[upper] ){
         throw new BSException("Array not sorted");
      }
      center = ( range / 2 ) + lower;
      if ( target == array[center] ){
         return center;
      } else if ( target < array[center] ){
         upper = center - 1;
      } else {
         lower = center + 1;
      }
   }
}
```

二分搜索的复杂度是 $O(\log(n))$，因为在每次迭代时消除了一半搜索空间(在某种意义上说，那些都已经搜索过了)。这比对所有元素简单搜索更有效，简单搜索的复杂度为 $O(n)$。但是，要执行二分搜索，必须将数组排序，该操作通常为 $O(n \log(n))$。

8.2.2 字符串的排列

问题：实现一个程序，打印字符串中所有可能的字符排序。换句话说，打印使用原始字符串中所有字符的所有排列。例如，给定字符串"hat"，编写的函数应该打印字符串"tha"、"aht"、"tah"、"ath"、"hta"和"hat"。即使输入字符串的字符有重复，也将每个字符视为不同的字符。给定字符串"aaa"，所写程序应该打印"aaa"六次。可以按照自己希望的各种顺序打印排列。

手动排列字符串是一个相对直观的过程，但描述该过程的算法可能很困难。从某种意义上说，这个题目就像在要求人描述如何系鞋带一样。虽然自己知道答案，但可能仍需要经历几次这个过程才能弄清楚需要采取什么步骤。

尝试将手动试验的方法应用于此问题：手动排列一个短字符串并尝试对排列过程进行逆向工程得到算法。以字符串"abcd"为例。因为试图从直观的过程构建算法，所以需要按照系统的顺序进行排列。确切地说，所使用的系统顺序并不是非常重要——不同的顺序可能会导致不同的算法，但只要对流程系统化，就应该能够构建算法。可以采取一个简单的顺序，以便轻松辨别可能意外漏掉的各个排列。

可以考虑按字母顺序列出所有排列。这意味着第一组排列都将以 a 开头。在这个组中，首先得到第二个字母为 b 的排列，然后得到第二个字母为 c 的排列，最后得到第二个字母为 d 的排列。按照相似风格，继续以其他首字母进行字母排列，如图 8-2 所示。

abcd	bacd	cabd	dabc
abdc	badc	cadb	dacb
acbd	bcad	cbad	dbac
acdb	bcda	cbda	dbca
adbc	bdac	cdab	dcab
adcb	bdca	cdba	dcba

图 8-2　按字母顺序排列

在继续之前，请确保没有错过任何排列。可以在第一个位置放置 4 个可能的字母。对于这 4 种可能性中的每一种，第二个位置都有 3 个可能的字母。因此，对于排列的前两个字母，共有 $4 \cdot 3 = 12$ 种不同的可能性。选择前两个字母后，第三个位置仍可使用两个不同的字母，最后一个字母位于第四个位置。如果做乘法 $4 \cdot 3 \cdot 2 \cdot 1$，则总共有 24 种不同的排列。上一个列表有 24 个排列，所以没有遗漏任何内容。这个计算可以更简洁地表达为 4!——回想一下，$n!$ 是 n 个对象可能的排列数量。

现在在检查排列列表中的模式。最右边的字母比最左边的字母变化得快。对于第一个(最左侧)位置选择的每个字母，在更改第一个字母之前，需要写出以该字母开头的所有排列。同样地，在为第二个位置选择一个字母后，在更改第一个或第二个位置的字母之前，写出以这个双字母序列开头的所有排列。换句话说，可以将排列过程定义成为给定位置选取一个字母，并在返回更改你刚刚选择的字母之前从右侧的下一个位置开始执行排列过程。这听起来像是递归定义排列的基础。尝试采用明确的递归术语对其进行改写：找到从位置 n 开始的所有排列，连续将所有允许的字母放在位置 n，并且对于位置 n 中的每个新字母，找到从位置 $n + 1$ 开始的所有排列(递归情况)。当 n 大于输入字符串中的字符数时，排列已经完成。打印排列并返回到枚举字母的位置，该位置小于 n(基本情况)。

算法差不多有了，只差更严格地定义"所有允许的字母"。因为输入字符串中的每个字母在每个排列中只能出现一次，所以"所有允许的字母"不能定义为输入字符串中的每个字母。想想排列是如何手动完成的。对于以 b 开头的排列组，除了开头能放置 b 以外，其他位置都不能放，因为当为后面的位置选择了字母时，b 已经被使用了。对于以 bc 开头的组，在第三个和第四个位置仅使用 a 和 d，因为已经使用了 b 和 c。因此，"所有允许的字母"表示输入字符串中尚未为当前位置左侧的位置(小于 n 的位置)选择的所有字母。在算法上，可以将每个在位置 n 上的候选字母与位置 n 之前的所有字母进行对比检查，以确定它是否已被使用。可以通过维护与输入字符串中字母位置相对应的布尔值数组并使用此数组将字母标记为已使用或未使用(如果适用)来免去这些低效扫描。

对应算法概括如下：

```
If you're past the last position
    Print the string
    Return
Else
    For each letter in the input string
        If it's marked as used, skip to the next letter
        Else place the letter in the current position
            Mark the letter as used
            Permute remaining letters starting at current position + 1
            Mark the letter as unused
```

在此处将基本情况与递归情况分开是个不错的代码风格，可以使代码更容易理解，但它不能提供最佳性能。如果下一个递归调用调用基本情况，则可以通过直接调用基本情况而不进行递归调用来优化代码。在这个算法中，这涉及检查刚放置的字母是否是最后一个字母——如果是这样，则打印排列并且不进行递归调用，否则进行递归调用。这消除了 $n!$ 次函数调用，将函数调用开销减少了大约 n 分之一(其中 n 是输入字符串的长度)。以这种方式将基本情况进行便捷处理被称为"臂长递归"(arms-length recursion)，这被认为是不好的代码风格，尤其是在学术圈中。无论选择哪种方式来编写解决方案，都值得向面试官提及替代方法有什么优势。

下面是算法的 Java 实现：

```java
public class Permutations {
    private boolean[] used;
    private StringBuilder out = new StringBuilder();
    private final String in;

    public Permutations( final String str ){
        in = str;
        used = new boolean[ in.length() ];
    }

    public void permute(){
        if ( out.length() == in.length() ){
            System.out.println( out );
            return;
        }
        for ( int i = 0; i < in.length(); ++i ){
            if ( used[i] ) continue;
            out.append( in.charAt(i) );
            used[i] = true;
            permute();
```

```
            used[i] = false;
            out.setLength( out.length() - 1 );
        }
    }
}
```

这个类在构造函数中为 used 标志数组进行了初始设置，并且将输出字符串设置为 StringBuilder 类。递归函数在 permute() 中实现，它在进行递归调用以排列其余字符之前将下一个可用字符附加到 out 后。调用返回后，通过减小 out 的长度删除附加的字符。

8.2.3 字符串的组合

 问题：实现一个函数，打印字符串中所有可能的字符组合。组合的长度范围为 1 到该字符串的长度。如果两个组合仅在字符排序方面不同，则视为相同的组合。换个方式说，"12"和"31"是与输入串"123"不同的组合，但"21"与"12"相同。

这是字符串中的字符排列附带出现的问题。如果还没有解决过这个排列问题，那么在解决这个组合问题之前，可能需要回头看看排列的问题。

按照排列问题解决方案的模型，尝试手动制作一个示例，看看什么地方能够触发灵感。因为需要从示例中找到算法，所以同样需要在方法中采用系统的视角。先尝试按长度顺序列出组合，如图 8-3 所示。在示例中假设输入字符串为"wxyz"。因为每个组合中的字母顺序是任意的，所以它们保持与输入字符串中的顺序相同，以最大限度地减少混淆。

w	wx	wxy	wxyz
x	wy	wxz	
y	wz	wyz	
z	xy	xyz	
	xz		
	yz		

图 8-3　按长度顺序列出组合

一些有趣的模式似乎正在出现，但还不大明确，更别说似乎暗示着什么算法。根据输入字符串的顺序把输出列下来(对于此输入字符串是按字母顺序)，这有助于排列问题。试试重新排列生成的组合，看看这是否有用(如图 8-4 所示)。

w	x	y	z
wx	xy	yz	
wxy	xyz		
wxyz	xz		
wxz			
wy			
wyz			
wz			

图 8-4　重新排列后的结果

看起来收获稍微多一些了。输入字符串中的每个字母都有一列。每列中的第一个组合是输入字符串中的单个字母。每列的组合的其余部分由首字母加上右侧列中的所有字母组合组成。以 x 列为例。此列具有单个字母组合 x。它右边的列有 y、yz 和 z 的组合，所以如果在这些组合中加上 x，则会在 x 列中找到其余的组合：xy、xyz 和 xz。可以利用这个规则生成所有组合，从最右边的列中的 z 开始，然后向左移动，每次都在列顶部写入来自输入字符串中的字母，然后将该字母添加到右侧列中的每个组合之前，从而生成所有组合。这是用于生成组合的递归方法。它的空间效率比较低，因为它需要存储所有先前生成的组合，但说明了这个问题可以通过递归解决。通过更仔细地检查刚才写下的组合，看看是否能够获得一些关于更有效的递归算法的见解。

看看各个字母出现的位置。所有 4 个字母都出现在第一个位置，但 w 从不出现在第二个位置。仅 y 和 z 出现在第三个位置，并且 z 在具有第四个位置的唯一组合(wxyz)中处于第四个位置。因此，潜在的算法可能涉及在每个位置迭代所有允许的字母：第一个位置的 w~z，第二个位置的 x~z，以此类推。根据示例检查这个想法，看看它是否有效：它似乎成功生成了第一列中的所有组合。但是，当将第一个位置设为 x 时，此候选算法将在第二个位置以 x 开头，生成 xx 的非法组合。显然这个算法还需要继续改进。

要生成正确的组合 xy，需要在第二个位置以 y 开头，而不是 x。当在第一个位置(第三列)选择 y 时，需要以 z 开头，因为 yy 是非法的，而 yx 和 yw 已经被生成为 xy 和 wy。这表明在每个输出位置，需要从输入字符串中的字母开始，从选中字母的后一个字母进行迭代。我们把这个字母称为输入开始字母。

现在进行更正式一点的总结可能会有所帮助。以空输出字符串开头，输入的第一个字符作为输入开始位置。对于给定位置，按顺序选择从输入开始位置到输入字符串中最后一个字母的所有字母。对于所选择的每个字母，将其附加到输出字符串，打印组合，然后通过递归调用生成函数生成所有其他组合，从此序列开始，将输入开始位置设为刚才所选字母的下一个字母。从递归调用返回后，删除附加的字符，为所选择的下一个字符腾出空间。需要根据示例检查思路，以确保有效。它确实有效——因为在第二列中检查没有发现问题。在编码之前，列出算法梗概可能会有所帮助，可以确保思路没问题(作为比较，在排列问题中，对于臂长递归风格与性能的权衡，我们选择了走性能路线。在组合算法中，基本情况与递归情况是否分开而引发的性能和风格的差异并不像排列算法那样显著)。

```
For each letter from input start position to end of input string
    Append the letter to the output string
    Print letters in output string
    If the current letter isn't the last in the input string
        Generate remaining combinations starting at next position with
        iteration starting at next letter beyond the letter just selected
    Delete the last character of the output string
```

历尽艰辛，算法看起来简单极了！现在可以编码了。Java 实现如下所示：

```
public class Combinations {
```

```
private StringBuilder out = new StringBuilder();
private final String in;

public Combinations( final String str ){ in = str; }

public void combine() { combine( 0 ); }
private void combine( int start ){
    for ( int i = start; i < in.length(); ++i ){
        out.append( in.charAt( i ) );
        System.out.println( out );
        if ( i < in.length() )
            combine( i + 1 );
        out.setLength( out.length() - 1 );
    }
}
}
```

8.2.4 电话单词

问题：美国人有时会将其电话号码的区号后的 7 位数字变成英文单词给别人。例如，你的电话号码是 866-2665，则可以告诉别人自己的号码是 TOOCOOL，而不是难记的 7 个数字。请注意，这里有很多可能性(大多数是无意义的)可以代表 866-2665。在此可以参考图 8-5 中电话键盘上字母和数字的对应关系。

图 8-5 电话键盘

编写一个处理 7 位电话号码的函数，并打印出所有可能代表给定数字的"单词"或字母组合。由于 0 和 1 键上没有字母，在此应该只将数字 2~9 更改为字母。对于给定的包含 7 个整数的数组，每个整数都是一个数字。可以假设传入函数的必然是有效的电话号码。可以使用辅助函数：

```
char getCharKey( int telephoneKey, int place )
```

它取一个电话键(0~9)和 1、2、3 中的一个位置，并返回与指定键上该位置的字母对应的字符。例如，GetCharKey(3,2)将返回 E，因为电话键 3 上有字母 DEF，而 E 是第二个字母。

为这个问题定义一些术语是值得的。电话号码由数字组成。每个数字对应三个字母(除了 0 和 1——但是在创建单词的上下文中使用 0 和 1 时，可以将它们当作字母)。将低位字母、中位字母和高位字母分别称为数字的低位值、中位值和高位值。通过创建单词或字母串，可以表示给定的数字。

首先，通过展示自己的数学能力，确定有多少单词可以对应七位的数字，给面试官留下印象。这需要用到组合数学，但如果忘了这门数学知识，也不要惊慌。首先，尝试一位数的电话号码。显然，这将有三个字母。接着尝试一个两位数的电话号码——例如 56。第一个字母有三种可能性，对于每一个字母，有三种可能性用于第二个字母。这总共产生九个可以对应于该数字的单词。似乎每增加一个数字会使单词数增加 3 倍。因此，对于 7 位数字，共有 3^7 个单词，而对于长度为 n 的电话号码，共有 3^n 个单词。由于 0 和 1 没有相应的字母，因此其中包含 0 或 1 的电话号码对应的单词会比较少，但 3^7 是 7 位数字的单词数上限。

现在需要弄清楚打印这些单词的算法。以作者曾经就读的大学的电话号码之一的 497-1927 为例，试着写出由这串数字生成的单词。罗列单词的最自然形式是按字母顺序排列。通过这种方式，一个词后面接着哪个单词是了如指掌的，不太可能遗漏。因为有 3^7 个单词可以代表这个数字，所以没有时间把它们都写出来。试试只列出字母序列的开头和结尾。可以先让电话号码的每个数字使用低位字母的单词开始。这可以保证第一个单词是按字母顺序排列的第一个单词。因此，497-1927 的第一个单词以 G(表示 4)开头，因为 4 对应 GHI；W 表示 9，因为 9 对应 WXY；P 表示 7，因为 7 对应 PRS，以此类推，最后生成 GWP1WAP。

再继续写出单词，最后得到如图 8-6 所示的列表。

GWP1WAP
GWP1WAR
GWP1WAS
GWP1WBP
GWP1WBR
...
IYS1YCR
IYS1YCS

图 8-6　单词结果列表

创建这个列表很容易，因为生成单词的算法相对直观。将该算法形式化更具挑战性。从过程切入是个好主意，下面按照字母顺序从一个单词到下一个单词进行观察。

因为按字母顺序可知第一个单词，所以确定如何从一个位置到达下一个单词后，列出所有单词的算法就明确了。从一个单词到下一个单词的过程的一个重要特点似乎在最后一个字母，它总是在变化。它不断按照 P-R-S 的模式循环。每当最后一个字母从 S 回到 P 时，它会引发倒数第二个字母发生变化。再研究一下，看看是否能提出具体的规则。再次建议尝试一个例子。在此可能必须写下比示例列表中更多的单词才能分析模式规律(一个三位电话号码就足够了，或者如果将现在的列表扩展一位也可以)。

看起来好像以下情况总是成立的：每当一个字母发生变化时，它右边的字符会在这个字母变化前将其所有值变一遍。同理，只要这个字母回到低位值，它左边的字符就会升为下一位的值。

从这些观察可以推断，这个问题的解决方案有两条合理的路子可供遵循。可以从第一个字母开始，每变一个字母会影响它右边的字符，或者可以从最后一个字母开始，每变一个字母会影响它左边的字符。这两种方法似乎都是合理的。现在，采用第一个方法试试，看看它能带来什么灵感。

仔细考虑现在要做的事情。试想一下，每当一个字母改变时，它会使它的右边字符在它再次改变之前循环遍历它的所有值。通过研究这个现象，确定如何按字母顺序从一个单词变化到下一个单词。将这种现象形式化可能更有效：改变位置 i 中的字母会使位置 $i+1$ 中的字母循环显示其值。当可以根据元素 i 和 $i+1$ 如何相互作用来编写算法时，通常意味着递归，因此可以尝试写出递归算法。

算法的大部分已经清晰了。想知道每个字母对其后一个字母的影响吗？只需要弄清楚如何开始这个过程并确定递归的基本情况。再次查看刚才列出的单词列表以找出开始条件，不难发现第一个字母只循环了一次。因此，如果开始对第一个字母进行循环，则会引发第二个字母进行多次循环，并引发第三个字母的多个循环——完全符合要求。更改最后一个字母后，没有其他任何内容需要循环，因此这适合作为结束递归的基本情况。当基本情况出现时，还应该打印单词，因为刚刚已经按字母顺序生成下一个单词了。必须注意，当给定电话号码中有 0 或 1 时是特殊情况。如果不想打印任何单词三次，就应该检查这种情况并在遇到它时立即跳出循环。

将相应步骤罗列如下：

```
If the current digit is past the last digit
    Print the word because you're at the end
Else
    For each of the three letters that can represent the current digit
        Have the letter represent the current digit
        Move to next digit and recurse
        If the current digit is a 0 or a 1, return
```

Java 实现如下所示：

```java
public class TelephoneNumber {
    private static final int PHONE_NUMBER_LENGTH = 7;
    private final int[] phoneNum;
    private char[] result = new char[PHONE_NUMBER_LENGTH];

    public TelephoneNumber ( int[] n ) { phoneNum = n; }

    public void printWords() { printWords( 0 ); }

    private void printWords( int curDigit ) {
        if ( curDigit == PHONE_NUMBER_LENGTH ) {
            System.out.println( new String( result ) );
            return;
        }
```

```
        for ( int i = 1; i <= 3; ++i ) {
            result[curDigit] = getCharKey( phoneNum[curDigit], i );
            printWords( curDigit + 1 );
            if ( phoneNum[curDigit] == 0 ||
                phoneNum[curDigit] == 1) return;
        }
    }
}
```

这个算法的运行用时是多少？忽略打印字符串所涉及的操作，该功能的重点是更改字母。更改单个字母是一个恒定时间操作。第一个字母改变三次，第二个字母在第一个字母改变时改变三次，也就是总共九次，以此类推其他数字。对于长度为 n 的电话号码，操作总数为 $3 + 3^2 + 3^3 + ... + 3^{n-1} + 3^n$。仅保留最高阶项，运行用时为 $O(3^n)$。

问题： 不采用递归，重新实现 PrintTelephoneWords。

在这种情况下，递归算法似乎不再有助益。递归是写出算法步骤的过程中所固有的。采用基于栈的数据结构来模拟递归屡试不爽，但可能有更好的办法，会涉及其他算法。递归方案从左到右解决了问题。当时也曾发现另一个算法，从右到左也是可行的：每当一个字母从其高位值变为低位值时，其左边的字符就会递增。依据此现象，试着能否找到问题的非递归解决方案。

在这里同样可以研究如何按字母顺序确定下一个单词。因为处理过程是从右到左，现在应该寻找一个总是发生在单词右侧的东西，它在按字母顺序变为下一个单词。回顾原始的列表，可以发现最后一个字母总是在变化。这似乎预示着一个好的方法，即递增最后一个字母。如果最后一个字母处于高位值并且让其递增，则将最后一个字母重置为其低位值并递增倒数第二个字母。但是，假设倒数第二个数字已经处于高位值。尝试查看列表以确定需要做什么。从列表中可以看出，倒数第二个数字将重置为其低位值，并递增倒数第三个数字。继续这样增加下去，直到不能将对应位置上的字母重置为低位值。

算法内容似乎已经明确，但你仍然需要弄清楚它是如何启动以及何时完成的。可以像写出列表时一样手动设计第一个字符串。现在先确定如何结束。看看最后一个字符串并找出如果将它增加会发生什么。这种情况下每个字母都重置为低位值。可以检查每个字母是否都处于低位值，但这似乎效率低下。当打印出所有单词时，第一个字母只重置一次。可以使用这个形式来表示已完成打印所有单词。在这里同样必须考虑 0 或 1 存在的情况。因为 0 和 1 实际上不能递增(它们总是保持为 0 和 1)，所以务必需要将 0 或 1 看作在其最高位字母值上并增加其左边字符的值。算法步骤罗列如下：

```
Create the first word character by character
Loop infinitely:
    Print out the word
```

```
Increment the last letter and carry the change
If the first letter has reset, you're done
```

以下是此迭代算法的 Java 实现：

```java
public class TelephoneNumber {
    private static final int PHONE_NUMBER_LENGTH = 7;
    private final int[] phoneNum;
    private char[] result = new char[PHONE_NUMBER_LENGTH];

    public TelephoneNumber ( int[] n ) { phoneNum = n; }

    public void printWords() {
        // Initialize result with first telephone word
        for ( int i = 0; i < PHONE_NUMBER_LENGTH; ++i )
            result[i] = getCharKey( phoneNum[i], 1 );

        for ( ; ; ) {  // Infinite loop
            System.out.println( new String( result ) );

            /* Start at the end and try to increment from right
             * to left.
             */
            for ( int i = PHONE_NUMBER_LENGTH - 1; i >= -1; --i ) {
                if ( i == -1 ) // if attempted to carry past leftmost digit,
                    return;    // we're done, so return

                /* Start with high value, the carry case, so 0 and 1
                 * special cases are dealt with right away
                 */
                if ( getCharKey( phoneNum[i], 3 ) == result[i] ||
                    phoneNum[i] == 0 || phoneNum[i] == 1 ) {
                    result[i] = getCharKey( phoneNum[i], 1 );
                    // No break, so loop continues to next digit
                } else if ( getCharKey( phoneNum[i], 1 ) == result[i] ) {
                    result[i] = getCharKey( phoneNum[i], 2 );
                    break;
                } else if ( getCharKey( phoneNum[i], 2 ) == result[i] ) {
                    result[i] = getCharKey( phoneNum[i], 3 );
                    break;
                }
            }
        }
    }
}
```

可通过在变量中缓存当前数字的三个字母值来减少对 getCharKey 的调用，而不是反复调用函数以查看其值是低位、中位还是高位。这样做会使代码变得稍许复杂，不过在 JIT 编译器优化代码之后可能没有任何区别。

这个算法的运行用时是多少？和递归算法一样，更改单个字母是一个恒定时间操作。此算法的字母更改总数与之前相同，因此运行用时保持为 $O(3^n)$。

8.3　小结

只要函数直接或间接调用自身，就会发生递归。需要一个或多个基本情况来结束递归，否则算法会一直递归，直到栈溢出。

应该以递归方式实现本质上是递归的算法。一些明显递归的算法也可以采用迭代的办法实现。迭代实现通常比它们的递归方式更高效。

第 **9** 章

排　　序

排序算法有几个方向的应用。最瞩目的用途是为了向用户展示而对数据排序，例如按员工 ID 号或按姓氏字母顺序对员工名单进行排序。另一个重要用途是作为其他算法的构件，其他算法具有有序数据后可实现本来无法实现的优化。

如今的排序算法几乎不需要自行编码。大多数编程语言在其标准库中至少包括一种排序算法(通常是快速排序)。这些内置算法适用于通用场景。当通用排序算法不能满足要求时，依照专用排序算法要求对通用算法稍加调整，通常也能轻松地实现目的。

虽然面试不大可能要求实现排序算法，但了解它们之间的差异和进行权衡非常重要。每种算法都有其优点和缺点，并且在所有情况下都没有单一的最佳排序方法。面试官喜欢出排序题目，因为它们提供了一种简单的方法来考查从算法复杂度到内存占用率的各种问题。

9.1　排序算法

选择正确的排序算法会对应用程序性能产生巨大影响。适合一种情况的算法未必适合另一种情况。以下是选择排序算法时需要考虑的一些标准：

- **要排序的数据量是多少？** 对于小规模数据集，选择哪种算法无关紧要，因为执行时间差别不大。但对于大规模数据集，最坏情况下的边界会发生根本性的区别。注意，有些数据集通常较小，但有时可能猛增——需要选择一种算法，该算法能针对预想的最大规模数据集表现出可接受的效果。
- **数据全放在内存是否合适？** 大多数排序算法仅在它们运行的数据驻留在内存中时才有效率。如果数据集对于内存来说太大，则可能需要将其拆分为较小的块以进行排序，然后将这些排序后的块组合在一起以创建最终的排序数据集。
- **数据是否已经基本有序？** 可以使用某些算法高效地将新数据添加到已排序列表中，但同样的算法在随机排序的数据上的性能较差。

- **算法需要多少额外内存？** 就地排序算法在不使用任何额外内存的情况下对数据进行排序，例如通过交换数组中的元素。当内存非常宝贵时，就地算法可能比效率更高的算法更好。

- **是否保留了相对顺序？** 稳定的排序算法依照排序目的，以另外的方式保留了数据元素和原来一样的相对顺序。(换句话说，如果元素 A 和 B 具有相同的键值并且 A 在原始数据集中位于 B 之前，则在稳定排序之后 A 仍将在 B 之前。) 稳定性通常是一个可取的特征，而在许多情况下牺牲稳定性以提高性能是值得的。

在面试场合，面试官在面试进行过程中改变考查标准并不少见，他们想确认候选人对排序算法之间差异的了解程度。

为简单起见，面试采用的排序题目通常与处理存储在数组中的简单整数值有关。在现实世界中，排序通常涉及更复杂的数据结构，这些数据结构中只有一个或几个值影响排序顺序。确定排序顺序的值(或多个值)称为键。标准库中的大多数排序算法都是比较算法，它们只需要某种方法来确定一个键是否小于、等于或大于另一个键。没有比较算法可以具有比 $O(n \log(n))$ 更优的最坏情况运行时间。

9.1.1 选择排序

选择排序是最简单的排序算法之一。它从数组(或列表)中的第一个元素开始，扫描数组以找到具有最小键的元素，它与第一个元素交换。然后用每个后续元素重复该过程，直到到达最后一个元素。

该算法的描述暗示可以采用递归方法，selectionSortRecursive 方法如下所示：

```
// Sort an array using a recursive selection sort.
public static void selectionSortRecursive( int[] data ){
    selectionSortRecursive( data, 0 );
}

// Sort a subset of the array starting at the given index.
private static void selectionSortRecursive( int[] data, int start ){
    if ( start < data.length - 1 ){
        swap( data, start, findMinimumIndex( data, start ) );
        selectionSortRecursive( data, start + 1 );
    }
}
```

这个实现取决于两个辅助程序，即 findMinimumIndex 和 swap：

```
// Find the position of the minimum value starting at the given index.
private static int findMinimumIndex( int[] data, int start ){
    int minPos = start;

    for ( int i = start + 1; i < data.length; ++i ){
        if ( data[i] < data[minPos] ){
            minPos = i;
        }
    }
```

```
        return minPos;
    }

    // Swap two elements in an array.
    private static void swap( int[] data, int index1, int index2 ){
        if ( index1 != index2 ){
            int tmp = data[index1];
            data[index1] = data[index2];
            data[index2] = tmp;
        }
    }
```

可以通过将此尾递归过程转换为迭代实现，并将两个辅助函数定义为内联函数，从而优化此实现。

选择排序的效率如何？第一次交换需要 $n-1$ 次比较，第二次 $n-2$，第三次 $n-3$，以此类推。形成系列 $(n-1)+(n-2)+ ... + 1$，化简后得到 $n(n-1)/2$。这意味着算法在最佳、平均和最差情况下为 $O(n^2)$——数据的初始顺序对比较次数没有影响。正如在本章后面看到的，其他排序算法的运行用时比这个算法更有效。

选择排序确实具有最多需要 $n-1$ 次交换的优势。在移动数据元素比比较它们代价更大的情况下，选择排序可能比其他算法执行得更好。算法的效率取决于正在优化的目标。

选择排序是就地算法。选择排序的典型实现(例如此处所示的实现)不稳定。

9.1.2　插入排序

插入排序是另一个简单的排序算法。这种排序算法通过将每个新元素与已经排序的元素进行比较并将新元素插入正确的位置，每次针对一个元素构建排序的数组(或列表)，类似于一串扑克牌的排序方式。

插入排序的简单实现如下：

```
// Sort an array using a simple insertion sort.
public static void insertionSort( int[] data ){
    for ( int which = 1; which < data.length; ++which ){
        int val = data[which];
        for ( int i = which - 1; i >= 0; --i ){
            if ( data[i] > val ){
                data[i + 1] = data[i];
                data[i] = val;
            } else {
                break;
            }
        }
    }
}
```

与选择排序不同，插入排序的最佳运行用时是 $O(n)$，出现在列表已经排序时。这意味着插入排序是将一些新元素添加到预先排序列表的有效方法。然而，平均和最差情况都是 $O(n^2)$，因此它不是用于大量随机排序数据的最佳算法。

在前面的实现中，插入排序是一种稳定的就地排序算法，特别适用于排序小数据集，并且通常用作其他更复杂的排序算法的构件。

9.1.3 快速排序

快速排序是一种分而治之的算法，它需要在数据集中选取一个基准值，然后将该集合拆分为两个子集：包含所有小于基准值的集合以及包含大于或等于基准值的集合。将基准/分割过程递归地应用于每个子集，直到不再有要分割的子集为止。将结果组合，形成最终排序集。

算法实现的简单版本如下所示：

```java
// Sort an array using a simple but inefficient quicksort.
public static void quicksortSimple( int[] data ){

    if ( data.length < 2 ){
        return;
    }

    int pivotIndex = data.length / 2;
    int pivotValue = data[ pivotIndex ];

    int leftCount = 0;

    // Count how many are less than the pivot

    for ( int i = 0; i < data.length; ++i ){
        if ( data[ i ] < pivotValue ) ++leftCount;
    }

    // Allocate the arrays and create the subsets

    int[] left = new int[ leftCount ];
    int[] right = new int[ data.length - leftCount - 1 ];

    int l = 0;
    int r = 0;

    for ( int i = 0; i < data.length; ++i ){
        if ( i == pivotIndex ) continue;

        int val = data[ i ];

        if ( val < pivotValue ){
            left[ l++ ] = val;
        } else {
            right[ r++ ] = val;
        }
    }

    // Sort the subsets

    quicksortSimple( left );
    quicksortSimple( right );
```

```
   // Combine the sorted arrays and the pivot back into the original array

   System.arraycopy( left, 0, data, 0, left.length );
   data[ left.length ] = pivotValue;
   System.arraycopy( right, 0, data, left.length + 1, right.length );
}
```

以上代码说明了快速排序的原理，但由于需要扫描起始数组两次，分配新数组以及将新数组的结果复制到原始数组，因此它不是一个特别有效率的实现。

快速排序的性能取决于基准值的选择。理想的基准值应能将原始数据集分成两个相同(或几乎相同)规模的子集。每次执行基准-分割时，都会对所涉及的每个元素执行常量时间的操作。每个元素经历了多少次这样的处理？在最好的情况下，子列表的大小在每个连续的递归调用中减半，并且当子列表大小为 1 时递归终止。这意味着对元素操作的次数等于 n 不断除以 2 直到 1 的次数：即 $\log(n)$。最佳情况是，对 n 个元素执行 $\log(n)$ 次操作，综合而得的复杂度为 $O(n \log(n))$。

另一方面，如果基准值没选好会怎样？在最坏的情况下，基准值是数据集中的最小(或最大)值，这意味着一个子集为空，另一个子集包含 $n-1$ 个待排序元素(除了基准值之外的所有项)。然后递归调用量是 $O(n)$(退化到类似于采用链表实现的完全不平衡树)，这说明综合的最坏情况复杂度为 $O(n^2)$。计算复杂度与选择排序或插入排序相同。

平均情况下，几乎任何基准值都会将数据集拆分为两个非空子集，这使得递归调用量介于 $O(\log(n))$ 和 $O(n)$ 之间。一些数学工作(这里省略)足以表明，在大多数情况下，对元素进行操作的次数仍然是 $O(\log(n))$，因此快速排序的在平均情况下的复杂度还是 $O(n \log(n))$。

对于真正随机排序的数据，数据基准值与其位置无关，因此可以从任意位置挑选基准值，毕竟它们都可能是很好的选择。但是，如果数据已经排序(或基本排好了)，则选择位于数据集中间的值可确保每个子集包含大约一半的数据，能保证得到 $O(n \log(n))$ 的有序数据复杂度。因为中间位置的值是有序数据的最佳选择，并且对于无序数据也不显得更差，所以大多数快速排序的实现都将中间位置作为基准位置。

与之前的实现一样，大多数快速排序的实现都不稳定。

9.1.4　归并排序

归并排序是另一种分治算法，它通过将数据集拆分为两个或多个子集，对子集进行排序，然后将它们合并到最终的排序集中来实现。

该算法可以递归实现，如下所示：

```
// Sort an array using a simple but inefficient merge sort.
public static void mergeSortSimple( int[] data ){

   if ( data.length < 2 ){
      return;
   }

   // Split the array into two subarrays of approx equal size.
```

```
    int   mid = data.length / 2;
    int[] left = new int[ mid ];
    int[] right = new int[ data.length - mid ];

    System.arraycopy( data, 0, left, 0, left.length );
    System.arraycopy( data, mid, right, 0, right.length );

    // Sort each subarray, then merge the result.

    mergeSortSimple( left );
    mergeSortSimple( right );

    merge( data, left, right );
}

// Merge two smaller arrays into a larger array.
private static void merge( int[] dest, int[] left, int[] right ){
    int dind = 0;
    int lind = 0;
    int rind = 0;

    // Merge arrays while there are elements in both
    while ( lind < left.length && rind < right.length ){
        if ( left[ lind ] <= right[ rind ] ){
            dest[ dind++ ] = left[ lind++ ];
        } else {
            dest[ dind++ ] = right[ rind++ ];
        }
    }

    // Copy rest of whichever array remains
    while ( lind < left.length )
        dest[ dind++ ] = left[ lind++ ];

    while ( rind < right.length )
        dest[ dind++ ] = right[ rind++ ];
}
```

大部分工作都是在 merge 方法中完成的，该方法将两个已排序的数组合并为一个更大的已排序数组。

当使用不同的排序算法对低于指定最小规模的子集进行排序时，会发生混合归并排序。例如，可以通过替换终止条件将 mergeSortSimple 方法转换为混合算法：

```
if ( data.length < 2 ){
    return;
}
```

采用插入排序：

```
if ( data.length < 10 ){ // some small empirically determined value
    insertionSort( data );
```

```
    return;
}
```

这是一种常见的优化，因为插入排序的开销低于归并排序，并且通常在非常小的数据集上具有更好的性能。

与大多数其他排序算法不同，对于太大而无法放入内存的数据集，归并排序是一个不错的选择。在典型的场景中，大文件的内容被拆分为多个较小的文件。每个较小的文件都被读入内存，使用适当的算法进行排序，然后回写。之后使用已排序的文件作为输入执行合并操作，并且将已排序的数据直接写入最终输出文件。

归并排序的最佳、平均和最差情况运行用时都是 $O(n \log(n))$，当需要在排序时间上保证上限时，这是很好的选择。但是，归并排序需要 $O(n)$的额外存储——远远超过许多其他算法。

典型(最高效)的归并排序实现是稳定的，但不是就地排序。

9.2 与排序有关的面试问题

排序题目通常需要为特定情况选择最合适的算法，或修改标准排序算法让其具有新特性。

9.2.1 最佳排序算法

 问题：用于排序的最佳算法是什么？

针对这个问题的回答是有点诀窍的。问题的关键不是正面回应"快速排序"(或其他特定的排序算法)。如果真这样做了，那么面试官可能会描述一个场景说明刚才你提到的算法特别不适用，然后问：是否仍然认为所提的算法是最好的选择。别掉坑里了！

每种排序算法都有其优缺点，因此在为特定情况选择最佳算法之前，需要完全理解上下文。首先向面试官询问一些问题，例如有关待排序的数据、排序要求以及将执行排序的系统等。具体来说，可以问一些这样的问题：

- **我们对数据了解多少？** 数据是已经排序还是基本上已经排序？数据集可能有多大？可以有重复的键值吗？
- **排序的要求是什么？** 需要针对最好情况、最坏情况或平均情况进行性能优化吗？排序算法需要稳定吗？
- **我们对系统了解多少？** 待排序的最大数据集是小于、等于还是大于可用内存？

有时候，只要问这些问题就足以说明你对排序算法的了解。(其中一位作者在一次面试中针对题目是这样入手的，他问了一个问题"你能告诉我一些关于数据的情况吗？"面试官回答"是的，这是正确的答案"，并转向另一个题目。)更常见的是，面试官将回答问题并描述一种情景，指出一种算法比其他算法更好。

> **问题**：主目录服务器从多个部门目录服务器中接收已按用户 ID 排序的账户列表。那么能够在该主目录服务器中创建按用户 ID 排序的、综合全部账户的主列表的最佳方法是什么？

应对这个题目的简单办法是综合所有子列表并采用通用排序算法(如快速排序)对组合列表进行排序，从而消耗 $O(n \log(n))$ 运行用时(其中 n 是所有部门列表的大小之和)。

数据的特点对找到更有效解决方案也许会有帮助，你对本题目的数据了解多少？在这个题目中，子列表已排序是已知的。可以利用这一点吗？你有几个已排序的子列表，需要将它们组合在一起。这听起来非常像归并排序的一部分。事实上，在递归调用已经对子列表进行排序之后，这里的情况确实就像归并排序的最后阶段。剩下要做的就是合并列表。在归并排序中，归并操作仅为 $O(n)$，因此看起来这种策略可能需要 $O(n)$ 用时完成排序。是这样吗？

现在分析归并排序中的合并操作与在此处进行的合并之间的差异。在归并排序中，要合并的总是两个列表，因此可以对每个列表的下一个待归并元素之间进行单一比较。对于这个题目，每个服务器都有一个列表要合并。对于多个列表的合并，比较所有列表的下一个待归并元素以识别下一个最小的键并不直接。如果采用简单处理，扫描每个列表的下一个待归并元素，那么如果有 k 个列表，则此扫描操作将为 $O(k)$。需要为排序的每个元素执行此操作，因此整个算法将为 $O(kn)$。如果生成列表(k)的服务器数量很少，那么运行用时可能会优于串联列表的快速排序，但随着服务器数量的增长，运行用时会变得低效，容易超过 $O(n \log(n))$。有没有办法挽救这种方法？

每个元素都是必须检查的，所以计算复杂度不得不与因子 n 有关。另一个有关的因子是 k，即服务器的数量。现在将重点放在对每个服务器的下一个待归并元素的分析上。给定一组元素，并且你希望能够有效地找到集合中的最小元素。这是堆旨在解决的问题。如果构造一个由每个列表中的下一个待归并元素组成的最小堆，则可以有效地找到要合并的下一个待归并元素。每次找到要合并的下一个元素时，都需要将其从堆中删除并向堆中添加新元素。这些都是对数级的时间操作。但是因为只需要将每个列表的下一个待归并元素(而不是所有元素)保持在堆上，运行用时是 $O(\log(k))$ 而不是 $O(\log(n))$，或者更糟糕的是检查每个列表的下一个待归并元素需要 $O(k)$。这产生了 $O(n \log(k))$ 的总运行用时，这是对快速排序方法的改进(相当安全地假设服务器数量小于账户数量)。请注意，关于在何处获取添加到堆中的元素，有一个小而重要的实现细节：它需要来自与从堆中的删除的元素相同的列表，因此堆始终具有每个列表中的下一个待归并元素。要实现本目标，需要跟踪堆中的每个元素来自哪个列表。

这个策略有什么局限性？运行用时得到改善，但在执行合并时还需要 $O(n)$ 的辅助临时空间(除了在内存中存储记录所需的空间)。如果该空间需求可满足，则这个方案是一个很好的解决办法。

如果面试官说服务器上的内存很紧张，在排序过程中使用 $O(n)$ 辅助空间是不可接受的，那么应该如何回应？就地排序算法对辅助存储的要求最低。如果假设可以在不使用 $O(n)$ 辅助存储的情况下合并子列表(例如，可以首先将它们接纳到一个大缓冲区中)，那么一个回应的办法是恢复到原始方法并使用就地排序算法，如就地快速排序，牺牲了一些性能，但 $O(n \log(n))$ 并不比 $O(n \log(k))$ 差很多。

在确定此解决方案之前，请考虑归并方法需要额外空间的原因。每个子列表都在内存中，需要 n 个存储记录。然后，需要分配一个大小为 n 的临时缓冲区来存储合并的结果。除了采用输出缓冲区，看似没有其他办法了，但实际上是否需要在内存中保存每个子列表？子列表已经排序，因此在合并中的每个点，只需要每个子列表中的下一个待归并元素。显然，现在仍需要存储所有的 n 个账户记录，但如果在收到子列表时合并这些子列表，则不再需要规模为 n 的额外缓冲区。(对于每个发送信息的服务器，可能需要一个常量规模的小缓冲区，因此，如果有 k 个部门服务器，则需要额外的内存为 $O(k)$。)这个例子实际上是一个在线算法(online algorithm)：这种算法在数据可获取时就能立即处理，而不是等所有数据可获取后才开始处理。

在线方法也有局限性。它要求将合并与部门服务器的通信集成，以免缓冲区溢出、复杂性增加以及模块性降低。此外，如果其中一个部门服务器在此过程中出现问题并停止发送数据，则整个处理过程会停止。一切都需要权衡，但在控制得当的环境中，这可能是最好的选择。

 问题： 制造厂的监控系统维护着一个序列号列表，包含了曾经质量控制失败的设备。白天工厂运行时，新的序列号将添加到列表的末尾，晚上批处理运行以重新排序列表。对于这种情况，最好的排序算法是什么？

每天晚上，只有新添加的序列号的顺序可能会乱，因为其余的序列号都是前一天晚上排好序的。即使是新添加的序列号也可能已经部分排序，因为序列号通常是按顺序分配，并且各设备大致按顺序进行检查。工厂运行超过几周后，每天添加到列表中的设备数可能会远远小于列表的总大小。

总而言之，这个题目中有一些未排序的设备要添加到大型排序列表中。这听起来像插入排序的工作！所描述的情况接近于插入排序具有其最佳情况 $O(n)$ 性能的情况。但请停止分析插入排序的其他特性，以查看目前的选择是否存在问题。插入排序稳定且是就地的，因此这方面没有问题。最差和平均情况表现为 $O(n^2)$——这可能有问题。在这种情况下，未排序设备的数量通常很小，则预期性能几乎为 $O(n)$，但如果工厂这天很糟糕，大量设备出故障，则此时的结果更接近 $O(n^2)$。询问面试官是否可以在这种环境中容忍偶尔出现长时间运行排序：如果允许，那么插入排序就是答案；如果不允许，则工作需要继续寻找方法。

假设最坏情况 $O(n^2)$ 是不可接受的，还有其他选择吗？不要将数据看作已排序列表和一些待插入的未排序项，而是将其视为两个列表：一个经过排序的大规模列表和一个可能经过部分排序的小规模列表。已排序列表可以有效地合并，因此只需要对小列表(新的序列号)进行排序，然后将它们两两合并。因为多多少少有些合并操作，所以可以选择采用归并排序对小列表进行排序。这种方法最坏情况的效率如何？如果已排序的老列表的长度为 l 且新的未排序列表长度为 m，则新列表的排序为 $O(m \log(m))$，归并排序为 $O(l + m)$。综合而得 $O(l + m \log(m))$。这种合并方法确实具有需要 $O(l + m)$ 附加存储的缺点。天下没有免费的午餐。

 问题：需要提前排序多个不同类型的数据，数据情况未知。数据集足够小，能够适应内存，但它们的规模差异可能很大。这时候需要选择什么排序算法？

如果对这个系列的题目中的第一个题目求解时立即跳到类似于快速排序的算法，那么这个题目可能会激发同样的想法。这个问题描述的是普遍情况，你不清楚待排序的数据内容是很正常的，所以你一定能够高效地解决它。为此只需要确保这个问题实际上是一个通用的排序问题，并且你没有错过选择更合适的专用排序算法的机会。

优化各种潜在输入的排序性能是编写框架和标准库的程序员所面临的问题，因此这些排序程序通常是合适的选择，例如 Java 中的 Arrays.sort()。对于大多数数据集，这些例程通常采用归并排序(如果稳定性很重要)或快速排序(如果稳定性不是很重要)，对于规模非常小的数据集通常改为使用插入排序(通常 n 小于 10)。

对于涉及选取排序算法的这些问题，面试官的实际目的并不是为了得到特定解决方案。相反，面试官希望看到候选人认识到没有任何排序算法在所有情况下都是最优的，对哪些排序算法可用有一定的了解，并且可以根据这些了解来选择合适的算法并机智地讨论不同选择之间运行用时和存储占用情况的权衡。

9.2.2 稳定的选择排序

 问题：实现稳定版本的选择排序算法。

此问题首先需要明白选择排序是什么。如果忘记了，则请教面试官。简而言之，选择排序的工作原理是重复扫描尚未排序的值以找到最小的键，然后将最小键交换到已排序值末尾的排序位置，如本章前面部分所详述的那样。典型实现如下：

```java
// Sort an array using an iterative selection sort.
public static void selectionSort( int[] data ){
    for ( int start = 0; start < data.length - 1; ++start ){
        swap( data, start, findMinimumIndex( data, start ) );
    }
}
```

现在需要使得这种排序保持稳定。回想一下稳定排序的定义：它是一种保留键值相等元素的原始输入顺序的排序。如果 a_1 和 a_2 这两个元素具有相等的键，并且原始数据集中 a_1 位于 a_2 之前，则在稳定排序之后 a_1 将始终位于 a_2 之前。

还记得选择排序的标准实现不是稳定的吧。即使不记得这个结论，问题的措辞也强烈暗示着这个事实。如果确切了解上述实现不稳定的原因，则更容易对该算法的稳定版本进行构思。试试分析一个产生不稳定结果的简单示例：$[5_1, 3, 5_2, 2]$。在排序的第一次迭代之后，序列变为$[2, 3, 5_2, 5_1]$——两个相等键的原始顺序已经变了。由于键被交换，排序显得不稳定：当未排序的键被交换到被排序的键所来自的位置时，该未排序键相对于其他未排序键的位置的有关信息将丢失。交换随着排序进行，留下未排序的键被打乱的实质效果。如果不进行交换，则可以使排序稳定。

标准的选择排序不稳定地实现了键交换，缘由是该算法为将简单高效达到极致，为待排序的键创建了空间。如何在不交换的情况下为这个键创建空间？如果插入要排序的键，则未排序键的顺序保持不变。还需要从原始位置删除此键。请记住，不能随意插入或删除数组中的元素——必须移动相邻元素以松开或缩紧空间。在这种条件下，从待排序键的原本位置到目标位置之间有一堆键，将所有这些键整体向右移位一个元素，便能够基于这个移动过程完成键的删除和插入。

为简单起见，继续以实现 int 数组排序算法为例进行理解分析(并把想法告知面试官)，如果实际上只对 int 进行排序，则无法区分稳定和不稳定排序的结果。只有当键是较大记录或对象的一部分时，稳定和不稳定的排序的结果才会产生不同，从而具有相同键值的对象不一定相同。稳定版本的 int 数组选择排序可以实现如下：

```java
// Sort an array using a stable selection sort.
public static void selectionSortStable( int[] data ){
    for ( int start = 0; start < data.length - 1; ++start ){
        insert( data, start, findMinimumIndex( data, start ) );
    }
}

// Insert the data into the array, shifting the array as necessary.
private static void insert( int[] data, int start, int minIndex ){
    if ( minIndex > start ){
        int tmp = data[minIndex];
        System.arraycopy( data, start, data, start + 1, minIndex - start );
        data[start] = tmp;
    }
}
```

这种稳定版本的选择排序取消了$O(1)$级的快速交换操作，取而代之的是由 System.arraycopy 调用实现的 $O(n)$级的数组插入/删除操作，变得慢了很多。现在已经为每个键执行了 $O(n)$次操作(findMinimumIndex)，因此再添加一遍 $O(n)$操作不会改变整体的时间复杂度——仍然是 $O(n^2)$——但是，因为已经用一个很慢的处理办法替换了快速算法，实际表现只会更糟。

这种稳定的选择排序实现有没有现实意义的场景？其他稳定排序算法比 $O(n^2)$高

效。原始不稳定选择排序与许多其他排序算法相比的一个优点是移动(交换)的总数是 $O(n)$。在前面的稳定实现中，数组插入/删除产生 $O(n)$ 次移动，并且对于待排序的 n 个键，每个键都会引发一遍移动：即该稳定选择排序的移动总数是 $O(n^2)$。这种实现虽然获得了稳定性，但代价是牺牲了选择排序唯一且主要的优势，因此很难想象它会有应用场景。如何能保持总共 $O(n)$ 次的键移动？

因为当前实现使用数组，它执行 $O(n^2)$ 次移动，其中插入和删除是需要元素移动 $O(n)$ 次的低效操作。如果使用不同的数据结构，其中元素的插入和删除仅产生 $O(1)$ 次操作，那么将重新产生共 $O(n)$ 次移动。链表是符合这些要求的。以下稳定选择排序的实现使用了具有 $O(n)$ 次总移动的链表。此实现还可以在所有实现 Comparable 的对象上运行，而不是仅限于 int：

```java
public static void selectionSortStable( CursorableLinkedList data ){
    CursorableLinkedList.Cursor sortedBoundary = data.cursor(0);
    while ( sortedBoundary.hasNext() ){
        sortedBoundary.add(
            getMinimum( data, sortedBoundary.nextIndex() ) );
    }
    sortedBoundary.close();
}

// remove and return the first minimum-value element from data
// with position greater than start
private static Comparable getMinimum( CursorableLinkedList data, int start ){
    CursorableLinkedList.Cursor unsorted = data.cursor( start );
    CursorableLinkedList.Cursor minPos = data.cursor( start + 1 );
    Comparable minValue = (Comparable)minPos.previous();

    while ( unsorted.hasNext() ){
        if ( ( (Comparable)unsorted.next() ).compareTo( minValue ) < 0 ){
            // advance minPos to new minimum value location
            while ( minPos.nextIndex() < unsorted.nextIndex() )
                minValue = (Comparable)minPos.next();
        }
    }
    minPos.remove();
    minPos.close();
    unsorted.close();
    return minValue;
}
```

此实现采用 Apache Commons Collections 中的 CursorableLinkedList 类而不是 Java Collections Framework 中的 LinkedList，因为 CursorableLinkedList 可以保持迭代器(游标)的有效性，即使链表是通过其他迭代器修改的。此功能可以更有效地实现排序。如果实现了支持复制迭代器和移动(而不仅是删除和插入)元素的自定义链表类，则可以进一步优化实现。

9.2.3　多键排序

 问题：给定一个对象数组，每个对象代表一个员工：

```
public class Employee {
    public String extension;
    public String givenname;
    public String surname;
}
```

使用标准库排序例程，对数组进行排序，使其按姓氏的字母顺序排序，然后按照公司电话簿中的名字排序。

要使用标准库中的例程对数据进行排序，需要一个比较器：一个比较两个对象的函数。如果第一个对象"小于"第二个对象，则比较器返回负值；如果两个对象具有相等的键，则返回零；如果第一个对象"大于"第二个对象，则返回正值。

对于这个问题，键有两部分——姓氏和名字——因此比较器需要使用这两个值。必须首先按姓氏排序，然后按名字排序，因此比较器应首先比较姓氏，然后通过比较名字来解决问题。

在 Java 中，比较器实现为 java.util.Comparator 接口：

```
import java.util.Comparator;

// A comparator for Employee instances.
public class EmployeeNameComparator implements Comparator<Employee> {

    public int compare( Employee e1, Employee e2 ){
        // Compare surnames
        int ret = e1.surname.compareToIgnoreCase( e2.surname );

        if ( ret == 0 ){ // Compare givennames if surnames are the same
            ret = e1.givenname.compareToIgnoreCase( e2.givenname );
        }
        return ret;
    }
}
```

现在只需要将数组和比较器作为参数调用 Arrays.sort 方法：

```
public static void sortEmployees( Employee[] employees ){
    Arrays.sort( employees, new EmployeeNameComparator() );
}
```

这里展示的使用比较器的方法是一种最高效的方法，在单个排序函数中比较了键的两部分(即姓氏和名字)，但是还有另一种选择。如果采用的排序程序是稳定的(例如 Arrays.sort 采用的修改过的归并排序)，则可通过调用排序程序两次，每次对键的一部分进行排序来达到相同的效果。对于此问题，首先按名字排序，然后再进行第二次调用以按姓氏排序。在第二次排序中，通过稳定排序的定义，由于名字顺序已经在第一次排序中建立，具有相同姓氏的员工将按照名字保留其相对顺序。

9.2.4 使排序稳定

 问题： 假定正在使用的是具有非常快速的硬件加速排序程序的平台。程序 shakySort()是不能进行稳定排序的，但现在需要执行快速而稳定的排序。编写使用 shakySort()执行稳定排序的代码。

稳定性就是保持相同键的元素的相对顺序。当排序的数据集具有相等的键时，不能保证不稳定的排序产生与稳定排序相同的结果。但是，如果没有相同的键怎么办？在这种情况下，稳定性毫无意义，并且所有排序算法都产生相同的结果。如果可以转换输入数据以确保数据集中没有相等的键，则 shakySort()不稳定无关紧要。

可以采取的一种方法是扫描数据，识别具有相等值的键，然后根据它们在输入数据集中的位置修改值，以便具有靠前位置的键具有较小的值。然后，当执行不稳定排序时，以前相等的键保留其原始相对排序。想想如何实现这一点。如果键具有离散值，则可能存在没有足够的中间值可用于轻松修改键的情况。例如，如果存在整数键[5, 4, 6, 5]，那么除了两个 5 中的至少一个之外，还必须修改 4 或 6。此外，键可能代表其他目的所需的数据。这似乎是一种过于复杂且不受欢迎的方法。

因为修改键似乎不合要求，所以需要另一种方式来表示有关其原始顺序的信息。如果添加了另一个值并将其用作键的一部分，那么会出现什么结果？可以使用一个字段来表示每个键的相对顺序，否则这些键看起来将一模一样，并在键的主要部分具有相同值时比较这些值。在以这种方式处理之后，前面的示例变为$[5_1, 4, 6, 5_2]$，其中下标表示新字段。这是一个明显的改进，但它仍然有些复杂：需要扫描数据，使用额外的数据结构来跟踪序列中每个主键值的下一个序列编号。

接着进一步简化算法。是否有必要对每个重复的键进行连续编号(如 1, 2, 3…？不，只需要早些出现的键的序列编号低于后出现的键。根据这个现象，可以根据元素的起始位置分配序列字段的值：$[5_1, 4_2, 6_3, 5_4]$。对于重复的键，这符合建立相对排序的要求；对于非重复键，则可以忽略序列编号。

使用序列编号作为键的另一部分，目前每个键是唯一的，并且使用新扩展键的不稳定排序的结果与原始键上的稳定排序的结果相同。

如果有具体的排序内容，那么实现就更简单了：在前一个问题中为一个 Employee 类添加一个 sequence 字段，并对该类的对象进行排序。

必须在每次排序之前重新初始化序列字段：

```java
public static void sortEmployeesStable( Employee[] employees ){
    for ( int i = 0; i < employees.length; ++i ){
        employees[i].sequence = i;
    }
    shakySort( employees, new EmployeeSequenceComparator() );
}
```

还必须建立一个比较器，该比较器使用序列编号作为相同键的破局利器。例如，按姓氏执行稳定排序：

```java
// A comparator for Employee instances.
public class EmployeeSequenceComparator implements Comparator<Employee> {

    public int compare( Employee e1, Employee e2 ){
        // Compare surname first.
        int ret = e1.surname.compareToIgnoreCase( e2.surname );

        // Ensure stability
        if ( ret == 0 ){
            ret = Integer.compare(e1.sequence, e2.sequence);
        }

        return ret;
    }
}
```

让 shakySort()变成稳定的复杂度是多少？分配序列编号需要 $O(n)$时间，但因为没有比较排序比 $O(n\log(n))$更有效，所以渐进运行用时不会有数量级的增加，$(O(n+n \log(n))= O(n \log(n)))$。每个元素都有一个序列编号，因此这种方法还需要 $O(n)$内存。

9.2.5 经过优化的快速排序

 问题：实现快速排序算法的高效、就地的版本。

在开始实现之前，必须了解快速排序算法。简言之，快速排序首先从要排序的元素中选择一个数据基准值，然后将剩下的元素分成两个新列表：列表 L 包含小于基准值的所有元素，列表 G 包含所有大于等于基准值的所有元素。然后递归调用快速排序来对 L 和 G 进行排序。在调用返回后，L、基准值和 G(按此顺序)连起来组成排序后的数据集。如果无法回忆起那么多的快速排序知识，则不得不请求面试官给予基本帮助。

快速排序的最简单实现(例如本章前面的那个实现)为 L 和 G 分配新的列表(或数组)，并在递归调用返回后从列表复制结果，这种做法确实低效，并且需要额外的内存。对于这个问题，需要设计一个实现以避免这种情况。

待消除的内存分配操作发生在划分阶段：当值重组为 L 和 G 时。分析一下划分，元素数量没有变，只是它们的位置变了，因此应该可以将 L、基准值以及 G 全部保存在原始数组中。如何实现呢？

需要将元素移动到数组的一端或另一端，具体取决于它们所属的列表。假设 L 在数组的左侧，G 在数组的右侧。最初并不知道 L 和 G 有多少元素，只知道它们的元素总量等于数组长度。基准值已知，因此可以确定单独的元素属于 L 还是属于 G。如果从左到右扫描元素，那么每次找到大于或等于基准值的元素时，都需要将其移动到右侧，归到 G 里面，原因是 G 最后有多少个元素现在仍然是不明确的，让 G 从数组末端开始向左生长是有意义的。没有任何额外的可用空间，因此当元素向右移动到 G 时，还必须将元素向左移动以拓宽空间。最简单的方法是将归入 G 的元素位置与其目的地的元素交换。

交换后，作为交换的一部分而移动到左侧的元素尚未检查，因此请务必在继续之前进行检查。除了在扫描数组时跟踪位置，还需要跟踪 G 最左边元素向左生长时的位置，这样就可以知道将元素交换到 G 时放置元素的位置。当扫描位置到达 G 的最左边元素时，所有大于或等于基准的元素都已移动到 G 中，因此留在数组左侧部分的元素构成 L。现在，数组被分割为 L 和 G 而不需要额外存储。然后可以递归地将该算法应用于两个列表。

总而言之，算法是：

```
Select a pivot
Start the current position at the first element
Start the head of G at the last element
While current position < head of G
    If the current element < pivot
        Advance current position
    Else
        Swap current element with head of G and advance head of G
Recursively call the routine on the L and G segments of the array
```

和所有复杂过程设计一样，应该在编码之前使用一些可能有问题的情况对此进行测试。要检查的情况包括一个双元素数组和一个具有若干相同值的数组。当处理后一种情况时，可以发现一个错误：如果数组中的所有值都相等，则算法永远不会终止，因为所有元素都大于或等于数据基准值，因此它们在递归调用中都留在 G 里面！

如何修正这个漏洞？之所以会发生这种情况是因为 G 在每次连续的递归调用中完全相同。使用当前算法，G 包含所有元素，包括基准(因为基准相当于基准值)。如果将基准与 G 的其余部分分开会怎样？然后 G 永远不能等于初始数组，因为它总是至少有一个元素更小。在执行划分时，需要在某处存储基准。一个可行的位置是数组尾部。当启动该过程时，将基准元素交换到数组的末尾，然后对数组的其余部分进行划分。划分后，将 G 的第一个元素与先前存储在数组末尾的基准交换。现在基准位于正确的位置，左侧是所有较小的元素(在 L 中)。G 是基准右侧的全部值。当在此时对 L 和 G 进行递归调用时，数据基准会被排除，因此 G 在每次迭代中的规模至少减少一个。

该算法的实现如下：

```java
public static void quicksortSwapping( int[] data ){
    quicksortSwapping( data, 0, data.length );
}

private static void quicksortSwapping( int[] data, int start, int len ){

    if ( len < 2 ) return; // Nothing to sort!

    int pivotIndex = start + len / 2;     // Use the middle value.
```

```
    int pivotValue = data[ pivotIndex ];
    int end = start + len;
    int curr = start;

    // Swap the pivot to the end.

    swap( data, pivotIndex, --end );

    // Partition the rest of the array.

    while ( curr < end ){
        if ( data[ curr ] < pivotValue ){
            curr++;
        } else {
            swap( data, curr, --end );
        }
    }

    // Swap the pivot back to its final destination.

    swap( data, end, start + len - 1 );

    // Apply the algorithm recursively to each partition.

    int llen = end - start;
    int rlen = len - llen - 1;

    if ( llen > 1 ){
        quicksortSwapping( data, start, llen );
    }

    if ( rlen > `1 ){
        quicksortSwapping( data, end + 1, rlen );
    }
}
```

刚才实现的快速排序版本会跟踪两个索引，一个在左侧，另一个在右侧。划分由索引所在的位置确定。但是算法只是比较数组左侧的值。它能比较一下右边的值吗？不是盲目地在左右之间交换数值，交换不匹配的数值对是不是有意义？换句话说，在左侧，大于等于基准的值将被交换，在右侧，小于等于基准的值将被交换。这可以大大减少交换的总次数。

继续研究这个算法，也可以通过使用索引标记划分边界而不是起始索引和长度，以求数学要求更简单一些。可以得到快速排序的优化版本如下：

```
public static void quicksortOptimized( int[] data ){
    quicksortOptimized( data, 0, data.length - 1 );
}

public static void quicksortOptimized( int[] data, int left, int right ){
    int pivotValue = data[ (int) ( ( ( (long) left) + right ) / 2 ) ];
    int i = left;
    int j = right;
```

```
while ( i <= j ){
    // Find leftmost value greater than or equal to the pivot.
    while ( data[i] < pivotValue ) i++;

    // Find rightmost value less than or equal to the pivot.
    while ( data[j] > pivotValue ) j--;

    // Swap the values at the two indices if those indices have not yet
crossed.
    if ( i <= j ){
        swap( data, i, j );
        i++;
        j--;
    }
}

// Apply the algorithm to the partitions we made, if any.

if ( left < j ){
    quicksortOptimized( data, left, j );
}

if ( i < right ){
    quicksortOptimized( data, i, right );
}
}
```

请注意，此实现不需要像先前的实现那样显式移动数据基准。因为它比较两端的值，并且等于基准的值被交换到另一端的划分中，所以不存在所有值最终都划在一个区中的情况。这意味着等于基准的值可能最终划在两个分区中，但排序仍然是正确的。

这是快速排序尽可能达到的理想状态！唯一可能值得进一步考虑的其他优化方法，是在数组分区的规模低于某个阈值之后，使用另一种排序算法(如插入排序)替换快速排序的递归调用。

9.2.6 煎饼排序

问题：想象一下，现在有一摞煎饼共 n 个，每个煎饼都有不同的直径。另外，还有一个煎饼铲子。可以将铲子从任意一个位置铲进这摞煎饼里，抬起铲子后躺在铲子上的煎饼形成一小摞，它们将整体被翻转。在最坏的情况下，采用优化算法需要铲多少下才能按照尺寸将煎饼排序(最底下的煎饼最大)？

首先这看起来是一个简单的排序问题：有一组要排序项，求解优化排序的最坏情况运行用时。归并排序具有最坏情况 $O(n \log(n))$。这个办法似乎是一个简单的应对方案。

往往在有一个似乎简单的方案时，它可能是不正确的。将此问题的情况与通常的排序问题进行比较。在大多数排序问题中，要排序的各项可以任意重新排列或交换。在这里，只能对一小摞煎饼使用翻转操作。

还有一个重要的区别：如果分析排序算法的运行用时，则必须包括检查每项所需时间。在这个问题中，翻转次数有待优化——在某种意义上，可以随时检查煎饼以确定它们的位置，并做出策略计划。在意识到这些差异之后，很明显这个问题不仅仅与运用标准排序算法有关。

在算法不明确的情况下，很难计算排序算法在最坏情况所需的翻转次数，因此首先试着设计一种用于煎饼排序的算法。这里只能使用一种操作来改变煎饼的顺序：翻转。想想每次翻转会发生什么。在插入铲子后，从插入位置开始到顶上，煎饼顺序被翻转，但煎饼铲子下面的煎饼顺序保持不变。似乎很难在煎饼栈顶附近按排序顺序维护煎饼们，因为它们不断翻转，所以尝试从底部开始对煎饼栈进行排序。

最大的煎饼最终应该在底部。如何能让它到底部？分析三种从最大煎饼入手的情况：底部、中间某处或顶部。如果最大的煎饼开始时就在底部，那么不需要移动。如果它在中间，那么事情看起来有点复杂——当然没有办法通过一次翻转将它降到最底层。如果不能马上想到如何处理这个情况，则请把它放在一边，稍后再回过头来思考。如果最大的煎饼开始时放在顶部怎么办？这时候可以翻转整个煎饼栈，将煎饼们从顶到底换个位置。这个思路同时提供了解决中间情况的方法：只需要先将最大的煎饼移到顶部，然后将其翻转到底部。将煎饼从中间位置移动到顶部非常简单：将铲子直接插入煎饼下方并进行翻转。结合所有这些，可以发现在最坏的情况下需要两次翻转才能将最大的煎饼移动到栈底。

由于栈底的煎饼不受其上方翻转的影响，因此可以使用相同的步骤继续从底部往上进行排序。在每次迭代中，识别下一个最大的尚未排序的煎饼，将其翻转到顶部，然后将煎饼栈翻转到最大的已经排序的煎饼上方，将当前煎饼从顶部移动到其排序位置。这将是 $2n$ 次翻转的最坏情况。

能做得比这个方案更好吗？假设已经完成了前几个煎饼的排序工作，现在想想在排序最后的煎饼时会发生什么。在对下一个最小的煎饼进行排序之后，所有其他大于它的煎饼都按照它们下面的排序顺序排列。最小的煎饼只剩下一个位置：它的排序位置在煎饼栈的顶部。如果在此时将排序过程应用于最小的煎饼，则只需要将其翻转两次即可。这会浪费两次翻转而不会改变任何东西，所以可以跳过这些翻转。最糟糕的情况是不超过 $2n-2$ 次翻转。

在排序结束时似乎还有优化空间，因此请再尝试回退一步，看看是否可以做得更好(假设 $n > 1$)。除了最后两个煎饼之外其他煎饼已经整理好了之后，(最糟糕的情况下)共进行了 $2n-4$ 次翻转。此时最后两个煎饼只能以两种方式排列。要么它们已按排序顺序完成，可以收工了，要么顺序上较大的煎饼仍位于较小的煎饼之上。在后一种情况中，只需要翻转两个煎饼。这给出了最坏情况下总共 $2n-4 + 1 = 2n-3$ 次翻转。

然而，还可以推导出更优的解决方案，但这可能是所有人都期望能用于面试的。这个问题有一个有趣的历史。虽然通常被称为煎饼问题(the pancake problem)，但它更正式的名称是前缀翻转排序(sorting by prefix reversal)，并且在路由算法中得以应用。在因辍学哈佛让家人和朋友失望之前，比尔·盖茨发表了一篇关于这个问题的期刊文章(Gates, WH and Papadimitriou, CH, "Bounds for Sorting by Prefix Reversal," *Discrete*

Mathematics: 27(1) 47–57, 1979)。盖茨的算法比这里讨论的算法复杂得多，近三十年来一直是解决这个问题的已知最有效的解决方案。

9.3 小结

排序算法的选取标准包括内存使用、稳定性以及最佳、平均和最差情况的性能。在最坏情况下，没有比较排序可以具有比 $O(n \log(n))$ 更好的性能。

选择排序是最简单的排序算法之一，但在所有情况下都是 $O(n^2)$。然而，它仅需要 $O(n)$ 次交换，因此它适用于复制操作代价很大的数据集。插入排序在处理基本上已排序的数据集时是有效的，其中它可以具有 $O(n)$ 性能，但是平均和最差情况是 $O(n^2)$。快速排序是一种分治算法，它在最佳和平均情况下能提供 $O(n \log(n))$ 的性能，在最坏情况下能提供 $O(n^2)$ 性能。归并排序是另一种分治算法，它在所有情况下都提供 $O(n \log(n))$ 的性能。它对于内存放不下的数据集排序特别有用。可以通过为每个元素分配序列编号并使用序列编号作为多键排序中的破局利器来保证各种排序算法的稳定性。

第10章

并　发

在从前，程序采用单线程执行很常见，即使它们在多线程系统上运行也是如此。甚至在今天，即使服务器本身支持多线程，应用程序或 Web 服务器的代码通常也是单线程的。为什么？因为即使编程语言直接支持多线程编程(通常称为并发)，程序也难以正确执行。错误使用线程很容易让程序中断执行或对其数据产生破坏。更糟糕的是，它可能导致间歇性的、难以重现的错误。

但是，如果编写的应用程序具有图形用户界面，可能执行冗长操作，则需要使用线程来维护响应式界面。甚至非交互式应用程序也使用线程：现在处理能力的提高主要归因于多核的出现，这是单线程应用程序无法利用的。即使在没有明确支持线程的环境中，线程相关的问题也会出现，例如执行 AJAX 风格操作的 JavaScript 程序，因为 Web 服务器响应采用异步处理，所以用来处理响应的 JavaScript 可能要访问的数据同时被应用程序的其他部分占用。这就是优秀程序员花时间学习如何正确编写多线程程序的原因。

10.1　基本线程的概念

在本质上，多线程编程比使用单线程编程要复杂得多。必须管理线程的创建和销毁。大部分复杂性源于线程之间共享资源的访问协调。如果访问得不到适当控制，那么多线程程序可能会出现多种在单线程应用程序中碰不到的错误。

10.1.1　线程

线程(thread)是应用程序中的基本执行单元：正在运行的应用程序至少包含一个线程。每个线程都有自己的栈，并独立于应用程序的其他线程运行。默认情况下，线程共享其资源，例如文件句柄或内存。如果未正确控制对共享资源的访问，则可能会出现问题。例如，数据损坏是使两个线程同时将数据写入同一存储器块的常见副作用。

线程可以以不同方式实现。在大多数系统上，线程由操作系统创建和管理。这些线程被称为本地线程或内核级线程。有时，线程由操作系统上方的软件层实现，例如虚拟机，这些线程被称为绿色线程(green threads)。两种类型的线程具有本质上相同的行为。绿色线程上的某些线程操作速度更快，但它们通常无法利用多个处理器内核，并且很难实现阻塞 I/O。随着多核系统变得普遍，大多数虚拟机已经从绿色线程转移。本章后续部分将线程假定为本地线程。

线程可以在任何特定时刻运行，由于线程数受到计算机核数限制，操作系统会快速地在线程间切换，从而为每个线程提供一小片时间窗口运行。这称为抢占式线程，因为操作系统可以在任何时刻暂停线程的执行以让另一个线程运行。(一个合作模型需要一个线程显式地采取一些操作来暂停它自己的执行，并让其他线程运行)。挂起一个线程以便另一个线程可以开始运行被称为上下文切换。

10.1.2 系统线程与用户线程

系统线程由系统创建和管理。应用程序的第一个线程(主线程)是系统线程，当第一个线程终止时，应用程序通常会退出。应用程序显式地创建用户线程，以执行主线程无法或不应该执行的任务。

具有用户界面的应用程序必须特别注意其线程的运用情况。这种应用程序中的主线程通常称为事件线程，因为它等待并向应用程序传递事件(例如鼠标单击和按键)以进行处理。一般来说，造成事件线程在任意时间段内不可用于处理事件(例如，通过在此线程中执行冗长的处理或使其等待某些事情)将被视为是编程实践能力差的表现，因为这样会导致(最好情况)应用程序无响应或者(最坏情况)整台电脑不响应。避免这些问题的一种方法是通过创建用户线程来处理可能耗时的操作，尤其是那些涉及网络访问的操作。这些用户线程经常通过对事件排队来将数据传送回事件(主)线程以供处理，允许事件线程通过反复轮询来接收数据而不停止、等待或消耗资源。

10.1.3 监视器和信号量

应用程序必须使用线程同步机制来控制线程与共享资源的交互。形成线程同步的两个基础概念是监视器和信号量。使用哪种方法取决于系统或编程语言的支持。

监视器是一组受互斥锁保护的程序。在获取锁之前，线程无法执行监视器中的任何程序，这意味着一次只能有一个线程在监视器内执行。所有其他线程必须放弃对锁的控制，等待当前正在执行的线程。线程可以在监视器中挂起自己并等待事件发生，在这种情况下，另一个线程有机会进入监视器。如果被挂起的线程被通知事件已经发生，那么允许它唤醒并尽早重新获取锁。

信号量是一种更简单的概念：是一个保护共享资源的锁。在使用共享资源之前，线程应该获取锁。尝试获取锁以使用资源的任何其他线程都将被阻塞，直到占用它的线程释放锁，此时其中一个等待线程(如果有)获取锁并被解除阻塞。这是最基本的信号量种类——互斥信号量。其他信号量类型包括计数信号量(在任何给定时间最多允许 n 个线程访问资源)和事件信号量(通知一个或所有等待线程有事件发生)。

监视器和信号量可用于实现类似的目标,但监视器更易于使用,因为其可以处理锁获取和锁释放的所有细节。使用信号量时,每个线程必须小心释放它获取的每个锁,包括在意外情况下(例如,由于异常)退出有锁的代码,否则,其他需要共享资源的线程都将无法继续。此外,需要确保访问共享资源的每个程序在使用资源之前显式获取锁,这点容易被遗漏,因为编译器通常不会强制执行此操作。监视器自动获取并释放必要的锁。

如果线程在一定时间内无法获取资源,则大多数系统为线程提供超时的方法,从而允许线程报告错误并且(或者)稍后再试。

线程同步是有代价的:每当访问共享资源时,获取和释放锁都需要时间。这就是为什么有些库包括线程安全和非线程安全类,例如 Java 中的 StringBuffer(线程安全)和 StringBuilder(非线程安全)。通常,非线程安全的版本能提高性能,能更受欢迎,仅在必要时使用线程安全的版本。

10.1.4　死锁

考虑这样的情况:因为两个线程都在等待彼此持有的锁,所以这两个线程相互阻塞。这称为死锁:每个线程都会永久停止,因为它们都无法继续运行到释放另一个线程需要的锁。

发生这种情况的一种典型情形是,两个进程在继续之前都需要获取两个锁(A 和 B),但尝试以不同的顺序获取它们。如果进程 1 获取 A,但是进程 2 在进程 1 之前获取 B,则进程 1 阻止获取 B(进程 2 持有),并且进程 2 阻止获取 A(进程 1 持有)。存在各种用于检测和打破死锁的复杂机制,而没有一个机制令人完全满意。从理论上讲,最好的解决方案是编写无法死锁的代码——例如,每当需要获取多个锁时,应始终以相同的顺序获取锁,并以相反的顺序释放。实际上,很难在具有许多锁的大型应用程序中强制执行此操作,每个锁都可以通过许多不同位置的代码获取。

10.1.5　线程示例

这里以银行系统为例来说明基本的线程概念和线程同步必要性。该系统由在单一的一台中央计算机上运行的程序组成,该计算机控制不同位置的多个自动柜员机(Automated Teller Machines,ATM)。每个 ATM 都有自己的线程,因此可以同时使用这些 ATM 并轻松共享银行的账户数据。

银行系统有一个 Account 类,其中包含从用户账户存入和取出资金的方法。以下代码是采用 Java 类编写的,但代码几乎与用 C#编写的完全相同:

```
public class Account {
    int    userNumber;
    String userLastName;
    String userFirstName;
    double userBalance;
    public boolean deposit( double amount ){
        double newBalance;
        if ( amount < 0.0 ){
```

```
        return false; /* Can't deposit negative amount */
    } else {
        newBalance = userBalance + amount;
        userBalance = newBalance;
        return true;
    }
}
public boolean withdraw( double amount ){
    double newBalance;
    if ( amount < 0.0 || amount > userBalance ){
        return false; /* Negative withdrawal or insufficient funds */
    } else {
        newBalance = userBalance - amount;
        userBalance = newBalance;
        return true;
    }
}
}
```

假设丈夫 Ron 和妻子 Sue 走到不同的 ATM，从他们的联名账户中各自提取 100 美元。第一台 ATM 的线程从这对夫妇的账户中扣除 100 美元，但执行下面这行代码后线程被切换出来：

```
newBalance = userBalance - amount;
```

接着，处理器控制切换到 Sue 的 ATM 的线程，这也扣除 100 美元。当该线程扣除 100 美元时，账户余额仍为 500 美元，因为变量 userBalance 尚未更新。Sue 的线程执行直到完成此功能并将 userBalance 的值更新为$400。然后，控制切换回 Ron 的交易。Ron 的线程在 newBalance 中的值为 400 美元。因此，它只是将此值赋给 userBalance 并返回。因此，Ron 和 Sue 从他们的账户中扣除了总计 200 美元，但他们的余额仍然显示 400 美元，或者表示总共只取走了 100 美元。对 Ron 和 Sue 来说这是一个很棒的功能，但这对银行来说是个大问题。

解决这个问题在 Java 中是微不足道的。只需要使用 synchronized 关键字创建一个监视器：

```
public class Account {
    int    userNumber;
    String userLastName;
    String userFirstName;
    double userBalance;
    public synchronized boolean deposit( double amount ){
        double newBalance;
        if ( amount < 0.0 ){
            return false; /* Can't deposit negative amount */
        } else {
            newBalance = userBalance + amount;
            userBalance = newBalance;
            return true;
        }
    }
    public synchronized boolean withdraw( double amount ){
        double newBalance;
```

```
            if ( amount < 0.0 || amount > userBalance ){
                return false; /* Negative withdrawal or insufficient funds */
            } else {
                newBalance = userBalance - amount;
                userBalance = newBalance;
                return true;
            }
        }
    }
```

进入 deposit 或 withdraw 方法的第一个线程阻止了所有其他线程进入这两个方法。
这可以保护 userBalance 类数据不被不同的线程同时更改。通过使监视器仅同步使用或
更改 userBalance 的值而不是整个方法的代码，可以比前面的代码略微有效：

```
public class Account {
    int     userNumber;
    String userLastName;
    String userFirstName;
    double userBalance;
    public boolean deposit( double amount ){
        double newBalance;
        if ( amount < 0.0 ){
            return false; /* Can't deposit negative amount */
        } else {
            synchronized( this ){
                newBalance = userBalance + amount;
                userBalance = newBalance;
            }
            return true;
        }
    }
    public boolean withdraw( double amount ){
        double newBalance;
        synchronized( this ){
            if ( amount < 0.0 || amount > userBalance ){
                return false;
            } else {
                newBalance = userBalance - amount;
                userBalance = newBalance;
                return true;
            }
        }
    }
}
```

事实上，Java 同步方法形如：

```
synchronized void someMethod(){
    .... // the code to protect
}
```

是完全等同于下面代码的：

```
void someMethod(){
    synchronized( this ){
        .... // the code to protect
```

```
    }
}
```

C#中的 lock 语句可以以类似的方式使用，但仅在方法中使用：

```
void someMethod(){
   lock( this ){
      .... // the code to protect
   }
}
```

两种情况下，传给 synchronize 或 lock 的参数都是用作锁的对象。

请注意，C#的 lock 不像 Java 的 synchronized 那样灵活，因为后者允许线程在等待另一个线程发出事件已发生的信号时挂起自己。在 C#中，必须使用事件信号量来完成。

10.2　与并发有关的面试问题

在专业开发中遇到的线程问题可能是错综复杂的，并且难以构建适合面试的、精简的线程问题。因此，所出的问题很可能来自一小部分经典线程问题，在此介绍其中几个。

10.2.1　忙等

 问题：解释"忙等(busy waiting)"一词并讨论如何避免这种情况。

这是一个简单的问题，但对所有多线程应用的性能提升而言，具有重要意义。

考虑一下靠生成另一个线程来完成任务的线程。假设第一个线程需要等待第二个线程完成其工作，并且第二个线程在其工作完成后将立即终止。最简单的方法是让第一个线程持续检查第二个线程是否处于活动状态，如果第二个线程死亡，那么第一个线程放弃等待，立即继续：

```
Thread task = new TheTask();
task.start();
while ( task.isAlive() ){
   ; // do nothing
}
```

这称为忙等，因为在等待的线程虽然仍处于活动状态，而实际上并没有完成任何事情。它是"忙"的，意味着线程仍然由处理器执行，即使线程只是在等待第二个线程完成。通常，活动线程数量比处理器的核更多，因此这实际上"窃取"了第二个线程(以及系统中所有其他活动线程)的处理器周期，这些周期本可以更好地用于实际工作。

使用监视器或信号量可以避免忙等，具体取决于程序员可以动用的编程语言。等待线程只是休眠(暂时挂起自己)，直到另一个线程通知它已完成。在 Java 中，任何共

享对象都能用作通知机制:

```
Object theLock = new Object();
synchronized( theLock ){
    Thread task = new TheTask( theLock );
    task.start();
    try {
        theLock.wait();
    }
    catch( InterruptedException e ){
        .... // do something if interrupted
    }
}
.....
class TheTask extends Thread {
    private Object theLock;
    public TheTask( Object theLock ){
        this.theLock = theLock;
    }
    public void run(){
        synchronized( theLock ){
            .... // do the task
            theLock.notify();
        }
    }
}
```

在这种情况下, 因为 TheTask 在完成任务后终止, 所以第一个线程也能够在调用 join()前休眠, 但 wait()和 notify()提供了一种不依赖于线程终止的更通用的方法。通过使用线程对象本身发出信号, 可以稍微简化前面的代码:

```
Thread task = new TheTask();
synchronized( task ){
    task.start();
    try {
        task.wait();
    }
    catch( InterruptedException e ){
        .... // do something if interrupted
    }
}
.....
class TheTask extends Thread {
    public void run(){
        synchronized( this ){
            .... // do the task
            this.notify();
        }
    }
}
```

极少数情况下, 存在自旋锁。自旋锁作为一种忙等形式实际上是可取的。如果可以保证所等待的资源将在比获取传统锁(在内核编程中经常遇到的情况)所花费的时间更短的时间内释放, 那么在这么短的时间内, 使用忙等的自旋锁可能更有效。

自旋锁有用的另一种情况是高性能计算(High-Performance Computing，HPC)，其中整个系统为单个应用程序专用，并且每个核只创建一个计算线程。在这种情况下，如果一个线程正在等待来自另一个核上运行的第二个线程的数据，那么在数据到达之前，没有任何有用的工作可以在第一个线程的核上执行，因此忙等耗费计算周期没有负面影响。对于自旋锁，从数据到达开始，到进程加锁处理完成，用时通常比信号量少，因此在这些特定情况下，采用自旋锁的应用程序会比采用信号量的应用程序具有更好的性能。在所有情况下，适当使用自旋锁需要仔细地完成汇编编码，以确保获取锁的动作是原子的。在高级语言中应坚持避免忙等。

10.2.2　生产者/消费者

 问题：编写一个生产者线程和一个消费者线程，它们共享一个固定大小的缓冲区和一个用来访问该缓冲区的索引。生产者应该将数字放入缓冲区，消费者应该删除数字。添加或删除数字的顺序不重要。

这是并发问题的一个范例。第一步是在不使用任何并发控制的情况下回答问题，然后评论问题所在。当并发不是问题时，算法并不困难。数据缓冲区如下所示：

```java
public class IntBuffer {
    private int   index;
    private int[] buffer = new int[8];
    public void add( int num ){
        while ( true ){
            if ( index < buffer.length ){
                buffer[index++] = num;
                return;
            }
        }
    }
    public int remove(){
        while ( true ){
            if ( index > 0 ){
                return buffer[--index];
            }
        }
    }
}
```

生产者和消费者几乎是微不足道的：

```java
public class Producer extends Thread {
    private IntBuffer buffer;
    public Producer( IntBuffer buffer ){
        this.buffer = buffer;
    }
    public void run(){
        Random r = new Random();
        while ( true ){
```

```
            int num = r.nextInt();
            buffer.add( num );
            System.out.println( "Produced " + num );
        }
    }
}
public class Consumer extends Thread {
    private IntBuffer buffer;
    public Consumer( IntBuffer buffer ){
        this.buffer = buffer;
    }
    public void run(){
        while ( true ){
            int num = buffer.remove();
            System.out.println( "Consumed " + num );
        }
    }
}
```

接下来，在代码中的某个位置启动线程：

```
IntBuffer b = new IntBuffer();
Producer p = new Producer( b );
Consumer c = new Consumer( b );
p.start();
c.start();
```

然而，这种方法有两个问题。首先，它使用忙等，这浪费了大量的 CPU 时间。其次，共享资源(缓冲区)没有访问控制。如果在更新索引时发生上下文切换，则下一个线程可能将错误地读取或写入缓冲区元素。

你首先可能想到可以使 add 和 remove 方法同步以解决问题：

```
public class IntBuffer {
    private int   index;
    private int[] buffer = new int[8];
    public synchronized void add( int num ){
        while ( true ){
            if ( index < buffer.length ){
                buffer[index++] = num;
                return;
            }
        }
    }
    public synchronized int remove(){
        while ( true ){
            if ( index > 0 ){
                return buffer[--index];
            }
        }
    }
}
```

这实际上造成了更糟糕的后果。如果缓冲区(各自)已满或为空，那么 add 和 remove 仍然忙等。当线程忙于等待 add 时，没有线程可以进入 remove(因为现在方法已同步)，因此缓冲区将永远保持满的状态。如果在缓冲区为空时调用 remove，则会遇到类似的问题。第一次遇到其中任何一种情况时，应用程序会在无限忙等的循环中锁定。需要更改方法中的代码，以便生产者在缓冲区已满时挂起自身并等待开放时机，如果缓冲区为空并且等待新值到达，则消费者将自行挂起：

```java
public class IntBuffer {
    private int    index;
    private int[] buffer = new int[8];
    public synchronized void add( int num ){
        while ( index == buffer.length ){
            try {
                wait();
            }
            catch( InterruptedException e ){
            }
        }
        buffer[index++] = num;
        notifyAll();
    }
    public synchronized int remove(){
        while ( index == 0 ){
            try {
                wait();
            }
            catch( InterruptedException e ){
            }
        }
        int ret = buffer[--index];
        notifyAll();
        return ret;
    }
}
```

这段代码实际上允许多个生产者和消费者同时使用相同的缓冲区，因此它比期待的双线程解决方案更具通用性。

10.2.3　哲学家进餐

问题：五位内省和内向的哲学家坐在圆桌旁。每位哲学家面前有一盘食物。每位哲学家之间都有一把叉子，一把靠哲学家的左手，另一把靠右手。哲学家不能吃东西，除非他双手都拿了叉子。每一次只能拿一把叉子。如果拿不到叉子，则哲学家静待叉子释放。当一位哲学家有两把叉子时，他会吃几口，然后将两把叉子放回桌子上。如果一位哲学家长时间无法获得这两把叉子，那么他就会挨饿。是否有算法可以确保没有哲学家挨饿？

这又是一个经典的并发问题，尽管它看起来很造作——现实世界中没有哲学家会挨饿，他们只需要向附近的哲学家要一把叉子就行——它准确地反映了涉及多个共享资源的真实并发问题。问题的关键在于看看是否理解死锁的概念并知道如何避免它。

一个直接的办法是让每位哲学家去等左叉可用后，拿起来，等到右叉可用后，再拿起这把叉子，吃东西，然后放下两把叉子。以下 Java 代码为实现每位哲学家的动作采用独立线程：

```java
public class DiningPhilosophers {
    // Each "fork" is just an Object we synchronize on
    private Object[]     forks;
    private Philosopher[] philosophers;
    // Prepare the forks and philosophers
    private DiningPhilosophers( int num ){
        forks = new Object[ num ];
        philosophers = new Philosopher[ num ];
        for ( int i = 0; i < num; ++i ){
            forks[i] = new Object();
            philosophers[i] = new Philosopher( i, i, ( i + 1 ) % num );
        }
    }
    // Start the eating process
    public void startEating() throws InterruptedException {
        for ( int i = 0; i < philosophers.length; ++i ){
            philosophers[i].start();
        }
        // Suspend the main thread until the first philosopher
        // stops eating, which will never happen — this keeps
        // the simulation running indefinitely
        philosophers[0].join();
    }
    // Each philosopher runs in its own thread.
    private class Philosopher extends Thread {
        private int id;
        private int fork1;
        private int fork2;
        Philosopher( int id, int fork1, int fork2 ){
            this.id = id;
            this.fork1 = fork1;
            this.fork2 = fork2;
        }
        public void run() {
            status( "Ready to eat using forks " + fork1 +
                    " and " + fork2 );
            while ( true ){
                status( "Picking up fork " + fork1 );
                synchronized( forks[ fork1 ] ){
                    status( "Picking up fork " + fork2 );
                    synchronized( forks[ fork2 ] ){
                        status( "Eating" );
                    }
                }
            }
        }
        private void status( String msg ){
            System.out.println( "Philosopher " + id +
                            ": " + msg );
        }
    }
```

```
// Entry point for simulation
public static void main( String[] args ){
    try {
        DiningPhilosophers d = new DiningPhilosophers( 5 );
        d.startEating();
    }
    catch ( InterruptedException e ){
    }
}
```

以上代码运行后会发生什么？不完全确定，因为调度程序在何时运行各线程并不确定。(这是多线程代码调试的挑战之一)。已知每位哲学家都会试图抓住左叉，并且在拿到右边叉子进食前总是将左叉握在手里。每当有一位持有左叉的哲学家右边桌子上有叉子时，就会有一个竞争条件，决定是让这位哲学家得到叉子，还是其右边的哲学家将叉子拿起来。在后一种情况下，有两位只持有左叉的哲学家，第一位哲学家将不得不等到第二位吃了几口而放下叉子的间隙才能拿起叉子。这往往会导致许多哲学家左手握叉而饥肠辘辘地围坐在桌子旁。

在某些时候有这种情况，五位哲学家中有四位左手拿叉，只有一把叉子留在桌子上。(在现实中，这种情况很快出现)。如果最后一把叉子被当作右叉拾起，那么那位哲学家会开始进食，放下两把叉子，生命得到延续。如果它被拿起来作为一把左叉，那么每位哲学家都有一把叉子，直到右边的哲学家获得第二把叉子并进食才能释放。因为哲学家坐在圆桌旁，获得叉子的情况永远发生不了，所以五位哲学家陷入僵局。(更正式一点地说：每位哲学家都有一把左叉，按这种情况归纳，每位哲学家在放下左叉之前不能得到右叉，但是在放下左叉之前又需要得到右叉，所以什么都没有发生)。

如何做能避免这种僵局？一种解决方案是在等待中添加超时：如果哲学家在获得第一把叉子后在预定的时间内无法进食，那么哲学家会丢弃叉子并再次尝试。然而，这实际上并没有解决问题：它可能让一些哲学家吃东西，但并没有阻止他们陷入僵局。更糟糕的是，没有办法确切地知道哪位哲学家会进食——还可能会遇到一种情况，超时和调度程序的相互影响，以至于一些哲学家因为永远得不到两把叉子而挨饿。这被称为活锁(livelock)。

也许有一个更好的解决方案，可以避免首先陷入死锁。当每位哲学家在其左手握住一把叉子时发生死锁。如果其中一位哲学家首先选择右叉会怎样？于是，那位哲学家永远不会只拿左叉(因为他必须先拿起一把右叉)，所以没有办法达到全左叉的死锁状态。另一种看待这种情况的方法是获取叉子的顺序。已知死锁通常由于以不同的顺序获取锁(叉)。如果在桌子周围逆时针对每一位哲学家和叉子进行编号，那么在左叉优先策略下，每位哲学家都会尝试先拿一个编号较小的叉子，然后再拿一个编号较大的叉子。每位哲学家都是如此，除了最后一位，左边有 n-1 号叉，右边有 0 号叉。颠倒这位哲学家的左右拿叉顺序意味着所有哲学家从全局角度以相同的顺序获得叉子：首先拿编号较小的。可以通过更改构造函数来实现这一点，该构造函数可以更改其中一位哲学家拾取叉子的顺序：

```
// Prepare the forks and philosophers
private DiningPhilosophers( int num ){
    forks = new Object[ num ];
    philosophers = new Philosopher[ num ];
    for ( int i = 0; i < num; ++i ){
        forks[i] = new Object();
        int fork1 = i;
        int fork2 = ( i + 1 ) % num;
        if ( fork2 < fork1 ){
            philosophers[i] = new Philosopher( i, fork2, fork1 );
        } else {
            philosophers[i] = new Philosopher( i, fork1, fork2 );
        }
    }
}
```

这种解决方案避免了死锁，并且有可能对于大多数面试已经足够了，但还可以优化。按照目前的实现，每位哲学家都会进食，但他们都会得到平等的机会吗？考虑坐在右手优先的哲学家左侧的哲学家(之前实现中的索引号 3，代表第四位哲学家)。这位哲学家处在特别的位置，即没有邻居会把他的一把叉子作为第一把叉子。结果就是，他更容易得到叉子，他像一个哲学王一样进餐。在右手方面，右手优先的哲学家付出了代价，经常等待着右边左手拿叉的哲学家们进完餐并放下叉子。幸运哲学家进餐的次数与不幸的哲学家在其身边的次数的确切比例因系统而异，但在我们的机器上五位哲学家的非正式测试中，哲学家 3 比哲学家 4 吃得多了一百倍。

如何能让用餐更公平？需要保留叉子顺序以避免死锁。考虑是否需要保持所有叉子的顺序。一位哲学家最多拥有两把叉子，所以只需要用一个规则来定义每位哲学家获得最多两个叉子的顺序。规则可以定义为：每位哲学家必须在偶数编号的叉子之前拾取奇数编号的叉子。(如果——针对这个问题——有一个奇数编号的哲学家，那么哲学家 n 坐在两个偶数编号的叉子之间：$n-1$ 和 0。这位哲学家拿起叉子的顺序并不重要，因为他是唯一一个拿起两个偶数编号叉子的人)。在这个方案下设计哲学家的构造函数如下：

```
// Prepare the forks and philosophers
private DiningPhilosophers( int num ){
    forks = new Object[ num ];
    philosophers = new Philosopher[ num ];
    for ( int i = 0; i < num; ++i ){
        forks[i] = new Object();
        int fork1 = i;
        int fork2 = ( i + 1 ) % num;
        if ( ( i % 2 ) == 0 ){
            philosophers[i] = new Philosopher( i, fork2, fork1 );
        } else {
            philosophers[i] = new Philosopher( i, fork1, fork2 );
        }
    }
}
```

对于所有偶数编号的哲学家来说，这种方法是完全公平的。对于奇数编号的哲学家来说，仍然有一位"幸运"的哲学家。虽然在这种情况下并不完全公平，但对于五位哲学家来说，这是一个显著的进步：幸运的哲学家与最倒霉的哲学家相比，进餐次数只多了十倍。此外，随着桌上哲学家数量的增加，这种方法变得越来越公平，而单采用右手优先哲学家算法会变得越来越不公平。

10.3　小结

在应用程序中使用多个执行线程可以使其更具响应性，并使其充分利用多核系统，但也使编程更加复杂。只要多个线程访问共享资源，就需要进行同步以避免数据损坏。

同步通常采用监视器或信号量来实现。这些手段使应用程序能够控制对共享资源的访问，并在资源可用于处理时告知其他线程。滥用这些手段可能导致死锁并阻止线程运行。编写避免数据损坏和死锁的高质量多线程代码具有挑战性，需要一丝不苟、有条不紊。

第11章

面向对象编程

大多数专业开发都是使用面向对象编程(Object-Oriented Programming, OOP)语言完成的，例如 Java、C#或 C++。甚至还有 JavaScript，即便 JavaScript 不是 OOP 语言，但它也通过诸如原型对象、灵活运用函数定义等方式支持一些 OOP 功能。因此，你需要好好掌握基本的 OOP 原则。

11.1 基础知识

面向对象编程的根源可以追溯到几十年前的语言，如 Simula 和 Smalltalk。OOP 已经成为许多学术研究和辩论的主题，尤其是在实际从业的开发人员广泛采用 OOP 语言之后。

11.1.1 类与对象

作为一门编程技术，有关面向对象的描述和定义有许多不同说法，没有明确的共识，但所有这些说法都与类和对象的概念有关。类是具有属性(有时称为特性或状态)和操作(或称为功能或方法)的事物的抽象定义。对象是类的具体实例，其状态是与所有其他对象实例分离的。以下是 Point 的类定义，它是一对整数，表示笛卡尔坐标平面中点的 x 和 y 值：

```
public class Point {
    private int x;
    private int y;
    public Point( int x, int y ){
        this.x = x;
        this.y = y;
    }
    public Point( Point other ){
        x = other.getX();
        y = other.getY();
    }
```

```
public int getX(){ return x; }
public int getY(){ return y; }
public Point relativeTo( int dx, int dy ){
    return new Point( x + dx, y + dy );
}
public String toString(){
    StringBuilder b = new StringBuilder();
    b.append( '(' );
    b.append( x );
    b.append( ',' );
    b.append( y );
    b.append( ')' );
    return b.toString();
}
}
```

要表示某个特定的点，只需要使用适当的值创建一个 Point 类的实例即可：

```
Point p1 = new Point( 5, 10 );
Point p2 = p1.relativeTo( -5, 5 );
System.out.println( p2.toString() ); // prints (0,15)
```

这个简单的例子表达了 OOP 的一个原则，即封装的原则——实现细节的隐藏。刚才对 Point 类的实现，通过将 x 和 y 变量声明为私有，"隐藏"了 x 和 y 变量。于是 x 和 y 变量只能通过 Point 类中的代码直接访问。这样可以严格控制对象属性的修改，规定了如何以及何时可以修改。在前面的 Point 类实现中，对象是不可变的，因为在构造对象之后，类中没有任何方法可以更改隐藏变量的值。

封装还可以使代码更易于维护。从历史上看，非面向对象的代码通常是紧耦合的：数据结构可以从需要的各个地方直接访问。这使得更改数据结构的实现具有挑战性，因为所有使用数据结构的代码也需要更改。这可能涉及大量代码，并且在大型复杂应用程序中，似乎很难确定是否已识别出所有受影响的代码。相反，封装鼓励松耦合的代码：类的公共方法提供定义良好的接口，该接口是对类中包含的数据结构的唯一访问途径。只要方法名称、对应参数以及概念目的保持不变，就可以在不影响其他代码的情况下修改类的内部实现。

11.1.2 构造与析构

对象是类的实例。创建对象称为构造对象。部分过程涉及调用类中的构造函数。构造函数初始化对象的状态，这通常涉及(显式或隐式地)调用其父类的构造函数，以便构造函数可以初始化父类对象状态。

销毁对象并不像构造它们那么简单。在 C++中，需要调用一个称为析构函数的方法来清理对象的状态。当对象超出范围时，或使用 delete 操作符销毁动态创建的对象时，会自动触发对析构函数的调用——跟踪对象对于避免内存泄漏非常重要。但是，在诸如 C#和 Java 等语言中，由垃圾收集器负责查找和销毁未使用的对象，在这种情况下，销毁的时间和地点(通常发生在单独的、系统定义的线程上)超出了应用程序的控制范围。系统在对象销毁之前可以调用终结器方法，使其有机会在"最终"销毁之前清理自己。

(在 C#和 Java 中，这是有可能的——但通常是不可取的，因为终结器里的对象可以在销毁后"复活"。)

11.1.3　继承与多态

另外两个关系密切的重要原则是继承和多态。继承允许将类定义为另一个类的修改版或更专用版。当 B 类继承自 A 类(Java 使用术语 extend)时，A 类是 B 类的父类或基类，B 类是 A 的子类。A 类定义的所有行为也是 B 类的一部分，但可能是修改过的形式。可以在父类和子类中定义相同的方法，B 类作为子类，其实例重写 A 类的同名方法。因为子类至少具有其父类定义的所有方法，所以在需要 A 类的实例的场合，都可以使用 B 类的实例。

OOP 的一个核心概念与重写相关，称为运行时决策，方法运行起来后，其定义根据对象类来决定。这称为多态。多态允许调用特定于类的代码，而不需要直接指定在调用代码中调用哪个定义。

继承和多态的典型示例是形状库，表示基于矢量的绘图应用程序中的不同形状。在层次结构的顶部是 Shape 类，它定义了所有形状共有的东西：

```
public abstract class Shape {
    protected Point center;
    protected Shape( Point center ){
        this.center = center;
    }
    public Point getCenter(){
        return center; // because Point is immutable
    }
    public abstract Rectangle getBounds();
    public abstract void draw( Graphics g );
}
```

然后，可以将 Shape 特化为 Rectangle 和 Ellipse 子类：

```
public class Rectangle extends Shape {
    private int h;
    private int w;

    public Rectangle( Point center, int w, int h ){
        super( center );
        this.w = w;
        this.h = h;
    }
    public Rectangle getBounds(){
        return this;
    }
    public int getHeight(){ return h; }
    public int getWidth(){ return w; }
    public void draw( Graphics g ){
        ... // code to paint rectangle
    }
}
public class Ellipse extends Shape {
```

```
    private int a;
    private int b;
    public Ellipse( Point center, int a, int b ){
        super( center );
        this.a = a;
        this.b = b;
    }
    public Rectangle getBounds(){
        return new Rectangle( center, a * 2, b * 2 );
    }
    public int getHorizontalAxis(){ return a; }
    public int getVerticalAxis(){ return b; }
    public void draw( Graphics g ){
        ... // code to paint ellipse
    }
}
```

Rectangle 和 Ellipse 类可以进一步特化为 Square 和 Circle 子类。

尽管可以在库中定义许多形状，但是在屏幕上绘制它们的应用程序部分不需要做太多工作，因为多态性用于选择要运行的特定的、适当的绘制方法体：

```
void paintShapes( Graphics g, List<Shape> shapes ){
    for ( Shape s : shapes ){
        s.draw( g );
    }
}
```

向库中添加新形状只是对现有的一个类进行子类化并实现不同的事物。

11.2 有关面向对象的编程问题

你所面对的面向对象编程的相关问题基本上集中在面向对象的概念上，特别是与公司目前在其编码中正在使用的编程语言相关的问题。

11.2.1 接口和抽象类

 问题：面向对象编程中的接口和抽象类有什么区别？

对此问题的具体答案取决于编程语言，但一些通用定义是：

● 接口是类之外进行一组相关方法的声明。

● 抽象类是一个不完整的类定义，它声明但不定义类中的所有方法。

于是，从概念上讲，接口定义了一个独立于任何类层次结构的应用编程接口(API)。接口在仅支持单继承的语言中尤为重要。在单继承中，类只能从一个基类继承。无论是直接定义，还是继承父类定义，如果这个类定义了接口描述的所有方法，则可认为类对接口有实现。

与接口不同，抽象类是一个特有的类：它可以具有数据成员和方法定义，并且可以是其他类的子类。与具体(非抽象)类不同，它的某些行为是故意留下由其自己的子类定义的。基于这个原因，抽象类无法实例化——只能创建具体子类的实例。

接口等同于不包含数据成员和方法定义的抽象类。在 C++中，定义接口的方式为：通过声明一个没有数据成员且只有纯虚函数的类。例如：

```
class StatusCallback {
public:
    virtual void updateStatus( int oState, int nState ) = 0;
}
```

类通过派生它并为方法提供定义来实现接口：

```
class MyClass : SomeOtherClass, StatusCallback {
public:
    void updateStatus( int oState, int nState ){
        if ( nState > oState ){
            ... // do stuff
        }
    }
    ... // remainder of class
}
```

在 Java 中，使用 interface 关键字定义接口：

```
public interface StatusCallback {
    void updateStatus( int oState, int nState );
}
```

之后，接口通过类来实现：

```
public class MyClass implements StatusCallback {
    public void updateStatus( int oState, int nState ){
        if ( nState > oState ){
            ... // do stuff
        }
    }
    ... // remainder of class
}
```

在既支持接口也支持抽象类的编程语言中，有一种常见的模式，即通过抽象类提供接口的默认实现。例如以下接口：

```
public interface XMLReader {
    public XMLObject fromString( String str );
    public XMLObject fromReader( Reader in );
}
```

可以采用默认实现，只为其某些继承的方法提供定义：

```
public abstract class XMLReaderImpl implements XMLReader {
    public XMLObject fromString( String str ){
        return fromReader( new StringReader( str ) );
    }
}
```

然后，想要实现 XMLReader 的程序员可以选择创建一个类，该类是 XMLReaderImpl 的子类，只实现一个方法而不是两个方法。

一般来说，当从抽象类派生的类是基类的更具体类型(它们具有 is-a 关系)时，抽象类很有用，特别是当抽象基类中有一些共享功能(例如，数据成员或方法定义)时，派生类可以使用它们。如果类之间本来没有关系，但有概念相关的功能，那么在需要提供通用方法时，接口很有用，但是这个功能的实现可能因类而异。

11.2.2　虚方法

 问题：什么是虚方法？它们为什么有用？

在 OOP 中，子类可以重写(重新定义)祖先类定义的方法。如果方法是虚拟的，则要调用的方法定义在运行时根据调用它的对象的实际类型(类)确定。非静态的、非私有的 Java 方法是虚拟的，除非声明为 final。声明为 final 的方法不能被重写，因此在 Java 中不需要对要调用的非虚方法进行定义选择，因为定义只能有一个。在 C#和 C++中，方法仅在使用 virtual 关键字声明时是虚拟的——非虚方法是默认方法。如果方法不是虚拟的，则根据引用(或指针)的类型在编译时确定所调用的方法定义。

举例子可能有助于说明这一点。看看以下三个 C++类：

```
class A {
public:
    void print() { cout << "A"; }
}
class B : A {
public:
    void print() { cout << "B"; }
}
class C : B {
public:
    void print() { cout << "C"; }
}
```

由于 print 不是虚拟的，因此调用的方法取决于编译时使用的类型：

```
A *a = new A();
B *b = new B();
C *c = new C();
a->print(); // "A"
b->print(); // "B"
c->print(); // "C"
((B *)c)->print(); // "B"
((A *)c)->print(); // "A"
((A *)b)->print(); // "A"
```

如果将 print 声明改为虚函数：

```
class A {
public:
```

```
    virtual void print() { cout << "A"; }
}
class B : A {
public:
    virtual void print() { cout << "B"; }
}
class C : B {
public:
    virtual void print() { cout << "C"; }
}
```

对象的运行时类型决定调用哪个方法定义：

```
A *a = new A();
B *b = new B();
C *c = new C();
a->print(); // "A"
b->print(); // "B"
c->print(); // "C"
((B *)c)->print(); // "C"
((A *)c)->print(); // "C"
((A *)b)->print(); // "B"
```

虚方法用于多态。它们允许单个方法调用，以根据对象的类调用不同的方法定义。本章前面定义了 C++版本的 Shape 类，需要将 Shape 的 draw 方法声明为虚方法，才能让 paintShapes 方法工作——paintShapes 方法是以 Shape 引用的形式访问对象的。

C++中一种特殊类型的虚方法是纯虚方法：声明但未明确定义的方法。(实际上，C++类可以声明一个纯虚方法并定义它，但是只能从派生类调用该定义。当涉及复杂性时，C++永远不会令人失望)。所有包含纯虚方法的类或者继承后不重新定义的类都属于抽象类。(在 Java 或 C#中，相当于纯虚方法的是抽象方法。)

虚方法不是毫无代价的。(几乎总是)需要更长的时间来调用虚方法，因为必须在调用之前在表中查找相应方法定义的地址。对应的表还需要少量额外内存。在大多数应用程序中，与虚方法相关的开销非常小，可以忽略不计。

11.2.3　多重继承

 问题：为什么 C#和 Java 不允许类的多重继承？

在 C++中，类可以从多个类继承(直接或间接)，这被称为多重继承。但是，C#和 Java 将类限制为单继承——每个类都从单个父类继承。

多重继承能够综合两个类之间的层次结构特征，是创建组合类的有用方法，这种方法通常在单个应用程序中使用不同的类框架时发生。例如，如果两个框架都为异常定义了自己的基类，则可以使用多重继承来创建可与任一框架一起使用的异常类。

多重继承的问题在于它可能导致歧义。典型的例子是当一个类继承自另外两个类时，而这两个类又都继承自同一个类：

```
class A {
protected:
    bool flag;
};
class B : public A {};
class C : public A {};
class D : public B, public C {
public:
    void setFlag( bool nflag ){
        flag = nflag; // ambiguous
    }
};
```

在这个例子中，数据成员 flag 是由类 A 定义的。但是类 D 来自类 B 和类 C，B 和 C 都是从 A 派生的，所以本质上有两个 flag 副本可用，因为 A 的两个实例在 D 的类层次结构中。应该设置哪一个？编译器会报错，指出 D 中对 flag 的引用是不明确的。一个解决方法是明确消除引用的歧义：

```
B::flag = nflag;
```

另一种解决方法是将 B 和 C 声明为虚基类，这意味着层次结构中只能存在一个 A 副本，从而消除了任何歧义。

存在多重继承的其他复杂性，例如构造派生对象时初始化基类的顺序，或者成员可能无意中从派生类隐藏的方式。为了避免这些复杂性，一些编程语言将自己局限于更简单的单继承模型。虽然这确实大大简化了继承，但它也限制了它的实用性，因为只有具有共同祖先的类才能共享行为。接口通过允许不同层次结构中的类公开公共接口(即使它们未通过共享代码实现)来稍微缓解此限制。

11.2.4 资源管理

 问题： 假设有一个需要访问有限系统资源的函数。代码必须调用 API 函数 openResource 来获取资源的句柄，并且必须在完成后将此句柄传递给函数 closeResource。如何确保在所有情况下都会调用 closeResource 并且资源永远不会被泄漏？

对应的解决方案最初看似简单：只需要在返回之前在函数末尾调用 closeResource。但是如果函数有多个 return 语句怎么办？仍然可以通过在每个 return 语句之前添加对 closeResource 的调用来使这种方法工作，但现在开始看起来像一个不太理想的解决方案。在每个出口点复制代码。这使得维护更加困难且容易出错，并且有可能在以后某人向函数添加新的返回语句而忘记包含对 closeResource 的调用。

这个解决方案不够优雅，但在不使用异常的代码中可行。如果使用异常，则每条语句都可能是程序的退出点，并且需要采用不同的方法。

不同方法的本质取决于所使用的语言。像 Java 这类语言，它们支持 finally 块，并且销毁对象的时机不确定，最好的解决方案是将对 closeResource 的调用放在 finally 块中。这样可以确保始终调用 closeResource 并且不会泄漏资源，而无论程序的退出方式和退出位置。现在可以先试试将函数的整个主体包装在与 finally 对应的 try 块中，然后分析这样做是否存在问题。如果 openResource 抛出异常(例如，没有资源可用)会怎样？如果对 openResource 的调用在 try 块内，则处理将转移到 finally 块，finally 块将在 null 引用上调用 closeResource，因为资源从未成功打开。根据 API 特点，这可能会导致错误或不可预测的行为。为了避免关闭从未打开的资源，请在打开 try 块之前立即调用 openResource，并将其余的程序包装在 try 块中。使用此策略的实现可能如下所示：

```
public static void useResource () {
    ResourceHandle r = openResource();
    try {
        /* Do things with the resource */
    }
    finally {
        closeResource( r );
    }
}
```

C++中需要一种不同的策略，它没有(或不需要)finally 块。退出函数时 C++能保证什么？无论何时退出函数，且不管是通过 return 语句还是因为异常，都会销毁超出范围的所有自动(本地)对象。如何根据这个销毁原则来确保避免资源泄漏？

可以创建一个包装资源的类。如果在构造函数中调用 openResource，在析构函数中调用 closeResource，则可以使用相应对象的生命周期来管理资源。所要做的就是记住将对象声明为栈上的本地对象，以便它自动销毁。如前所述，每次调用 openResource 时都应该只调用一次 closeResource。考虑可能违反约束的情况。如果复制了包装类的实例，则两个对象都将包装相同的资源句柄，并且每个对象都会在对象被销毁时尝试释放句柄。防止这种情况的一种方法是声明私有复制构造函数和赋值运算符以防止对象被复制。该策略的一种实现如下所示：

```
class Resource {
public:
    Resource() { handle = openResource(); }
    ~Resource() { closeResource( handle ); }
    ResourceHandle getHandle() { return handle; }
private:
    ResourceHandle handle;
    Resource ( Resource const & ); // private copy constructor
    Resource & operator= ( Resource const & ); // private assignment operator
};

void useResource() {
    Resource r;
    /* Use resource here */
}
```

这是否比前面的 Java 实现更复杂，取决于代码中有多少个位置需要使用资源。这种方法需要声明包装类。如果只是在一个地方使用资源，那么这可能比 Java 中的 try/finally

方法更复杂和困难。另一方面，特别是在大型代码库中，可能需要在多个位置使用该资源。使用 Java 方法，则必须在使用该资源的每个函数中复制 try/finally 块的逻辑。这是重复的，并且在使用资源的每个函数中引入了错误的可能性。相比之下，C++方法则在包装类的同一位置中表示了所有必要的逻辑，因此没有重复，使用该资源的代码简单而干净。

此 C++方法体现的模式通常称为资源获取初始化(Resource Acquisition Is Initialization，RAII)，是在 C++中管理资源的首选方式。标准库中提供了常用资源的包装类。例如，需要管理的且极为常见的资源是动态分配的内存块。std :: unique_ptr 包装了指向动态分配的内存的指针，以确保在销毁指针时释放内存。

正如 try/finally 方法无法在 C++中实现一样，RAII 方法在 Java 中并不真正可行。使用 Java 终结器代替 C++析构函数是一个思路，但这不能可靠地工作。RAII 需要对象能够自动、确定并且即刻地完成销毁工作，当对象脱离掌控之后，一旦资源不再通过其包装器对象访问，RAII 能确保资源释放。Java 无法保证何时会发生垃圾收集和终结，因此依赖 Java 终结器来释放资源可能会耗尽资源，因为届时资源都被等待终结的对象所占用着。在基本认可 RAII 的优势后，Java 1.7 增加了 try-with-resources，这是一种语言功能，允许将资源作为 try 语句的一部分获取，并确保在 try 块退出时关闭它们。try-with-resources 比 C++中的 RAII 更有限：关闭资源是通过调用 close 方法而不是销毁对象来完成的。因此，资源包装对象必须实现 AutoCloseable 接口以确保 close 方法可用，并且不会对多次释放的资源提供保护。

在资源管理方面，C#与 Java 非常相似。与 Java 一样，它提供了 try/finally 功能，但缺乏执行真正的 RAII 的能力，因为它没有自动对象的确定性资源回收。C#的 using 相当于 Java 的 try-with-resources。C#包装器类必须实现 IDisposable 接口才能使用此语言功能。

11.3　小结

目前，面向对象编程语言已被广泛使用，因此对于大多数工作而言，必须深刻理解基本的 OOP 原则。

确保自己明白所用的每种编程语言如何处理 OOP 的方方面面。

第 **12** 章
设 计 模 式

现实中没有两个一模一样的编程项目，但是在许多不同的项目中，待解决的问题时常重复出现。本书的大部分内容涉及数据结构和算法：用于解决计算和存储中长盛不衰的问题。另一类常见的问题涉及如何组织和构建代码，以求最好的条理性、效率、可靠性和可重用性。这些问题的解决方案被称为设计模式。

12.1 设计模式是什么

设计模式是定位和解决面向对象编程中的常见设计问题的指南。与框架或类库不同，设计模式是抽象的，提供有关如何解决特定类型编程问题的建议，而不需要提供齐全完备的代码来实现那些建议。设计模式将多年的软件编程经验提炼为面向对象应用程序架构的一套组织原则。

设计模式在 20 世纪 90 年代由 *Design Patterns*：*Elements of Reusable Object Oriented Software* 一书推广和规范。许多核心设计模式，如迭代器模式(Iterator)和单例模式(Singleton)，被大多数 Java 和 C++程序员广泛使用和熟悉。其他模式，如构建器模式(Builder)，使用频率较低，但在合适的条件下非常有用。

12.1.1 为何使用设计模式

设计模式有用源自两个原因。显而易见的原因是，设计模式集众多程序员智慧于一身，为常见的软件设计问题提供了最佳实践解决方案。这使得它们作为教育工具和编程资源具有无可估量的价值。

第二个或许更为重要的原因是，设计模式为讨论设计问题及其解决方案提供了简明的词汇。该词汇表有助于在非正式的讨论、设计文档或程序注释中向其他程序员传达设计决策。

尽管用途广泛，但设计模式并不是编程问题的"特效药"。错误的设计模式会给应用程序增加不必要的复杂性，并且模式的不正确或低效实现可能会引入错误或折损性能。

注意：有人还试着找出不应采用的模式。这些"反模式"是导致低效、无效、难以理解或难以维护的代码的常见陷阱和不合适的实践。

一些程序员认为设计模式的必要性在于流行的面向对象语言(如 C++和 Java)的结构存在固有的缺陷。无论这是否属实，设计模式对于日常使用这些语言的程序员依然有用。

12.1.2 面试中的设计模式

更常见的是，采用模式作为与面试官沟通设计概念的方式，而不是被面试官要求实现特定的设计模式。例如，在编写代码时，可以说"我会为此类定义一个迭代器以使其易于使用"或"让我们假设这些数据通过单例提供。"这可以通过省略(如果面试官同意)与手头问题没有直接关系的代码部分来加快编码速度。

但是，当提及设计模式时，面试官可能会咨询问题，以了解候选人对设计模式的理解程度。除非自己能够实现它们并解释它们是如何工作的，否则不要使用设计模式！

12.2 常见的设计模式

Gamma 等人(通常被称为"四人组")在 *Design Patterns：Elements of Reusable Object Oriented Software* 一书中采用正式而翔实的方法描述了 23 种基本设计模式。该书将这些模式分为三个基本类别：创建型、行为型和结构型。接下来的内容将介绍这些类别中的几个模式，以便理解什么是模式及其使用方式。

 注意：还有人开发了其他的设计模式类别，诸如在并发编程中能派上用场的并发模式。这些模式往往是属于特定领域的，并不像三个核心类别中的模式那样广为人知。

12.2.1 单例模式

单例模式确保在任何给定时间最多只有一个类实例存在。这个实例充当了共享资源的守门员或中央通信枢纽。应用程序无法创建新实例——所有方法都通过单例访问。应用程序通过调用类公开的静态方法来获取单例。

核心系统功能通常使用单例访问。例如，在 Java 中，java.lang.Runtime 类是用于与应用程序的执行环境交互的单例。单例有时也被用作全局变量的替代品，但这并不能避免困扰全局变量的状态问题，因此很多人认为使用单例存储全局数据是一种反模式。

为什么单例比一组静态方法更好？

- **继承和接口**。单例是对象。它们可以从基类继承并实现接口。
- **可能的多样性**。你可以换个思路，创建多个对象(例如，每个线程一个)，而不需要更改大量代码。(当然，如果要更改大量代码，就不再是单例了)。
- **动态绑定**。用于创建单例的实际类可以在运行时确定，而不是在编译时确定。

单例并非没有缺点。方法必须在多线程环境中同步，从而减慢对单例状态的访问。单例也可能在初始化时减慢应用程序的启动时间(除非它使用延迟初始化)，并且它可能会长时间保留资源，即便资源不再需要，因为通常在应用程序结束之前不会销毁单例。

12.2.2　构建器模式

构建器模式以渐进的方式创建对象，而不需要知道或关注这些对象是如何构造的。这不是直接构造对象，而是实例化构建器并让它代表自己创建对象。

构建器对于初始化需要多个构造函数参数的对象特别有用，尤其是相同或相似类型的参数。例如以下这个简单的类：

```
public class Window {
    public Window( boolean visible, boolean modal, boolean dialog ){
        this.visible = visible;
        this.modal = modal;
        this.dialog = dialog;
    }

    private boolean visible;
    private boolean modal;
    private boolean dialog;

    ... // rest of class omitted
}
```

Window 的构造函数接收三个布尔参数，没有明显的顺序。不是经常去参考类文档来记住哪个参数做了什么，而是创建一个构建器来收集所有必需的数据并为你创建对象：

```
public class WindowBuilder {
    public WindowBuilder() {}

    public WindowBuilder setDialog( boolean flag ){
        dialog = flag;
        return this;
    }

    public WindowBuilder setModal( boolean flag ){
        modal = flag;
        return this;
    }

    public WindowBuilder setVisible( boolean flag ){
        visible = flag;
        return this;
    }
```

```
public Window build(){
    return new Window( visible, modal, dialog );
}

private boolean dialog;
private boolean modal;
private boolean visible;
}
```

然后，不是直接构造一个 Window 对象：

```
Window w = new Window( false, true, true ); // ??? confusing parameters!
```

而是使用 WindowBuilder 实例来定义新对象的初始状态：

```
Window w = new WindowBuilder().setVisible( false )
    .setModal( true ).setDialog( true ).build();
```

对象初始化不仅更清晰、更容易理解，而且可以轻松地添加和删除新的初始化参数。特定参数可以是强制性的，在这种情况下，如果参数丢失，则会引发错误或异常，而其他参数是可选的，如果不赋值，则套用默认值。

让初始化更简单是构建器的一种用法。有时，创建构建器的层次结构也很有用。层次结构的顶部是一个抽象构建器类，它定义了初始化对象不同部分的方法。具体的子类重写这些方法以不同的方式构建对象。例如，通用文档构建器把抽象方法公开，如 addHeading 和 addParagraph，这两个方法将由不同的子类实现，以创建 HTML 文档和 PDF 文档等。

当对象构造复杂的时候，且(或者)需要将对象进行分步构造时，建议使用构建器模式。

12.2.3 迭代器模式

迭代器模式可以使程序遍历数据结构中的所有元素，而不需要了解或关注这些元素的存储或表示方式。对于迭代器的内置支持在大多数现代编程语言中很常见。

现实中存在多种迭代器，使用这些迭代器时需要进行不同的权衡。最简单的迭代器提供元素的单向遍历，而不允许对底层数据结构进行任何更改。复杂一些的迭代器允许双向遍历，并(或者)允许底层数据结构中添加或删除元素。

12.2.4 观察者模式

观察者模式允许将对象状态变化广播给有兴趣的观察者，而不需要对观察者了解很多。这种松散耦合也称为发布-订阅模式。通过一个用于通知更新的公共接口，观察者向主体(被观察的对象)注册自己。主体在其状态发生变化时通知每个注册了的观察者。

在许多用户界面工具箱中都有模型-视图-控制器(Model-View-Controller，MVC)，职责分离是观察者模式的典型实例，其中模型的更改(底层数据)自动引发视图(用户界面)将自己重新绘制。

请注意，观察者模式不指定向观察者传播的信息类型、更新顺序或传播更改的速度和频率。这些实现细节会对整个系统的性能和实用性产生很大影响。

12.2.5 装饰器模式

装饰器模式通过使用从同一基类派生的另一个对象"包装"某个对象来修改这个对象的行为，因此具有与原始对象相同的方法集。因此，装饰器模式有时被称为包装模式(wrapper pattern)。

如果需要调用底层对象的方法，装饰器将直接调用底层对象方法进行处理。装饰器通过在调用底层对象的某些方法之前和(或)之后执行一些额外的处理来修改底层对象的行为。

装饰器模式的原型实现涉及四种类：抽象构件(Component)、具体构件(Concrete Component)、装饰器(Decorator)和具体装饰器(Concrete Decorator)。抽象构件是一个抽象类或接口，它定义底层对象和包装它的装饰器所需的所有公共方法。它作为具体构件(底层对象的类)和装饰器的基类。装饰器是一个类(通常是抽象类)，它提供所有装饰器共享的功能：它包装一个具体构件并将所有方法调用转发给抽象构件。具体装饰器(通常有几个)通过覆盖其父装饰器类的一个或多个方法来修改包装的具体构件的行为。

Java IO 类(在 java.io 中)提供了装饰器模式的示例。InputStream 是一个抽象类，用作所有输入流的父类。它是抽象构件类。几个派生类(如 FileInputStream)为来自不同源的流输入提供实现。这些派生类是具体构件。这里的装饰器被称为 FilterInputStream，它包装了一个 InputStream 类的对象，并将所有方法调用转发给包装对象。这本身并不是特别有用，但它可以作为修改输入流行为的几个具体装饰器的基类，包括 DeflaterInputStream、BufferedInputStream 和 CipherInputStream。

装饰器提供了子类化的替代方法。可以将多个不同的具体装饰器应用于具体构件的给定实例，每个连续的装饰形成围绕对象的另一层包装。底层具体构件的行为由包装它的所有装饰器修改。

12.3 关于设计模式的面试问题

由于设计模式过于抽象，不难想象，面试题型变化很多。

12.3.1 实现单例模式

 问题：应用程序使用日志类将调试消息写入控制台。如何采用单例模式实现日志记录工具？

单例模式确保在给定时间最多只有一个日志类实例存在。最简单的方法是将构造函数设为私有，并初始化类中的单个实例。以下是日志的 Java 实现：

```
// Implements a simple logging class using a singleton.
public class Logger {
```

```
   // Create and store the singleton.
   private static final Logger instance = new Logger();

   // Prevent anyone else from creating this class.
   private Logger(){
   }

   // Return the singleton instance.
   public static Logger getInstance() { return instance; }

   // Log a string to the console.
   //
   //   example: Logger.getInstance().log("this is a test");
   //
   public void log( String msg ){
       System.out.println( System.currentTimeMillis() + ": " + msg );
   }
}
```

对于 Java 资深专家型的候选人，面试官可能会问：尽管存在私有构造函数，应用程序应如何创建 Logger 类的多个实例，以及如何防止私有构造函数情况的发生。(提示：想想克隆和对象序列化。)

 问题：*应用程序使用单例，但并不总是必要的，初始化的成本很高。如何能改善这种情况？*

单例模式没有指定何时创建实例，只规定了最多可以创建类的一个实例。加载类时不必创建实例，只需要在需要之前创建它。按照这种方法，getInstance 如果尚未初始化，则应该在返回之前初始化实例。这种技术称为延迟初始化(deferred initialization)，也称为延迟加载(lazy loading)。

延迟初始化既有优点也有缺点，并不适用于所有情况：

- 延迟初始化能形成更快的启动时间，代价是在第一次访问实例时由初始化引起的延迟。
- 如果永远不访问延迟初始化单例，则它永远不用初始化，从而节省了原本需要的初始化时间和资源。
- 延迟初始化允许选择单例对象的类延迟到运行时而不是在编译时指定。因为实例只创建一次，所以必须在第一次访问实例之前进行此选择，但在运行时进行此选择可能仍有实用性。例如，这将允许基于配置文件中的设置选择类。
- 在资源有限的环境中，由于资源不足，实例的延迟初始化可能会失败。对于像需要时必须可用的错误日志类这样的东西，可能特别成问题。
- 延迟初始化会增加单例类的复杂性，尤其是在多线程系统中。

现在采用延迟初始化修改刚才编写的 Logger 类：

```
// Deferred initialization of Logger.
```

```
public class Logger {

    // Create and store the singleton.
    private static Logger instance = null; // no longer final

    // Prevent anyone else from creating this class.
    private Logger(){
    }

    // Return the singleton instance.
    public static Logger getInstance() {
        if ( instance == null ){
            instance = new Logger();
        }

        return instance;
    }

    // Log a string to the console.
    public void log( String msg ){
        System.out.println( System.currentTimeMillis() + ": " + msg );
    }
}
```

这个简单的更改实现了延迟初始化，但引入了一个新问题——它不再是线程安全的。在类的原始版本中，在加载类之前初始化实例，然后才能调用其他方法。在修订的延迟初始化版本中，实例是在 getInstance 中创建的。如果两个线程同时调用 getInstance，会发生什么？它们可能都认为 Instance 是未初始化的，并且都试图创建实例——这显然不是所期待的单例。可以通过将 getInstance 设置为同步方法来防止这种情况发生：

```
// Return the singleton instance.
public synchronized static Logger getInstance() {
    if ( instance == null ){
        instance = new Logger();
    }

    return instance;
}
```

这个调整需要付出较大的性能代价，但如果不经常调用 getInstance，则没那么多代价。如果能够合理优化调用 getInstance 的处理过程，这种损失可以避免。假设在程序的生命周期中，每次同步都调用了 getInstance，一旦实例已经完全初始化，需要做的就是返回 instance，这不需要同步是线程安全的。理想情况下，可以在初始化实例之前同步该方法，然后在延迟初始化之后停止同步，以避免同步带来的开销。

几种语言相关的习惯用法能实现这个目标。例如 Java 的习惯用法是，通过使用执行实例的静态初始化的内部类的延迟加载，实现组合延迟和静态初始化。这是线程安全的，因为类加载器保证被序列化，因此无论多少线程同时调用 getInstance，内部类只加载并初始化一次。它还避免了同步的开销，因为序列化由类加载器提供——在加载类之后，类加载器不再有关系，因此没有剩余开销。可以通过将以前的 getInstance 实现替换为以下内容来为 Logger 实现此目的：

```
// Inner class initializes instance on load, won't be loaded
// until referenced by getInstance()
private static class LoggerHolder {
    public static final Logger instance = new Logger();
}

// Return the singleton instance.
public static Logger getInstance() { return LoggerHolder.instance; }
```

12.3.2 装饰器模式与继承

 问题：为什么要使用装饰器模式而不是继承?

回想一下，装饰器模式用一个对象包装另一个对象以改变原始对象的行为。包装对象可以取代原始对象，因为它们共享相同的抽象基类或实现相同的接口。

装饰器模式和继承都提供了修改底层类对象行为的手段，但方式不同。继承通常只允许在编译时修改父类，而装饰在运行时动态应用。

假设有一个需要动态更改行为的对象。使用继承来实现这一点可能很麻烦且效率低下：每次需要更改行为时，可能需要构造具有所需行为的不同子类的新对象，将状态从现有对象复制到新对象，扔掉旧的。使用装饰器模式则相反，它修改现有对象的行为要简单得多——只需要添加适当的装饰(即使用另一个实现修改行为的包装器包装现有对象)。

装饰器模式的动态特性还有另一个优点。假设要为类实现多个行为修改。假设这些修改都不会干扰任何其他修改，因此可以以任意组合应用它们。一个典型的例子是带有 Window 类的 GUI 工具包，可以通过多种不同的行为进行修改，例如 Bordered、Scrollable、Disabled 等。可以使用继承实现它：从 Window 派生 BorderedWindow，从 BorderedWindow 派生 ScrollableBorderedWindow 和 DisabledBorderedWindow，以此类推。这对于少数行为是合理的，但随着行为数量的增加，类层次结构很快就会失控。每次添加新行为时，类的数量都会增加一倍。可以使用装饰器模式避免大量冗余类的爆炸。每个行为都由一个装饰器类完全描述，可以通过应用适当的一组装饰来生成所需的任何行为组合。

装饰器模式在正确应用时简化了面向对象的设计，但在不加选择地使用时可能会产生相反的效果。如果不需要动态修改对象的行为，那么可能最好使用简单继承并避免此模式的复杂性。此外，具体装饰器类通常不应公开新的公共方法。因此，如果需要这样做，使用装饰器可能就不是最好的方法(具体装饰器类不应该公开新的公共方法，因为这些方法在父装饰器类中转发，因此它们变得不可访问，除非它们是应用的最后一个装饰)。最后，应该确保具体装饰器类是互不干扰。没有好办法来禁止相互冲突或没有意义的装饰组合，因此在这些情况下使用装饰器模式可能会在将来引发错误。

12.3.3　高效的观察者更新

 问题：在观察者模式中，主体可以使用哪些策略来有效地更新其观察者？

如果很多对象正在观察其他对象，那么草率实现观察者模式可能会导致性能不佳。

最明显的问题是主体过于频繁地更新其状态，导致其花费大部分时间来更新其观察者。当在单个代码序列中接连不断地多次更改多个属性时，就会发生这种情况。在这种情况下，简单地关闭更新、进行更改，然后打开更新并向所有感兴趣的对象挨个发送更新通知可能更有意义。

另一个重要的问题涉及观察者如何确定变化的内容。例如，在许多窗口系统中，重新绘制已更改的屏幕部分而不是整个显示会更有效。要正确执行此操作，视图(观察者)需要知道模型的哪个部分(主体)已更改。而不是让观察者查询主体以确定更改的内容，为什么不让主体作为更新通知的一部分传递信息呢？

处理跨多个线程的更新时也会出现一些重要的问题，例如如何避免死锁条件。将这些作为练习吧！

12.4　小结

设计模式是向面试官传达软件设计概念的有用工具。面试官会根据候选人对设计模式的熟悉程度来尝试评估其在面向对象设计方面的经验。请确保自己了解并具有常见设计模式的经验。

第**13**章

数 据 库

随着基于 Web 的应用程序的兴起，越来越多的程序员使用数据库进行数据存储和操作，因此，如果面试问题涉及使用数据库的经验，并要求对一些数据库问题提出解决办法，则不必感到惊讶。

13.1 数据库基础知识

现在有一些工具为创建和管理数据库助力，而且其中有许多还隐藏了底层数据结构的复杂性。例如，Ruby on Rails 对所有数据库访问进行了抽象，并免去了绝大多数的直接访问，就像 Enterprise JavaBeans 和许多面向对象框架之类的组件技术一样。但是，只有了解数据库如何工作，才能做出良好的设计决策。

13.1.1 关系数据库

关系数据库中的数据存储在表中，表由行和列(也称为元组和属性)组成。一组表定义称为模式。每列都有与之关联的名称和数据类型。列数据类型限制了可以存储在列中的数据范围。除了类型强加的限制之外，各列还可能具有其他约束。一般来说，在创建数据库时定义表的列。列不会被经常修改(或从不被修改)。通过插入和删除行来添加和删除表中的数据。虽然列通常是有序的，但行是无序的。如果需要排序行，则可以在从数据库中提取数据(通过查询)时完成。

大多数表都有键。键是用于标识表中行的某列或某几列的集合。其中的一个键通常被指定为主键。表中的每一行必须具有主键的值，并且每个值必须是唯一的。例如，在员工表中，可以使用保证每个员工唯一的员工标识号作为主键。当存储的数据本质上不包含可以用作主键的(保证唯一的)值时，数据库通常会自动分配唯一的序列值插入表中，作为每一行的主键。

可以使用外键将表与其他表相连。外键是表中的一列，其值与另一个表中的键列(通常是主键)的值匹配。当每个外键值作为它引用的表中的键存在时，数据库具有引用完整性(referential integrity)。这可以通过使用外键约束来强制执行。根据约束的配置方式，如果准备删除表中的某一行，而这一行中的键值在另一个表中是作为外键存在的，则这种行为要么被阻止，要么将导致引用它的行被删除或修改。

操作和查询数据库的最常用方法是使用结构化查询语言(Structured Query Language，SQL)。语法上的变化，特别是高级功能的语法上的变化存在于各种数据库管理系统(DataBase Management System，DBMS)中，但基本语法相当一致。

13.1.2 SQL

SQL 是关系数据库操作的通用语言。它为大多数数据库操作提供了机制。不难理解，SQL 是一个大主题，许多书籍只专注于 SQL 和关系数据库。然而，对于存储和检索的基本任务，从以下模式开始：

```
Player (
  name    CHAR(20),
  number INTEGER(4)
);
Stats (
  number      INTEGER(4),
  totalPoints INTEGER(4),
  year        CHAR(20)
);
```

表 13-1 展示了 Player 的一些样本数据，表 13-2 展示了 Stats 的样本数据。

表 13-1　Player 样本数据

name	number
Larry Smith	23
David Gonzalez	12
George Rogers	7
Mike Lee	14
Rajiv Williams	55

表 13-2　Stats 样本数据

number	totalPoints	year
7	59	Freshman
55	90	Senior
23	150	Senior
23	221	Junior
55	84	Junior

在这个模式中，两个表都没有定义主键。Player 中的 number 列是良好的主键候选，因为每个球员都有一个编号，并且球员编号唯一地标识着每个球员。(如果数据库使用期限足够长，以至于某些球员已经毕业并且他们的制服和编号被重新分配给新球员，

那么 number 列可能就不适合作为主键了)。Stats 表中的 number 列是外键——引用 Player 表的 number 列。在模式中明确定义这些关系使其他人更容易理解这些表之间的关系，也更容易维护数据库：

```
Player (
  name   CHAR(20),
  number INTEGER(4) PRIMARY KEY
);
Stats (
  number      INTEGER(4),
  totalPoints INTEGER(4),
  year        CHAR(20),
  FOREIGN KEY (number) REFERENCES Player
);
```

通过这些更改，数据库将在确保这些表的引用完整性方面发挥积极作用。例如，在 Stats 表中添加的行引用未在 Player 表中列出的球员是不允许的。Stats.number 和 Player.number 之间的外键关系禁止这样做。

一个基本的 SQL 语句是 INSERT，它用于向表中添加值。例如，要将名为 Bill Henry、编号 50 的数据插入到 Player 表中，可以使用以下语句：

```
INSERT INTO Player VALUES('Bill Henry', 50);
```

SELECT 是面试中最常见的 SQL 语句。SELECT 语句从表中检索数据。例如，语句：

```
SELECT * FROM Player;
```

返回 Player 表的所有值：

```
+----------------+--------+
| name           | number |
+----------------+--------+
| Larry Smith    |     23 |
| David Gonzalez |     12 |
| George Rogers  |      7 |
| Mike Lee       |     14 |
| Rajiv Williams |     55 |
| Bill Henry     |     50 |
+----------------+--------+
```

可以指定要返回的列，如下所示：

```
SELECT name FROM Player;
```

将得到：

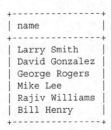

```
+----------------+
| name           |
+----------------+
| Larry Smith    |
| David Gonzalez |
| George Rogers  |
| Mike Lee       |
| Rajiv Williams |
| Bill Henry     |
+----------------+
```

如果希望对返回的值更具限制性，例如，如果只想返回编号小于 10 或大于 40 的球员名字，则可以使用以下语句：

```
SELECT name FROM Player WHERE number < 10 OR number > 40;
```

返回结果如下：

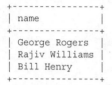

```
+----------------+
| name           |
+----------------+
| George Rogers  |
| Rajiv Williams |
| Bill Henry     |
+----------------+
```

关系数据库的大部分功能来自不同表中数据之间的关系，因此经常需要使用来自多个表的数据。例如，打印出所有球员名字以及每个球员获得的分数。为此，必须在 number 字段上对两个表做连接。number 字段称为公共键，因为它在两个表中表示相同的值。查询如下：

```
SELECT name, totalPoints, year FROM Player, Stats
WHERE Player.number = Stats.number;
```

返回结果如下：

```
+----------------+-------------+----------+
| name           | totalPoints | year     |
+----------------+-------------+----------+
| George Rogers  |          59 | Freshman |
| Rajiv Williams |          90 | Senior   |
| Rajiv Williams |          84 | Junior   |
| Larry Smith    |         150 | Senior   |
| Larry Smith    |         221 | Junior   |
+----------------+-------------+----------+
```

有些球员已经在队伍里一年多，所以他们的名字出现了多次；其他人在统计数据中没有任何行(显然他们一直在热板凳)，所以他们在这个查询的结果中根本没有出现。从概念上讲，当在 FROM 子句中包含两个表时，查询会构造表的笛卡尔积：结果为一个表，该表包含第一个表中行与第二个表中的行的所有可能组合。然后 WHERE 将查询返回的结果限制为两个键相等的行。这是最常见的连接类型，称为内连接。完成完全相同查询的替代语法是：

```
SELECT name, totalPoints, year FROM Player INNER JOIN Stats
ON Player.number = Stats.number;
```

此语法在连接表的逻辑和选择行的逻辑之间提供了更清晰的区分。内连接是默认的连接类型，因此 INNER 关键字对于内部连接是可选的。当要连接的表中的键列具有相同的名称时，可以使用更简洁的语法：

```
SELECT name, totalPoints, year FROM Player JOIN Stats
USING (number);
```

使用 USING 执行连接的查询与使用 ON 执行连接的查询不完全相同。使用 USING 时，键列仅出现在连接结果中一次，标记为非限定名称(在此示例中为 number)。使用 ON 时，两个表中的键列都出现在结果中，并且必须使用限定名称引用以避免歧义(在此示例中为 Player.number 和 Stats.number)。

不太常用的连接类型是外连接。内连接排除键值与连接表中的相应键不匹配的行，与内连接不同，外连接包括这些行。因为这些被包括的行在另一个表中既没有键可以匹配，也没有对应列值，所以只能将 NULL 作为返回值填入外连接的列中。外连接分左外连接、右外连接和全外连接三种。左外连接保留第一个表中的所有行，但只保留第二个表中的匹配行。右外连接保留第二个表中的所有行，但仅保留第一个表中匹配的行。而全外连接保留两个表中的所有行。对于此数据库，两个表的左外连接将包括热板凳的球员名称：

```
SELECT name, totalPoints, year FROM Player LEFT OUTER JOIN Stats
ON Player.number = Stats.number;
```

返回结果为：

```
+----------------+-------------+----------+
| name           | totalPoints | year     |
+----------------+-------------+----------+
| George Rogers  |          59 | Freshman |
| David Gonzalez |        NULL | NULL     |
| Mike Lee       |        NULL | NULL     |
| Rajiv Williams |          90 | Senior   |
| Rajiv Williams |          84 | Junior   |
| Larry Smith    |         150 | Senior   |
| Larry Smith    |         221 | Junior   |
| Bill Henry     |        NULL | NULL     |
+----------------+-------------+----------+
```

聚合，如 COUNT、MAX、MIN、SUM 和 AVG，是另一种 SQL 常用功能。通过这些聚合，可以分别检索特定列的计数、最大值、最小值、总和和平均值。例如，如果想打印每个球员的平均得分，则可以使用以下查询：

```
SELECT AVG(totalPoints) FROM Stats;
```

生成结果为：

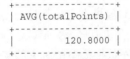

```
+------------------+
| AVG(totalPoints) |
+------------------+
|         120.8000 |
+------------------+
```

另外，如果想在数据子集上单独应用聚合也是可以的。例如，计算每个球员每年的平均总积分。可以使用 GROUP BY 子句完成此操作，如以下查询所示：

```
SELECT name, AVG(totalPoints) FROM Player INNER JOIN Stats
ON Player.number = Stats.number GROUP BY name;
```

产生结果如下：

```
+------------------+-------------------+
| name             | AVG(totalPoints)  |
+------------------+-------------------+
| George Rogers    |             59.0  |
| Rajiv Williams   |             87.0  |
| Larry Smith      |            185.5  |
+------------------+-------------------+
```

大多数面试问题都集中在使用这类 INSERT 和 SELECT 语句。不太可能遇到与其他功能相关的 SQL 问题，如 UPDATE 语句、DELETE 语句、权限或安全性等。

13.1.3　NoSQL

虽然 SQL 关系数据库长期以来一直是数据存储的标准，但其他类型的数据库已经变得越来越普遍而流行。顾名思义，NoSQL 数据库是所有不符合 SQL 关系模型要求的数据库。往往许多这样的数据库在面试中是热点。如果候选人在面试时提及自己有 NoSQL 经验，或者正在参加面试的工作涉及广泛使用一个这样的数据库，则极有可能被问及 NoSQL。接下来将重点关注两种常见类型：对象数据库(如 Firebase)和非规范化键-值/列混合数据库(如 Cassandra)。为了应对面试，还应该准备好在自己简历中列出的其他类型数据库引发的相关问题。

13.1.4　对象数据库

对象数据库是一种将数据存储在对象模型中的数据库，就像在面向对象编程中那样使用，而不是像在关系数据库中那样存储在表中。它通常具有分层结构，并依赖于通过 API 进行函数调用来存储和检索数据，而不是像 SQL 这样的领域专用语言。对象数据库的一个主要优点是可以维护对象模型和对象数据库模式之间的一致性。根据应用程序和类层次结构，存储和检索对象可能很简单。此外，用途恰当时，对象数据库可以更快地访问数据，因为它们的分层结构可以允许它们通过跟随结点快速访问某些数据元素。

例如，在消息应用中，单条消息可以存储为对象，包含所有关联数据(内容、发送者 ID、接收者 ID、时间和已读回执等)。由于这些消息始终与发送者和接收者之间的对话相关联，因此可以定义一种结构，以快速轻松地检索用户的所有对话以及对话中的所有消息。此外，对话结构将紧跟在每个对话包含消息的对象模型之后，这与 SQL 数据库不同，SQL 数据库表达的对象之间的关系需要将对话表和消息表分离。

大多数对象数据库是分层的，其中每个实例表示应用程序数据模型中对象的实例。它们通常针对存储和检索对象进行了优化，但对于基于数据属性的查询而言可能不太灵活。例如，如果要查询先前描述的消息对象数据库以确定每个用户最频繁的消息接收者，则可能需要对每个用户的对话和消息进行低效的穷举搜索。

13.1.5　混合键-值/列数据库

这种数据库是由 SQL 数据库的常见问题演变而来的：在关系模型中可以任意做连

接，这种固有的实现灵活性高，同时制约了性能。即使不需要这种灵活性，这种设计也会导致在需要大量读写操作的场合的可伸缩性不佳。例如，社交网络的状态更新具有非常高的读/写量，但极少需要与多个用户关联。

因此，有一类数据库得以发展，例如 Cassandra，它们以牺牲 SQL 的灵活性为代价实现了高可伸缩性(以及其他一些属性，如可靠性)。这里的可伸缩通常是指横向伸缩，意味着随着负载的增长，算力需求会线性提升。

使用这种数据库时，允许非规范化和重复的元素存在，这在 SQL 中通常是主动避开的。这样做需要更多的存储空间，并且程序员承担更多的维护数据一致性和完整性的负担，但是在需要优化性能(尤其是读取)的情况下，这可能是一个积极的权衡办法，特别是考虑到存储变得廉价了。对于社交网络状态更新这个例子，可能需要将状态更新写入两个表，其中一个表的键是用户，另一个表的键是用户所在的组。虽然这种非规范化复制了数据，但是这种设计可以非常快速有效地查找组中的所有更新，因为可以创建具有相同数据的两个表，并将主键放在每个表中的不同元素上。

这种数据库的最后一个优点是可以使用类似 SQL(但比 SQL 更具限制性)的查询语言，允许熟悉关系数据库的用户快速上手。例如，在简单的情况下，插入和选择语句与 SQL 相同：

```
INSERT INTO student (student_id, first_name, last_name)
VALUES (4489, 'Suzanne', 'Gonzalez');
SELECT * FROM student;
```

13.1.6　数据库事务

存储在数据库中的数据的完整性是至关重要的。如果数据已损坏，则依赖于数据库的每个应用程序可能会失败或遇到错误。虽然引用完整性有助于保持数据一致，但即使在具有引用完整性的数据库中，也可能发生其他形式的不一致。维护数据完整性的另一种机制是数据库事务。

事务将一组相关的数据库操作组合在一起成为一个单元。如果事务中的任何操作失败，则整个事务将失败，并且将放弃(回滚)事务所做的任何更改。相反，如果所有操作都成功，则所有更改将作为一个组一起提交。

第 10 章包含一个简单的例子，涉及从银行账户中增加和扣减资金。如果将示例扩展为由数据库维护账户余额，涉及在两个账户之间转移资金，则可以看到事务如此重要的原因。转账实际上是两个操作：从第一个账户中扣减资金，然后将其增加到第二个账户。如果从第一个账户中扣除资金后立即发生错误，则需要系统检测到问题并将提取的资金重新存入原始账户。只要两个操作都包含在事务中，就不会出现任何问题：它们都成功提交并且转账成功，或者都没有提交，转账失败。在任何一种情况下，都不会丢失或创造资金。

事务的四个特性如下：

- **原子性(Atomicity)**。数据库系统保证事务中的所有操作要么都成功，要么都失败。

- **一致性(Consistency)**。事务必须确保数据库在事务的开始和结束时处于正确而一致的状态。例如，不能破坏引用完整性约束。
- **隔离性(Isolation)**。在提交事务之前，事务中对数据库的所有更改都将与所有其他查询和事务隔离。
- **持久性(Durability)**。提交后，在事务中所做的更改是永久的。数据库系统必须有一些方法可以从崩溃和其他问题中恢复，以便数据库的当前状态永远不会丢失。

这四个特性通常被称为 ACID。正如大家想象的那样，如果要在每个事务中保证所有四个特性，则需要付出较大的性能损失。在具有多个同步事务的系统上，隔离性要求可能特别麻烦，因此大多数系统允许以不同方式放宽隔离要求以提供改进的性能。

请注意，遵循 ACID 并非关系数据库的必要条件，但主流数据库都支持它。

13.1.7　分布式数据库

随着数据库和数据集的成长，它们几乎不可避免地变成了分布式的——数据存储在网络的多个位置。这样做具有低延迟、冗余和大多数情况下较低成本的优点。因此，现实世界中许多数据库都由多个结点组成，通常位于不同的数据中心。

CAP 理论是分布式网络数据库的核心概念之一。之所以核心，是因为其认识到所有分布式网络都有延迟，连接有时会失败。该理论指出数据库只能拥有以下三个特性中的两个：

- **一致性(Consistency)**。每次读取都会返回最近的写入。例如，如果有一个分布式银行应用程序并且最近在一个结点上将钱存入账户，则在所有其他结点进行读取，都会显示最近的账户余额。
- **可访问性(Accessibility)**。每个请求都会收到响应，但不一定反映最近的写入。例如，在分布式银行应用中，不管什么时候在任何结点查询账户信息，将始终获得响应，只是显示的内容可能不是账户余额的最新值。
- **可分区性(Partitionability)**。系统被分成多个结点，即使数据在某些网络结点之间丢失，系统也能继续运行。例如，在分布式银行应用中，即使多个结点发生故障，一般来说这个系统仍然能够工作。

这三个特性完全具备——一个始终可访问的数据库，可以在不可靠的真实网络上的结点之间拆分运行，并且能够只返回最新信息，这非常好。但是，这三个特性无法同时实现。(另一种理解 CAP 理论的角度是，它声明了在分布式系统中不能同时具有一致性和可访问性，因为如果同时拥有这两者，它就不能被划分为多个结点，所以它不是分布式的)。

鉴于 CAP 理论，许多数据库(例如，大多数分布式银行系统)选择可用性而不是一致性。然后，系统应用限制，例如可以一次取多少钱或一天取多少钱，从而限制账户数据中潜在不一致的程度，同时保持分布式系统中的可用性。由于高可用性分布式系统不可能真正一致，因此这些系统通常设计为实现最终一致性(Eventual consistency)。最终一致性的属性由首字母缩写词 BASE 概括：基本可用(Basically Available)、软状态

(Soft state)、最终一致性(Eventual consistency)。(化学专业的同学会注意到，BASE 在化学意义上与 ACID 相反)。在此模型中，最终的一致性意味着输入系统的每一条数据最终都会传播到所有结点，并且(如果系统停止接收输入)这种传播最终会导致系统范围的一致性。

在无法提供最新数据时，数据库在牺牲可访问性以保证一致性的时候是不可用的。可能在更新时显示为"关闭"，或者在一段时间内锁定所有用户。这种非全天候(例如股票市场)的系统通常利用停工时间来进行更新。

13.2　有关数据库的面试问题

数据库操作在大多数编程角色中很常见，如果在简历中指出自己有点经验，那么面试中应该会遇到一些这方面的题目。

13.2.1　简单的 SQL

> 问题：给定一个包含如下内容的数据库
>
> ```
> Olympics(
>     city CHAR(16),
>     year INTEGER(4)
> );
> ```
>
> 编写一个 SQL 语句，将 Montreal 和 1976 插入数据库。

这是一个非常简单的问题，面试官可能会使用它来确定候选人是否曾经使用过 SQL，或者由于你在填简历时提到了自己了解 SQL，面试官想确认是否有所夸大。如果了解 SQL，那么万事俱备。这是一条简单的 SQL INSERT 语句，不需要技巧。如果不了解 SQL，那就麻烦了。正确答案是：

```
INSERT INTO Olympics VALUES( 'Montreal', 1976 );
```

13.2.2　公司和员工数据库

> 问题：给定一个包含以下内容的数据库:
>
> ```
> Company (
>     companyName CHAR(30),
>     id          INTEGER(4) PRIMARY KEY
> );
> EmployeesHired (
>     id          INTEGER(4),
>     numHired    INTEGER(4),
>     fiscalQuarter INTEGER(4),
>     FOREIGN KEY (id) REFERENCES Company
> );
> ```

可以假设唯一可能的财务季度是 1 到 4。此模式的样本数据如表 13-3 和表 13-4 中所示。

表 13-3　公司样本数据

companyName	id
Hillary Plumbing	6
John Lawn Company	9
Dave Cookie Company	19
Jane Electricity	3

表 13-4　雇员样本数据

id	numHired	fiscalQuarter
3	3	3
3	2	4
19	4	1
6	2	1

 问题：编写一个 SQL 语句，返回在第 4 财季雇用了员工的所有公司的名称。

此问题涉及从两个表中检索数据。必须连接这两个表才能获得所有必需的信息。id 是两个表共有的唯一键，因此需要连接 id 列。将两个表连接后，可以选择财务季度为 4 的公司名称。对应的 SQL 语句如下所示：

```
SELECT companyName FROM Company, EmployeesHired
WHERE Company.id = EmployeesHired.id AND fiscalQuarter = 4;
```

这个 SQL 语句有一个小问题。如果一家公司在第四财季没有聘请任何人，则可能会发生什么？可能仍然存在一个元组(一行数据)，例如 EmployeesHired(6,0,4)。id 为 6 的公司即使在第四财度没有雇用任何人，也会由刚才的查询返回。要修正此错误，需要确保 numHired 大于 0。修改后的 SQL 语句如下所示：

```
SELECT companyName FROM Company, EmployeesHired
WHERE Company.id = EmployeesHired.id AND fiscalQuarter = 4
    AND numHired > 0;
```

 问题：现在，使用相同的模式编写一个 SQL 语句，该语句返回在财务季度 1 到 4 中没有雇用任何人的所有公司的名称。

解决此问题的最佳方法是参考上一个答案。已知如何获取在第四财季雇用员工的所有公司的名称。如果删除了 fiscalQuarter = 4 的 WHERE 条件，则有一个查询返回在所有财务季度雇用员工的所有公司的名称。如果将此查询用作子查询并选择所有不在结果中的公司，那么将获得所有未在财务季度 1 到 4 中雇用任何人的公司。稍作优化，可以从 EmployeesHired 表中选择 id，并选择不在子查询中的公司 id 值的 companyName。查询如下所示：

```
SELECT companyName FROM Company WHERE id NOT IN
(SELECT id from EmployeesHired WHERE numHired > 0);
```

 问题：最后，返回所有公司的名称以及每个公司在财务季度 1 到 4 期间雇用的员工总数。

现在需要检索部分值集的总和，这表示必须使用 SUM 聚合。在这个问题中，不需要整个列的总和，而只需要具有相同 id 的值的总和。要完成此任务，需要使用 GROUP BY 功能。该功能可以对分组的数据值应用 SUM。除 GROUP BY 功能外，此查询与第一个查询类似，只是在 WHERE 子句中省略了 fiscalQuarter = 4。查询如下所示：

```
SELECT companyName, SUM(numHired)
FROM Company, EmployeesHired
WHERE Company.id = EmployeesHired.id
GROUP BY companyName;
```

这个查询近乎正确，但不是非常正确。该问题要求所有公司的名称，但前面的查询执行的是内部连接，因此只有在 EmployeesHired 中有行的公司才会出现在结果中。例如，使用提供的样本数据，John Lawn Company 不会出现在结果中。既然查询现在是这样写的，接下来需要保留第一个表 Company 的不匹配行，因此必须执行左外连接。(由于外键约束，EmployeesHired 中不能有任何不匹配的行)。执行左外连接的查询如下所示：

```
SELECT companyName, SUM(numHired)
FROM Company LEFT OUTER JOIN EmployeesHired
    ON Company.id = EmployeesHired.id
GROUP BY companyName;
```

最后有一个问题：要求返回每个公司雇用的员工总数，但根据外连接的定义，对于 EmployeesHired 中没有行的公司，numHired 将为 NULL。SUM(NULL)为 NULL，因此对于这些公司，前面的查询将作为被雇用的员工数返回的 NULL 并不是 0。可以通过将 SQL 函数应用于将任何 NULL 值替换为 0 的结果来解决此问题(真正的 SQL 行家不用去查找就知道这个函数的名称)：

```
SELECT companyName, COALESCE(SUM(numHired), 0)
FROM Company LEFT OUTER JOIN EmployeesHired
    ON Company.id = EmployeesHired.id
GROUP BY companyName;
```

13.2.3　不采用聚合求最大值

 问题：给定以下 SQL 数据库模式：

```
Test (
    num INTEGER(4)
);
```

编写一个返回 num 的最大值的 SQL 语句，并且不使用聚合(MAX，MIN 等)或 ORDER BY 实现。

这些要求可真是缚手缚脚，必须找到最大值而不使用为查找最大值而设计的功能。一个不错的入手办法是绘制一个包含样本数据的表，如表 13-5 所示。

表 13-5　num 的示例值

num
5
23
−6
7

对于此示例数据，希望查询返回 23。23 具有所有其他数字都小于它的属性。虽然这是事实，但这种查看事物的方式并没有对构造 SQL 语句提供太多帮助。一个类似但更有用的方式来说同样的事情，23 是唯一没有数字比它大的数字。如果可以返回没有大于它的数字的每个值，则只能返回 23，于是问题就解决了。尝试设计一条 SQL 语句来打印出没有大于它的数字的每个数字。

首先，弄清楚哪些数字确实有比自己大的数字。这是一个更具操作性的查询。首先将表与自身做连接以创建所有可能的数值对，其中一列的每个值都大于另一列中的对应值，查询脚本如下所示(AS 功能让表可以在查询中采用临时别名，从而一条查询语句中可以使用相同的表两次)：

```
SELECT Lesser.num, Greater.num
FROM Test AS Greater, Test AS Lesser
WHERE Lesser.num < Greater.num;
```

将其应用于样本数据，得到的结果如表 13-6 所示。

表 13-6　连接后得到的临时表

Lesser.num	Greater.num
−6	23
5	23
7	23
−6	7
5	7
−6	5

正如所期望的那样，除了最大值 23 之外，其他数值都落在左边较小的一列中。因此，如果采用上一个查询作为子查询，选择所有不在较小一列的值，则能得到最大值。对应的查询脚本如下所示：

```
SELECT num FROM Test WHERE num NOT IN
(SELECT Lesser.num FROM Test AS Greater, Test AS Lesser
WHERE Lesser.num < Greater.num);
```

在此查询中存在一个小错误。如果在 Test 表中有重复的最大值，则将返回两次。为防止这种情况，请使用 DISTINCT 关键字。并将查询调整如下：

```
SELECT DISTINCT num FROM Test WHERE num NOT IN
(SELECT Lesser.num FROM Test AS Greater, Test AS Lesser
WHERE Lesser.num < Greater.num);
```

13.2.4　三值逻辑

问题：给定如下内容：

```
Address (
    street CHAR(30) NOT NULL,
    apartment CHAR(10),
    city CHAR(40) NOT NULL,
);
```

编写一个只返回非公寓地址的 SQL 语句。

这个问题看似简单。显而易见的解决方案是使用如下查询：

```
SELECT * FROM Address WHERE apartment = NULL;
```

但是，这不会返回任何地址，因为 SQL 使用三元或三值逻辑。与大多数编程语言中使用的二值布尔逻辑不同，SQL 中存在三种可能的逻辑值：TRUE、FALSE 和 UNKNOWN。如此可见，UNKNOWN 意味着事实是不确定的，因为它涉及的是未知、缺失或无法表示的值。

大家熟悉的 AND、OR 和 NOT 操作在存在 UNKNOWN 值时会返回不同的值，如

表 13-7、表 13-8 和表 13-9 所示。

表 13-7 三元 AND 操作

AND	TRUE	FALSE	UNKNOWN
TRUE	TRUE	FALSE	UNKNOWN
FALSE	FALSE	FALSE	FALSE
UNKNOWN	UNKNOWN	FALSE	UNKNOWN

表 13-8 三元 OR 操作

OR	TRUE	FALSE	UNKNOWN
TRUE	TRUE	TRUE	TRUE
FALSE	TRUE	FALSE	UNKNOWN
UNKNOWN	TRUE	UNKNOWN	UNKNOWN

表 13-9 三元 NOT 操作

NOT	
TRUE	FALSE
FALSE	TRUE
UNKNOWN	UNKNOWN

前面的查询失败，因为它使用相等运算符(=)来测试 NULL 列值。在大多数数据库中，与 NULL 比较会返回 UNKNOWN——即使将 NULL 与 NULL 进行比较也是如此。其基本原理是 NULL 表示丢失或未知数据，因此不知道两个 NULL 值是表示相同值还是两个不相等的缺失数据。查询仅返回 WHERE 子句为 TRUE 的行；如果 WHERE 子句包含=NULL，则所有行都具有 UNKNOWN 值，并且不返回任何行。检查 NULL 或非 NULL 列的正确方法是使用 IS NULL 或 IS NOT NULL 语法。因此，原始查询应重新修改如下：

```
SELECT * FROM Address WHERE apartment IS NULL;
```

在 WHERE 子句条件中不考虑 UNKNOWN 值是一个常见错误，尤其是当 NULL 值的出现不太明显时。例如，以下查询不会返回所有行，除了那些 apartment = 1 的情况。它只返回 apartment 非 NULL 且不等于 1 的行：

```
SELECT * FROM Address WHERE apartment <> 1;
```

13.2.5 课程学习模式

 问题：为学生和课程设计一个对象模式，该模式经过优化，可以找到用户正在学习的课程，并找到学习某门课程的所有学生。

先举一个例子。假设一名学生 Eric 要上五门课。每门课(例如,"高级编程")都有 30～90 名学生。如果采用从学生开始的方法,就可以使用以下模式跟踪所有学生及他们所学的课程:

```
{
"students": {
  "eric": {
    "name": "Eric Giguere",

    "classes": {
       "Advanced Programming": true,
       "Math 205": true
       ...
    }
  },
  ...
}
```

这个例子可以快速查找学生,然后找出学生正在学习的所有课程。但是,要查找学习给定课程的所有学生,必须对每个学生检索,并浏览每个学生的每门课。当前模式显然没有针对此用例进行优化。

换个办法,可以以课程为根,如:

```
{
"classes": {
  "Advanced Programming": {
    "name": "Advanced Programming:  NoSQL databases",
    "students": {
      "eric": true,
      "john": true,
      "noah": true
    }
  },
  ...
 }
}
```

这种方法存在相反的问题。在给定的课程中找到学生的速度非常快,但找到某个学生正在学习的所有课程却非常耗时。

考虑到题目有两个要求——快速查找学生所学的课程,以及快速查找学习某课程的学生——可以在模式中使用前面的两段表示(请参考本小节的两段代码)。如果同时使用两者,则会产生数据冗余,并且不得不考虑在对学生和课程执行添加和删除操作以后,应该如何维护数据一致性。但是话说回来,对于此数据集,题目要求是总归能够实现的。

 问题:为课程和学生创建规范化的 SQL 模式。学生表应包括名、姓、学生 id 和电子邮件,其中 id 是主键。课程表应包括主键 id、课程标题、房间号和教师姓名。还需要创建一个表格,将学生与课程相关联,以表示哪些学生注册了哪些课程。

这只需要进行简单翻译：

```
CREATE TABLE student (
    student_id int PRIMARY KEY,
    first_name varchar(255),
    last_name varchar(255),
    email varchar(255) UNIQUE NOT NULL
);
CREATE TABLE class (
    class_id int PRIMARY KEY,
    title varchar(255),
    room_number varchar(255),
    instructor varchar(255)
);
CREATE TABLE enrollment (
    student_id int NOT NULL FOREIGN KEY REFERENCES student(student_id),
    class_id int NOT NULL FOREIGN KEY REFERENCES class(class_id)
);
```

 问题：编写 SQL 查询以确定使用电子邮件 john@pie.com 的学生所选的课程数量。

这是一个简单的 SQL SELECT 语句，可以连接 student 表和 enrollment 表，并使用 COUNT 功能：

```
SELECT COUNT (*)
FROM student JOIN enrollment USING (student_id)
WHERE email = 'john@pie.com';
```

 问题：假设从 SQL 数据库更改为具有类似 SQL 语法但不支持表之间连接的 NoSQL 数据库。对模式进行非规范化，以允许在没有连接的情况下有效地执行上一个问题的查询。

在上面的 SQL 模式中，每次要使用电子邮件查找学生正在学习的课程数时，都需要执行跨表连接。非规范化和避免连接的一种可能办法是在 enrollment 表中添加 email 作为列。于是，这样就能计算课程的数量，而不需要通过电子邮件连接表来标识学生。这样做会生成一个 enrollment 表，如下所示：

```
CREATE TABLE enrollment {
    student_id int NOT NULL,
    class_id int NOT NULL,
    email varchar(255)
};
```

然后，查询是简单地对 enrollment 表中的行计数：

```
SELECT COUNT (*)
```

```
FROM enrollment WHERE email = 'john@pie.com';
```

这会产生没有使用连接的结果。但是，它的速度仍然没有优化到位——因为每次调用查询时都需要搜索电子邮件匹配所需值的行。虽然对 email 做索引会大大提高速度，但仍然必须至少计算具有 email 对应值的行数。如果想进一步加速该查询，(特别是如果需要一个类似的模式，其中与学生类型实体关联的课程类型实体的数量变得非常高)，则可以通过在 student 表中创建一个列来反规范化数据库，将其用于直接跟踪学生所选择课程的数量。然后，每次在与课程相关的函数中进行插入或删除时，都要更新 student 表中的对应列。

在这种方法中，student 表变为：

```
CREATE TABLE student (
    student_id int NOT NULL,
    first_name varchar(255),
    last_name varchar(255),
    email varchar(255) PRIMARY KEY UNIQUE NOT NULL,
    num_classes int
);
```

现在，课程数量的查询很简单：

```
SELECT num_classes from student where email = 'john@pie.com';
```

此查询变得非常高效，因为它只需要从唯一键标识的单个行中读取单个值。

所有东西都存在权衡，这种对模式的改变确实存在一些缺点。目前已经引入了一个新列来表示原始模式中已存在的信息。因此需要额外的存储空间，并且还会在数据库中产生不一致的可能性(如果学生的 num_classes 的值不等于与该学生关联的 enrollment 中的行数)。

现在，如果从 enrollment 中添加或删除行，则还需要更新 student 表中的 num_classes。并且要在单个事务中进行这两个更改，以避免在其中一个更改失败时出现不一致。这使得插入和删除的速度变慢，但在更新很少且读取需要高效的系统中，这样的变通是值得的。

> **问题**：编写 SQL 语句，用于从上一个问题中的非规范化表的课程中完成学生的注册和取消注册。

如上所述，需要确保语句在单个事务中，以避免不一致。对应的语法和机制因数据库系统而异，因此我们不会在以下解决方案中明确表示。

假设事务已经不是问题，对于注册，必须同时完成 enrollment 表的插入，然后在 student 表中增加 num_classes：

```
INSERT INTO enrollment VALUES (334, 887);

UPDATE student
SET num_classes = num_classes + 1
```

```
WHERE student_id = 334;
```

取消注册看起来非常像插入和更新的反向操作——同样要确保这些操作位于同一个事务内：

```
DELETE FROM enrollment WHERE student_id = 334 AND class_id = 887;

UPDATE student
SET num_classes = num_classes - 1
WHERE student_id = 334;
```

应该采用几个用例来保证两组语句都是正确的。当这样做时，就会发现一些需要注意的特例。向 student 表插入新行时，需要确保 num_classes 从 0 开始。还有一些边界情况。例如，如果从 enrollment 表中删除不存在的行，则课程的数量不应该减少。此外，还需要确保不在 enrollment 表中的行中插入重复内容。

 问题：如果此数据存储在分布式数据库中，那么，如果数据库针对可用性和分区容忍性进行了优化而牺牲一致性，则可以创建哪些规则来限制不一致？

这是一个现实问题：不保证分布式数据库始终保持一致。通常，保证的是最终的一致性。

分析这个问题的一种办法是采用一个已经符合这一标准的通用分布式系统——银行系统。在银行业，更新存在限制。例如，可以规定在每一次能提取多少钱，或者规定在待存的支票存入账户之前应该要多久。这些限制使得潜在不一致的网络有时间进行更新，并最小化账户中可能发生的不一致的可能性，同时仍提供可用性，并为高可用性带来便利。

同样，在学生系统中可以创建规则，例如为学生设置注册时间、课程注册结束和最终课程名单公告之间的时间延迟，以及从分数出来和宣布之间的时间延迟。并非巧合的是，这些规则与大多数大学课程注册系统中的规则有着惊人的相似之处。

13.3 小结

数据库是应用程序的常用构件，尤其是基于 Web 的应用。大多数数据库系统都基于关系数据库理论设计，因此可以预期面试的大多数问题都与关系数据访问操作有关。为此，需要了解基本的 SQL 命令，例如 SELECT 和 INSERT。事务和外键约束是数据库为保持一致性而提供的机制。偶尔也会出现 NoSQL 概念和问题，事务和分布式数据库的特性也会在考题中出现。

第 **14** 章

图形和位操作

涉及图形或位运算符的题目不像前几章的领域那般常见，但在面试中出现频繁，值得讨论。尤其位操作问题在面试过程常靠前出现，可以看作是对更具挑战性的问题的热身。

14.1 图形

计算机屏幕由按笛卡尔坐标系排布的像素组成。这通常称为光栅像素显示(raster pixel display)。计算机图形算法可以改变像素集的颜色。现代计算机——甚至是移动电话——包括基于专用硬件的图形算法高性能实现，其速度比 CPU 上的软件实现快几个数量级。实际开发中的挑战是如何最好地利用图形硬件。实现后续各节中描述的任何技术都是极不寻常的。然而，面试中会涉及图形算法实现的问题，以测试候选人对计算机图形的理解，并检验其将数学概念转换为运行代码的能力。

生成光栅像素图像的算法往往基于几何方程。因为计算机屏幕具有的像素数量有限，所以从几何方程转换为像素显示可能非常复杂。几何方程通常具有实数(浮点)解，但像素只能位于定点的、等距的位置上。因此，计算的每个点必须调整为像素坐标。这需要某种舍入，但是舍入到最近的像素坐标并不总是正确的方法。经常需要以不寻常的方式对数字进行舍入或添加纠错项。当粗略舍入时，通常会让本应该是连续的线产生间隙。请注意检查图形算法是否由于不正确的舍入或纠错导致的失真或空隙。

先看看如绘制线段之类的简单事情。假设需要实现一个带有两个端点并在它们之间画一条线的函数。在做了一点代数分析后，容易得到形如 $y = mx + b$ 的等式。然后，可以计算一系列由 x 值得到的 y 值，并将点绘制出来构成线。这个函数似乎微不足道。

可怕的地方在于这个问题的细节。首先，必须考虑垂直线。在这种情况下，m 是无穷大，因此简单的过程不能完成线绘制。同样，想象一下这条线不是垂直的而是接近垂直的。例如，假设该线所跨越的水平距离是 2 个像素，但是垂直距离是 20 个像素。在这种情况下，只绘制 2 个像素——不足以构成一条线。要纠正此问题，必须将等式重

新修改为 $x = (y - b) / m$。现在，如果线更接近垂直，则可以改变 y 并使用这个等式。如果它更接近水平，则使用原始公式。

即使这样也不能解决所有问题。假设需要绘制斜率为 1 的线，例如，$y = x$。在这种情况下，使用上述任一过程，都将按照(0, 0)，(1, 1)，(2, 2)……进行像素绘制，这在数学上是正确的，但是线条在屏幕上看起来太薄，因为这些像素比其他线条更加分散。长度为 100 的对角线在其中具有比长度为 80 的水平线更少的像素。理想的线绘制算法应具有一些机制来保证所有线具有几乎相等的像素密度。

另一个问题涉及舍入。如果计算(.99, .99)处的点并使用类型转换将其转换为整数，则浮点值将被截断，像素将在(0, 0)处绘制。这时需要显式地将数值舍入，以便在(1, 1)处绘制点。

如果说图形问题看起来包含了一系列没完没了的特殊情况，那么刚才所说的舍入问题似乎也就是那回事，没什么不可理解的。尽管该画线算法有效地说明了图形编程中存在的问题，但当前算法对浮点计算的依赖会让程序变慢。纯整数数学的高性能算法要比现在讨论的复杂得多。

 注意：计算机图形涉及像素绘制。一定要检查舍入错误、空隙和特例。

14.2　位操作

大多数计算机语言都具有允许程序员访问变量的各个位的工具。位运算符在面试中的出现频率可能高于日常编程，因此值得回顾。

14.2.1　二进制补码表示法

要使用位运算符，需要一开始就从位一级进行思考。在计算机内部，数字通常用二进制补码表示法表示。如果已经熟悉二进制数，那么几乎可以马上理解二进制补码表示法，因为二进制补码表示法与纯二进制表示法非常相似。实际上，它们的正数表示是相同的。

唯一的区别在于负数。(整数通常由 32 或 64 位组成，但为了简单起见，本例使用8 位整数)。在二进制补码表示法中，正整数(如 13)为 00001101，与常规二进制表示法完全相同。负数有点棘手。二进制补码表示法通过将规则"翻转每个位并加 1"应用于正二进制表示的数字来将其变为负数。例如，要获得数字-1，请从 1 开始，即二进制的 00000001。翻转每个位会产生 11111110。添加 1 会给出 11111111，这是-1 的二进制补码表示法。如果对其不熟悉，则可能看起来很奇怪，但它使加法和减法变得简单。例如，可以简单地通过从右到左对二进制位相加来进行 00000001(1)和 11111111(-1)的加法计算，根据需要进位，最后得到(00000000)0。

二进制补码表示法中的第一位是符号位。如果第一位为 0，则该数字为非负数，否则为负数。当在数字内进行位移动时，这一点意义重大。

14.2.2　位运算符

大多数语言都包含一系列位运算符，这些运算符会影响整数值的各个位。C 和 C++ 的位运算符具有相同的语法和行为。除了移位运算符，C#、Java 和 JavaScript 中的位运算符与 C 和 C++相同。

最简单的位运算符是一元运算符(~)，称为 NOT。该运算符翻转或反转其操作的所有位。从而所有 1 变为 0，所有 0 变为 1。例如，如果~应用于 00001101，则结果为 11110010。

其他三个位运算符是|(OR)、&(AND)和^(XOR)。它们都是按位方式应用的二元运算符。这意味着一个数的第 i 位与另一个数的第 i 位组合以产生结果值的第 i 位。这些运算符的规则如下：

- & 如果两个位均为 1，则结果为 1，否则结果为 0。例如：

```
  01100110
& 11110100
  01100100
```

- | 如果两个位有一个为 1，则结果为 1。如果都为 0，则结果为 0。例如：

```
  01100110
| 11110100
  11110110
```

- ^ 如果两个位一样，则结果为 0。如果不一样，则结果为 1。例如：

```
  01100110
^ 11110100
  10010010
```

不要将&和|位运算符与逻辑运算符&&和||混淆。位运算符对两个整数计算并返回整数结果。逻辑运算符对两个布尔值计算并返回布尔结果。

其余位运算符是移位运算符：将值内的位向左或向右移位的运算符。C、C++和 C# 具有左(<<)和右(>>)移位运算符。Java 和 JavaScript 有一个左(<<)移位运算符，但有两个右(>>和>>>)移位运算符。

运算符右侧的值表示移位的位数。例如，8 << 2 表示将值"8"的位向左移动两个位。值的任何一端"掉落"的位(溢出位)将丢失。

<<运算符对五种编程语言全部通用。它将位移到左边，用 0 填充右边的空位。例如，01100110 << 5 得到 11000000。注意，可以根据第一位的新状态来改变值的符号。

>>运算符对于五种编程语言也都是通用的，但是当对有符号值进行操作时，其行为会根据符号而变化。当符号为正时，0 移入空位。当符号为负时，>>运算符执行符号扩展，用 1 填充左侧的空位，因此 10100110 >> 5 变为 11111101。这样，负值在移位时保持为负值。(从技术上讲，C 或 C++编译器是否执行符号扩展是依赖于实现的。实际上，它们几乎都会执行符号扩展)。当无符号值右移时，空位用 0 填充，无论第一位最初是 1 还是 0。Java 和 JavaScript 缺少无符号值，因此它们通过定义一个额外的右移位运算符>>>实现这一点。此运算符向右执行逻辑右移，无论符号如何都将空位填充为 0，

因此 10100110 >>> 5 变为 00000101。

14.2.3 通过移位实现优化

移位运算符能够快速乘以并除以 2 的幂。向右移 1 位相当于除以 2，向左移 1 位相当于乘以 2。大多数 C 或 C++编译器对负数的右移执行符号扩展，但对于不做符号扩展的编译器，这个技巧对于负数除法会失败。此外，在某些语言中(例如，在 Java 中)，负整数除以正整数被定义为向零舍入，但是移位操作则是往远离零的方向舍入。例如，-3 / 2 是-1，但-3 >> 1 是-2。因此，向右移 1 位近似于除以 2。

移位等价于乘以或除以既定基数的幂，这个处理技巧也发生在人们更熟悉的 10 为基的系统中。例如数字 17。在 10 为基的计算中，17 << 1 得到值 170，这与将 17 乘以 10 完全相同。类似地，17 >> 1 产生 1，这与将 17 除以 10 得数取整相同。

14.3 与图形有关的面试问题

图形问题通常集中在实现原始的图形函数的能力上，而不是像在大多数编程项目中那样使用高级 API。

14.3.1 八分之一圆

问题：编写一个以给定半径绘制以(0,0)为中心的圆的上八分之一部分的函数，其中上八分之一被定义为从时钟 12 点开始到 1 点 30 分的部分。使用以下原型：

```
void drawEighthOfCircle( int radius );
```

坐标系和要绘制的示例如图 14-1 所示。采用具有以下原型的函数来绘制像素：

```
void setPixel( int xCoord, int yCoord );
```

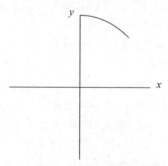

图 14-1　坐标系和要绘制的示例

这个问题并不像看起来那么刻意而为之。如果想实现绘制整个圆的程序，则需要尽可能少地进行计算以保持最佳性能。给定八分之一圆的像素，就能根据对称性轻松确定圆的其余部分的像素。

 注意：如果点(x, y)在圆上，则点(-x, y)、(x，-y)、(-x，-y)、(y, x)、(-y, x)、(y，-x)和(-y，-x)也在圆上。

这个问题是扫描转换的一个范例：将几何图形转换为基于像素的光栅图像。在进行一些计算之前，需要有一个圆的方程。生成圆的常见数学函数是：

$$x^2 + y^2 = r^2$$

这个定义很漂亮，因为它包含 x, y 和 r，与题目和坐标系一致。必须弄清楚如何根据等式 $x^2 + y^2 = r^2$ 确定圆上的坐标对(x, y)。计算一对坐标的最简单方法是将一个坐标赋值，然后计算另一个坐标值。对 y 赋值而计算 x 比较困难，因为在扫描转换后，一些特定的 y 值会有几个 x 值。因此，应该对 x 赋值并计算 y。根据代数知识，可以用下面的等式计算 y：

$$y = \pm\sqrt{r^2 - x^2}$$

在这个问题中，只处理 y 的正值，可以忽略负根。于是形成以下结果：

$$y = \sqrt{r^2 - x^2}$$

例如，给定 x 坐标为 3 且半径为 5，$y = \sqrt{5^2 - 3^2} = 4$。现在在 x 已知条件下计算 y 的方法明确了。接下来需要确定 x 值的范围。x 显然从 0 开始，但它在哪里结束？再看一下这个图，通过观察，试着弄清楚你是怎么知道结束位置落在八分之一圆的末尾。从视觉角度来说，就是当水平距离超过高度的时候。从数学角度来说，八分之一圆意味着 x 值变得大于 y 值。因此，x 范围是从 0 到 x > y 的部分。如果将这些片段放在一起，就可以得到绘制圆形的算法。概括表达为：

```
Start with x = 0 and y = r.
While (y ≤ x)
    Determine the y coordinate using the equation: y = √(r² - x²)
    Set the pixel (x, y)
    Increment x
```

这个算法看起来是正确的，但它有个小问题。问题起源于将 y 坐标视为整数，而 y 通常是十进制值。例如，如果 y 的值为 9.99，则 setPixel 会将其截断为 9，而不是根据需要将 y 像素舍入到 10。解决问题的一种方法是在调用 setPixel 之前将所有值舍入为最接近的整数，办法是将 0.5 加到 y。

调整后会生成更好看的圆圈。算法代码如下：

```
void drawEighthOfCircle( int radius ){
    int x, y;
    x = 0;
```

```
    y = radius;
    while ( y <= x ){
        y = Math.sqrt( ( radius * radius ) - ( x * x ) ) + 0.5;
        setPixel( x, y );
        x++;
    }
}
```

这个算法的效率如何？它的运行用时是 $O(n)$，其中 n 是需要绘制的像素数。这是最佳的运行用时，因为所有算法都必须调用 setPixel 至少 n 次以正确绘制圆形。该函数还使用 sqrt 函数并在 while 循环的每次迭代期间相乘。sqrt 函数和乘法可能计算缓慢。因此，对于速度至关重要的大多数图形应用，这个函数可能不实用。存在更快的画圆算法，这些算法不会重复调用像 sqrt 这样的慢函数或者重复进行乘法计算，但是在面试期间应该不需要实现它们。

14.3.2　矩形重叠

问题：给定两个矩形，每个矩形由左上角(UL)和右下角(LR)定义。两个矩形的边缘将始终与 x 或 y 轴平行，如图 14-2 所示。编写一个函数，确定两个矩形是否重叠。为方便起见，可以使用以下的类：

```
class Point {
    public int x;
    public int y;
    public Point( int x, int y ){
        this.x = x;
        this.y = y;
    }
}
class Rect {
    public Point ul;
    public Point lr;
    public Rect( Point ul, Point lr ){
        this.ul = ul;
        this.lr = lr;
    }
}
```

函数应该具有两个 Rect 对象作为输入，如果它们重叠，则返回 true，否则返回 false。

在进入问题之前，找出一些与矩形及其顶点有关的特性是有助益的。首先，给定左上(UL)和右下(LR)角，获得右上(UR)和左下(LL)角不难。右上角的坐标是左上角的 y 和右下角的 x。左下角是左上角的 x 和右下角的 y。

确定点是否落在矩形内也很有用。如果点的 x 大于矩形左上角的 x 且小于矩形右下角的 x，并且点的 y 大于矩形的右下角的 y 且小于矩形的左上角的 y，则点在矩形内。可以在图 14-2 中看到这一点，其中点 1 位于矩形 A 内。下面继续分析问题。

这个题目的表达直截了当。首先考虑两个矩形可以重叠的方式。尝试将不同的方式划分为不同的情况。一个不错的切入点是检查矩形的角点是否落在另一个矩形里面，如果是，则为重叠。也许可以通过计算一个矩形内包住另一个矩形的角点数来枚举两个矩形的重叠方式。但必须考虑的情况是，什么时候其中一个矩形在另一个内部有 0、1、2、3 或 4 个角。这些情况一次只会出现一个。首先考虑一种情况，其中所有矩形的角都不在另一个矩形内。如图 14-3 所示。

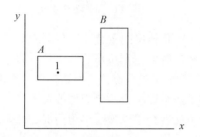

图 14-2　点 1 位于矩形 A 内

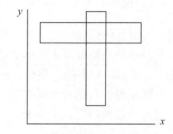

图 14-3　所有矩形的角都不在另一个矩形内

考虑两个矩形重叠而在彼此内部没有任何角的情况下必须满足哪些条件。首先，较宽的矩形必须短于较窄的矩形。接下来，两个矩形必须落在一定位置才会发生重叠。这意味着较窄的矩形的 x 坐标必须位于较宽的矩形的 x 坐标之间，而较短的矩形的 y 坐标必须位于较高的矩形的 y 坐标之间。如果所有这些条件都成立，则有两个重叠的矩形，彼此之间没有任何角。

现在考虑第二种情况，其中一个矩形的一个角落在另一个矩形内部，构成了重叠。如图 14-4 所示。这种情况相对容易。只需要检查一个矩形的四个角中是否有任何一个在另一个矩形内。

在第三种情况下，如果一个矩形的两个点在另一个矩形内，则矩形可能重叠。当一个矩形的一半在另一个矩形里面，而另一半在外面时，会发生这种情况，如图 14-5 所示。这里，一个矩形在另一个矩形内部没有角，或者一个矩形在另一个矩形内

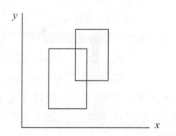

图 14-4　矩形的一个角在另一个矩形内

部有两个角。如果检查的是在另一个矩形内部没有角的矩形，则不会发生重叠。如果检查另一个矩形，其中两个角落在第一个矩形之内，则必须至少检查三个角以确定是否重叠。但是，无法事先确定哪个矩形在另一个矩形内部没有角。因此，对这两个矩形都必须至少检查三个角，才能正确地检测重叠。

三角点情况很简单：这是不可能的。无论怎样进行矩形绘制，都无法将它们排列成一个矩形在另一个矩形内部恰好有三个角点。

四个角的情况是可能的。如果一个矩形完全包住另一个矩形，就会发生这种情况，如图 14-6 所示。如果检查两个矩形的一个角，则可以在这种情况下正确地确定重叠。

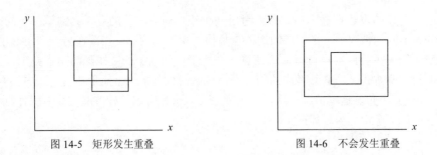

图 14-5　矩形发生重叠　　　　　　　　图 14-6　不会发生重叠

现在，进行测试以确定零角、单角、双角和四角情况的重叠，以包含所有这些情况。这些测试分别检查两个矩形的宽度、高度和位置，一个矩形的四个角、每个矩形的三个角以及每个矩形的一个角。可以单独对每种情况进行测试，但这样做有所重复。更好的办法是设计一个涵盖所有情况的统一测试。首先检查两个矩形的宽度、高度和位置，以覆盖零角情况。接下来，检查一个矩形的四个角以覆盖单角情况。然后，要覆盖两个角的情况，检查另一个矩形的三个角。如果运气不错，检查了一个矩形的四个角和另一个矩形的三个角，那么四角的情况已经被覆盖了，因为每个矩形都有一个角被检查过了。确定矩形重叠的综合测试需要检查以下内容：

- 两个矩形的高度、宽度和位置
- 一个矩形的四个角中是否有任何一个在另一个矩形内
- 第二个矩形中的三个角中的任何一个是否在第一个矩形内

这种测试重叠的解决方案是正确的，但效率似乎是低下的。它检查了两个矩形的高度、宽度和位置以及八个可能的角中的七个——每个角检查需要四次比较。这需要 34 次比较以计算答案。

也许有更好的解决方案。分析问题的另一种方法是考虑矩形在什么情况下不重叠，而不是重叠。如果知道矩形何时不重叠，就知道了它们何时重叠。不重叠的条件要简单得多。对于两个矩形 A 和 B。当 A 高于 B，或 A 低于 B，或 A 位于 B 的左侧，或 A 位于 B 的右侧时，A 和 B 不重叠。这些条件中不止一个可以同时为真。例如，A 可以在 B 的上方和右侧。如果这些条件中的任何一个为真，则两个矩形不重叠。这些条件的细节可以总结如。

在以下情况，两个矩形不重叠：

- A 的左上角 x 值大于 B 的右下角 x 值，或者
- A 的左上角 y 值小于 B 的右下角 y 值，或者
- A 的右下角 x 值小于 B 的左上角 x 值，或者
- A 的右下角 y 值大于 B 的左上角 y 值。

这个解决方案简单得多，只需要四次比较和一次否定。可以按如下方式进行函数实现：

```
boolean overlap( Rect a, Rect b ){
    return !( a.ul.x > b.lr.x ||
              a.ul.y < b.lr.y ||
              a.lr.x < b.ul.x ||
```

```
            a.lr.y > b.ul.y );
}
```

这个函数是能够取得预期结果的，但还可以做得更好。你可以摆脱逻辑 *NOT*。例如，名为 DeMorgan 定律的逻辑理论在这里可能会有所帮助。该定律规定如下：

$$\neg(A\ OR\ B)=\neg A\ AND\ \neg B$$
$$\neg(A\ AND\ B)=\neg A\ OR\ \neg B$$

> **注意**：在逻辑领域中，符号¬表示 *NOT*。

此外，还需要知道：

- ¬(A> B)相当于(A≤B)

根据这些规则，得到如下函数：

```
boolean overlap( Rect a, Rect b ){
    return( a.ul.x <= b.lr.x &&
            a.ul.y >= b.lr.y &&
            a.lr.x >= b.ul.x &&
            a.lr.y <= b.ul.y );
}
```

为了确保不出错，最好验证一下这些条件是否合理。在以下情况，上述函数能够确定两个矩形重叠：

- A 的左边缘位于 B 右边缘的左侧，且
- A 的上边缘位于 B 的下边缘上方，且
- A 的右边缘位于 B 的左边缘右侧，且
- A 的下边缘低于 B 的上边缘。

这些条件意味着矩形 B 不能在矩形 A 之外，因此必须有一些重叠。这是有道理的。

14.4　与位操作有关的面试问题

位操作问题的难度范围可以从很简单到很困难。在某些情况下，一道题目就能涵盖所有这些难度范围，可以囊括不断提高的效率和不断增加的复杂性的不同解决方案。

14.4.1　高位优先或低位优先

> **问题**：编写一个 C 函数，用于确定计算机是高位优先(big-endian)还是低位优先(little-endian)。

此问题用于检验候选人对计算机体系结构的了解，并尽可能地检验编程能力。面试官想知道你是否熟悉术语字节顺序(endian)。如果你对此熟悉，则应该给出其定义，

或者即使忘记了哪个是哪个，至少试着指出高位优先和低位优先之间的区别。如果不熟悉该术语，那么最好请求面试官解释。

字节顺序(Endianness)是指计算机在存储多字节值时各个字节的存储顺序。(或者从技术上讲，多单元值的单元——例如，计算机可能使用 16 位单元大小而不是 8 位单元大小。为简单起见，将此讨论限制为 8 位单元)。计算机使用多字节序列表示某些原始数据类型。

整数内的字节可以按任何顺序排列，但它们几乎总是从最低有效字节(Least-Significant Byte，LSB)到最高有效字节(Most-Significant Byte，MSB)，或者从 MSB 到 LSB。"有效"是指字节在多字节值内表示的位置值。如果一个字节表示最低位值，则该字节为 LSB。例如，在十六进制数 5A6C 中，6C 是 LSB。相反，如果一个字节代表最高位值，它是 MSB。在 5A6C 示例中，5A 是 MSB。

在高位优先的机器中，MSB 在最低的地址位；在低位优先的机器中，LSB 具有最低地址。例如，为了存储 2 字节十六进制数值 A45C，高位优先的机器会将 A4 放在较低地址字节位中，并将 5C 放在下一个字节位中。相反，低位优先的机器在较低地址字节中存储 5C，而在下一个字节中存储 A4。

只要数据保留在相同类型的系统上，字节顺序通常对程序员是透明的。如果在具有不同字节顺序的不同系统之间交换数据，就可能会出问题。大多数编程语言都默认使用系统的本地字节顺序将数据写入文件和网络设备——也就是说，使用字节在内存中的相同顺序。这意味着在低位优先系统上运行没考虑字节顺序的程序，所写的数据可能会被运行在高位优先系统上的同一程序误解。在大多数情况下，字节顺序由处理器决定，但无论底层处理器类型如何，Java 虚拟机都是高位优先。

要回答此问题，必须选择要使用的多字节数据类型。选择哪一个并不重要，只是类型要超过 1 个字节。32 位整数是一个不错的选择。需要确定如何测试此整数以确定哪个字节是 LSB 以及哪个是 MSB。如果将整数的值设置为 1，则可以区分 MSB 和 LSB，因为在值为 1 的整数中，LSB 的值为 1，MSB 的值为 0。

然而，如何访问一个整数的各个字节，目前还没有直截了当的办法。可以尝试使用位运算符，因为可以利用它们访问变量中的各个位。然而，将位操作应用于访问字节并不是特别有用，因为位运算符会直接认为，位就是按照从最高有效位到最低有效位的顺序排列的。例如，如果使用左移运算符将整数移动 8 位，则运算符对整数进行处理的时候，会直接把这个整数当作有 32 个连续位，而不管内存中的真正字节顺序如何。此特性阻碍了使用位运算符来确定字节顺序。

如何检查整数的各个字节？C 语言的字符是单字节数据类型。将整数视为四个连续字符可能很有用。为此，需要创建一个指向整数的指针。然后将整数指针强制转换为字符指针。于是可以像 1 字节数据类型的数组一样访问整数。使用字符指针可以检查字节并确定格式。

具体来说，要确定计算机的字节顺序，需要获取指向值为 1 的整数的指针。然后，将指针强制转换为 char *。这会更改指针指向的数据大小。取消引用此指针时，可以访问 1 字节字符而不是 4 字节整数。然后，可以测试第一个字节以查看它是否为 1。如果字节值为 1，则机器为低位优先，因为 LSB 位于最低内存地址。如果字节值为 0，则机器为高位优先，因为 MSB 处于最低内存地址。程序要点如下：

```
Set an integer to 1
Cast a pointer to the integer as a char *
If the dereferenced pointer is 1, the machine is little-endian
If the dereferenced pointer is 0, the machine is big-endian
```

本测试的代码如下：

```
/* Returns true if the machine is little-endian, false if the
 * machine is big-endian
 */
bool isLittleEndian(){
    int    testNum;
    char *ptr;
    testNum = 1;
    ptr = (char *) &testNum;
    return (*ptr); /* Returns the byte at the lowest address */
}
```

这个解决方案足以用于面试。但是，因为面试的目的不仅仅是为了解决问题，而且还要给面试官留下深刻印象，可能需要考虑一种更优雅的方式来解决这个问题。它涉及使用 C 的一个称为联合类型(union)的特性。union 就像一个 struct，但是会从内存中的相同位置开始分配所有成员。这样就可以使用不同的变量类型访问相同的数据。语法几乎与 struct 相同。使用 union 的代码如下：

```
/* Returns true if the machine is little-endian, false if the
 * machine is big-endian
 */
bool isLittleEndian(){
    union {
        int theInteger;
        char singleByte;
    } endianTest;
    endianTest.theInteger = 1;
    return endianTest.singleByte;
}
```

14.4.2　1 的个数

 问题：编写一个函数，确定给定整数的二进制表示中各个 1 位的数目。

这个题目的第一印象是基本转换问题，需要设计一个算法来将基数为 10 的整数转换为二进制补码。这种方法很绕，因为计算机已经在内部以二进制补码形式存储各个数字。不需要进行基本转换，而是直接数 1 的个数。

可以通过检查每个位的值来得到 1 的数量。理想情况下，需要有一个能够告诉你指定位的值的运算符。这样，就可以迭代所有位并数出来其中有多少是 1。然而，这个理想的运算符不存在。

可以首先尝试创建一个使用现有位运算符确定每个位值的过程。专注于找出获得最低位值的方法。执行此操作的一种方法是对给定整数与 1 做 AND 运算。为方便操作，以 8 位整数为例，1 被存储为 00000001。如果给定整数的最低位为 0，则其与 1 的 AND 操作结果将为 00000000；如果最低位为 1，则结果为 00000001。一般来说，如果创建掩码恰当，则可以得到任意位的值。在这种情况下，掩码是一个整数，所有位都设置为 0；需要检查的位置为 1。当采用掩码与待检查的值做位操作，如果结果为零，则待检查的位为 0；如果结果非零，则表示待检查的位的值为 1。

可以为每个位创建一个掩码并计算 1 位的数量。例如，第一个掩码是 00000001，然后是掩码 00000010、00000100、00001000，并以此类推。这样做可行，但面试官可能不想看到候选人写那么多掩码。考虑每个掩码之间的差异。每个掩码与前一个掩码除了有 1 位向左移动了一个位置，其他地方是一样的。可以使用左移运算符来构造它们，而不是预定义掩码。只需要从 00000001 的掩码开始，然后重复将整数向左移动 1 位以生成所有必需的掩码。这是一个好手段，如果一直做下去，能得到一个可以接受的答案。然而，有一个更漂亮、更快的解决方案，即只使用一个掩码。

想想用单个掩码能做出什么。现在正在试着检查整数的每个位，因此需要在每次迭代时屏蔽不同的位。到目前为止，为了实现位屏蔽，采用的策略是移动掩码并保持整数不动，但如果移动整数，则可以使用相同的掩码检查其所有位。最自然而然的掩码是 00000001，它产生最低有效位。如果继续向右移动整数，则每个位最终将成为最右边的位。以 00000101 为例。最右边的位是 1，所以要在你的计数中加 1 并向右移动整数，产生 00000010。这次最右边的位是 0。再向右移动产生 00000001。这个整数中的最低有效位是 1，所以将计数递增到 2。在第三次向右移动时，整数变为 00000000。当整数值达到零时，没有剩余 1 位，因此可以停止计数。就像在此示例中一样，可能不必遍历所有位来计算所有 1，因此在大多数情况下，此算法比多掩码算法更有效。概括地说，单掩码算法如下：

```
Start with count = 0
While the integer is not 0
    If the integer AND 1 equals 1, increment count
    Shift the integer one bit to the right
Return count
```

最后，检查此代码中有没有错误情况。先看看正数、负数和零的问题。如果整数的值为 0，则算法立即正确地返回二进制表示中有零个 1。接着考虑输入为负数的情况。向右移动数字，但如果右移运算符执行符号扩展，则左侧添加的新位变为 1 而不是 0。解决方案取决于所用的编程语言。如果语言支持无符号类型(例如 C、C++和 C#)，则可以将该值读取为无符号整数。在没有无符号类型的语言中，通常有一个特殊的运算符，它在没有符号扩展的情况下进行右移(在 Java 和 JavaScript 中为>>>)。使用>>>或无符号整数意味着移位运算符不会对符号进行扩展，并且在右移位期间添加的新位将为 0。

该数字最终变为全 0。最后，考虑给出正整数的情况。这是刚才使用过的示例情况，算法是有效的。

Java 中的对应算法代码如下：

```
int numOnesInBinary( int number ) {
    int numOnes = 0;
    while ( number != 0 ){
        if ( ( number & 1 ) == 1 ) {
            numOnes++;
        }
        number = number >>> 1;
    }
    return numOnes;
}
```

这个函数的运行用时是多少？该函数执行 while 循环，直到所有 1 都已计数。在最好的情况下，给定的整数是 0，函数完全不用执行 while 循环。在最坏的情况下为 $O(n)$，其中 n 是整数中的位数。

除非非常擅长位操作，否则这是面试中可以提出的最佳解决方案。但是，考虑从数字中减去 1 时在位级发生的情况，存在更好的解决方案。减 1 产生的值与原本的整数具有几乎所有相同的位，但是翻转了最低位的 1 及其之后的各个位。例如，从值 01110000 中减去 1 会得到值 01101111。

如果将 AND 运算应用于整数和减法的结果，则结果是一个与原始整数几乎相同的新数字，除了最右边的 1 现在为 0。例如，01110000 AND (01110000 − 1) = 01110000 AND 01101111 = 01100000。

可以计算在整数值达到 0 之前可以执行此过程的次数。这是计算机表示该数字的 1 的数量。对应算法要点如下：

```
Start with count = 0
While the integer is not zero
    AND the integer with the integer − 1
    Increment count
Return count
```

下面是代码：

```
int numOnesInBinary( int number ){
    int numOnes = 0;
    while ( number != 0 ){
        number = number & ( number - 1 );
        numOnes++;
    }
    return numOnes;
}
```

这个解决方案的运行用时为 $O(m)$，其中 m 是解决方案中 1 的数量，但是这还不是最好的解决方案。最好的解决方案之一采用了并行方法实现，该方法使用位操作来同时计算每个相邻位对中的位数，然后(并行)对 4 位、8 位等相邻单位求和，得出解决方

案在 $O(\log n)$ 时间内(其中 n 是整数中的位数)。该算法的一个版本出现在早期的编程教科书 *The Preparation of Programs for an Electronic Digital Computer*, Maurice V. Wilkes, David J. Wheeler, Stanley Gill. Addison Wesley (1951)。

该题目描述的操作通常称为总体计数(population count)。总体计数有几个应用，特别是密码学。事实上，这种办法非常有用，许多处理器采用单一指令在硬件中实现总体计数。某些编译器允许通过扩展访问此指令，例如 Gnu Compiler Collection 中的 __builtin_popcount()和 Microsoft Visual C++中的__popcnt()。如果处理器提供支持，则这些支持是迄今为止执行总体计数的最快方法。

请记住，这些额外的解决方案是出于兴趣而给出的，第一个解决方案在面试中已经能够满足要求。

14.5　小结

涉及位操作和计算机图形学的问题在面试中很常见。除非申请图形相关职位，否则遇到的图形问题通常都是相当基础的。仔细枚举并检查所有可能的特例，并在浮点计算和固定像素位置之间进行转换时关注舍入问题。位操作问题比图形问题更常见。考虑到所从事的编程类型，你也许不经常使用位操作，所以在面试之前请先熟悉位运算符及其用法。

第 **15** 章

数据科学、随机数和统计学

数据科学(data science)是一个相对较新的、不断发展的跨学科领域,位于计算机科学、软件工程和统计学的交叉点。与许多不断发展的领域一样,数据科学一词对不同的人来说意味着不同的事情。如果要定义数据科学家,一个有点滑稽而又相对准确的说法是——他们比统计学家更懂编程,比程序员更懂统计。

对拥有这些技能的人才需求在很大程度上受到大数据(big data)的驱动。大数据是另一个众说不一的术语,但是,考虑到人们认为的大数据和传统办法形成的大数据存在差异,在这里将大数据定义为太大而无法通过传统方法有效分析或理解的数据集合。大数据之所以形成,归功于以下要素越来越廉价、越来越普遍:用于收集数据的计算机和数字设备,用于汇集并传输数据的网络,以及用于维护数据的存储。

数据分析传统上由统计学家进行。虽然现在几乎所有统计学家都用计算机进行计算工作,但是在历史上,工作重点在于数据集,数据量是可以被一小组研究人员合理收集的。通常来说,一般有数百到至多数万个记录,具有数十到数百个变量。这种规模的数据通常可以使用电子表格等半手工技术进行组织管理。对于大数据而言,这些技术变得不再可行,其中数据集大小通常大许多个数量级。在大数据规模条件下,任何手动执行的操作几乎都是不切实际的,因此所有数据清洗和加载操作都需要完全依靠编写脚本完成。对于小数据集而言可忽略不计的算法性能问题对于大数据而言变得至关重要,并且分布式计算通常是实现合理性能所必需的。接受传统训练的统计人员往往缺乏有效执行这些任务所需的技能。

与此同时,计算机科学家和软件工程师的教育传统专注于确定性的离散数学,缺乏概率统计。因此,接受传统训练的程序员具有处理大数据计算的能力,但往往缺乏处理统计计算的能力,无法对大数据进行适当而有意义的分析。

数据科学家通过统计和计算方面的专业知识弥补了这一空白。随着数据科学已经发展成为独立领域,引发了统计学和计算科学的概念交织,推动相关技术发展。作为引领人工智能复兴的机器学习技术,其发展和应用正处于爆发期,数据科学在这门技术之中最为引人注目。

　　一个完美的数据科学家既精通统计也精通编程。随着为培养数据科学家而开设学位并展开培训计划，这样的数据科学家将会越来越多。目前，在该领域工作的大多数人已经从传统学科接受了再培训并逐渐成长，并且对他们曾经擅长的领域形成了更深入的认识。最常见的是学过编程的统计学家和学过统计学的程序员。

　　因为你正在看本书，估计你的背景主要在计算机方面。要覆盖所有统计方面的背景和技术，以求培养能干的数据科学家，相关知识点可以轻松汇成一本书，因此本书不会强求能够提供全面的解说。相反，本书能做到的事情是，介绍一些关键的基本概念。对于非数据科学家的程序员，本书能介绍一些相关领域的特色知识，以帮助各个程序员确定自己是否有兴趣进入该领域。对于面试工作主要是编程但涉及一些数据科学和分析的候选人，本章中的材料可能和面试所要求的层次一致。另一方面，对于正在专门针对数据科学家的职位进行面试的候选人，这类读者应该关注比本章所含内容更高层面的统计学和机器学习问题，这类问题可能会在面试中提到。尽管如此，如果你觉得自己本来就是数据科学家，那么相关概念恐怕已经在脑海雪藏了，本章能够对这些概念进行回顾，希望能够对你有所帮助。

15.1　概率和统计

　　事件的概率(probability)是它发生的可能性。概率介于 0(事件永远不会发生)和 1(事件将始终发生)之间。当概率未知或是一个变量时，通常用 p 表示。在某些情况下，可以通过分析事件可能结果的范围及其相对可能性来合理地确定概率。例如，投掷一个六面平正的骰子有六种可能的结果，每种结果可能性相同，于是不管被抛出多少次，其概率为 1/6。其他情况的概率必须通过在大量试验中反复测量事件结果来凭经验估计。例如，在棒球比赛中，球员的平均击球命中率是他们击球时命中的可能性的经验估计。

　　到目前为止讨论的结果都是离散的：它们具有固定且可数的结果。例如，掷骰子只有六种可能的结果；击球手要么击中得分，要么没打中。许多重要结果是连续的。例如，成年人的身高。概率仍然在这些事件中发挥作用。你知道，一个人的身高为 5 英尺 9 英寸的可能性很大，而 7 英尺 11 英寸或 4 英尺 1 英寸的可能性较小。因为高度可以为任意值，并且没有两个人具有完全相同的高度，所以将概率分配给特定高度是没有意义的。相反，根据概率密度函数为结果分配相对可能性或概率。该函数的图形的形状(由函数的形式确定)定义了分布。

　　分布(distribution)描述了可能结果的相对可能性。在均匀分布(uniform distribution)中(见图 15-1)，最小和最大可能结果之间的每个结果都是同等可能的。像高度这样的自然测量值通常遵循(或几乎按照)高斯分布(Gaussian distribution，见图 15-2)，有时称为钟形曲线，因为其形状类似于钟的横截面。高斯分布是如此常见，以至于它也被称为正态分布(normal distribution)。分布也可以是离散的。一个典型的例子就是掷硬币，在给定次数的条件下，得到的面朝上的总次数。如果翻转硬币 n 次，则从第 0 次累计到第 n 次，可能为面朝上的总次数的相对概率由二项分布(binomial distribution)定义。当离散分布的结果数量变得足够大时，通过连续分布来逼近它通常更方便而且相当准确。例如，对于硬币翻转，当 n 约增加到超过 20 时，高斯分布将成为二项分布的良好近似。

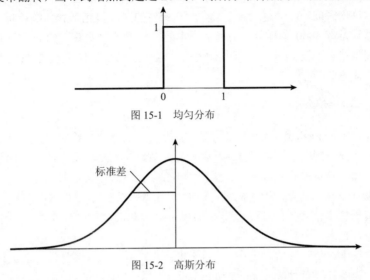

图 15-1　均匀分布

图 15-2　高斯分布

分布的两个关键参数是均值(mean)和方差(variance)，均值描述分布的中心位置，方差描述分布的宽度。标准差(standard deviation)是方差的平方根。

15.1.1　描述性统计和推断性统计

描述性统计试图对数据集的一些方面做出总结，诸如均值、中位数和标准差等。当数据集是完整样本(包括所有可能的项)时，统计量具有唯一值且没有不确定性。例如，假设有一个包含公司所有员工身高的数据集。根据这个数据集可以计算公司员工的平均身高。无论重复多少次，都会得到相同的数字。完整样本的统计量是总体统计量——在这种情况下是总体均值。

大多数样本是不完整的(总体的子集)，因为很难或不可能获得数据集中的每个可能的值。从完整总体中抽取的无偏的、随机选择的一组值称为代表性样本(representative sample)。为了解样本所基于的总体，对样本进行统计，称为推断性统计(inferential statistics)。对代表性样本计算的统计量称为总体统计量的估计值。这些估计总是有与之相关的不确定性。回到员工身高的例子，如果没有一家大公司所有员工的完整数据，那么假设你决定在 100 名员工的随机样本上收集身高。可以从该样本计算的平均值得到所有员工的平均身高(总体均值)的估计值。如果使用不同的随机样本重复该过程，则每次得到的值都会稍有不同，因为每个样本中都有不同的个体。均值的每个估计值可能接近总体均值，但又不完全相同。

15.1.2　置信区间

样本统计量的不确定性取决于样本中项的数量(较大的样本具有较小的不确定性)

和被测项的方差(较大的方差会产生较大的不确定性)。估计值不确定性的常用度量是 95%置信区间(confidence interval)。95%置信区间的定义是这样子的，如果构建样本并基于样本算出区间，在经过大量重复之后，95%的区间将包括总体统计量。因此，如果员工身高数据有 1000 个样本，则每个样本的样本均值是略有不同的，每个样本的 95% 置信区间也略有不同，这些区间中有大约 950 个包括了总体平均高度(是使用所有员工的数据来计算的值)。

15.1.3 统计检验

统计检验(statistical test)用于将从样本得到的估计值与给定值(一个样本检验)或其他样本的估计值(多个样本检验)进行比较。大多数检验是围绕零假设的概念构建的：所比较的总体统计量没有差异。检验输出为 p 值。p 值的定义是概率，如果零假设为真且实际上没有差异，则会由于随机采样而偶然出现观察差异(或更大的差异)。因此，p 值越小，基于样本估计值的明显差异由随机机会引起的可能性越小，总体中存在真实差异的可能性越大。

在传统上，是将阈值设定在 $p < 0.05$ 来认定差异是"真实"的。低于该阈值的 p 值通常被称为统计显著性(statistical significant)。尽管 0.05 的阈值已经具有几乎神奇的重要性，但阈值是任意选择的。如果想合理应用统计量，需要考虑对待检验信息的不确定性的容忍度，而不是盲目地应用常规阈值。

虽然较小的 p 值对应于存在差异的较大可能性，但并不一定表明较大的 p 值表示没有差异的较大可能性。较小的 p 值是差异可能性的证据，但缺乏差异不是没有差异的证据。通过检验的统计功效来测量检验在存在差异时确定差异的可能性。检验输出的 p 值不提供有关统计功效的信息。检验未能确定统计显著性差异，可以理解为在给定上下文内容中不存在大于给定差异量的证据，只能通过检验的统计功效(statistical power)检测出上下文信息的差异量。随着样本量的增加，统计功效会增加。

这些原理可以用一个具体的例子来说明。假设现在要确定公司的男女平均身高是否有差异。首先根据两个代表性样本确定平均身高的估计值，其中一个是男性，一个是女性。可能在此处使用的常见统计检验是学生 t 检验(Student's t-test)，该方法比较平均值的估计值。可以聚集大量的男性和女性样本，并观察平均身高为 5.1 英寸的差异估计。应用 t 检验可能会产生 0.01 的 p 值。于是可以合理地得出结论，公司中男性和女性的平均身高之间存在统计学上的显著差异。这个结论是站得住脚的，因为如果男女平均总体高度实际上相等，则两个样本之间平均高度差为 5.1 英寸(或更大)的观察概率为 1%。一个不太积极的研究者可能会聚集小样本，观察 6 英寸的差异，并从 t 检验中获得 0.30 的 p 值。得出平均高度与该数据存在差异是不合理的，因为观察到的差异可能是由于这些小样本量的偶然性，导致概率相对较高，达到 30%。此外，如果说本次检验使用小样本量不能很好地检测出差异，那么如果得出一个结论，说男性和女性之间的平均身高是相同的，则论断是不合理的。在这种情况下，人们无法从该统计检验中合理地总结出任何有用的结论。

　　每个统计检验都基于对其应用的数据样本的假设。例如，t 检验假设样本数据是从遵循高斯分布的总体中提取的。对用于样本数据的分布做出假设的检验被认为是参数统计(parametric statistics)，而不进行这些假设的检验被认为是非参数统计(nonparametric statistics)。一直以来人们都比较喜欢选用参数统计，因为在相同样本量的条件下(特别是当样本量相对较小时)，参数统计比非参数统计具有更大的统计功效，并且它们的计算密集度较低。在现代，这些优点通常较难体现，因为计算不再是手工完成的，并且当样本数据集规模很大时，统计功效的差异可以忽略不计。

　　了解每个统计检验或统计过程中固有的假设，知道如何确定这些假设是否被违反，并使用这些知识来选择最佳统计量是统计专业知识的关键特征。几乎所有人都可以通过一步一步地使用统计软件将检验应用于数据集。无论是否违反了检验假设，结果都会产生，但如果假设不正确，则结果可能毫无意义。一个优秀的统计学家或数据科学家是能够确保结果有意义并能合理解释它们的。

15.2　人工智能与机器学习

　　人工智能(Artificial Intelligence，AI)是关于使用计算机来解决需要智能的问题的学科，展现出来的能力就像正常人类的所作所为，而不仅仅是计算。智能是一个难以精确定义的术语，计算和智能之间的界限是主观的、难以界定。虽然人工智能中有什么和不包括什么都存在大量争论的空间，但人们普遍认为，目前人使用计算机可以完成许多任务，但计算机无法有效独自完成，例如写书。试图将这些任务和问题转向自动解决方案属于人工智能领域。

　　人工智能具有悠久而迷人的历史，历史周而复始，其突破性的成功引起了人们很高的期望，随后承诺的突破性技术却屡屡受挫，迟迟不能兑现。尽管人工智能多次未达到其崇高的目标，但几十年来已经取得了实质性进展。人工智能看似是一个永远无法实现的目标，其中一个原因是关于计算和人工智能的边界认识是动态变化的。曾经有许多问题被认为是具有挑战性的人工智能目标，例如光学字符识别、国际象棋或围棋等游戏、语音识别和图像分类，现在已基本解决。随着人们习惯了这些技术广泛地被计算机实现，这些话题渐渐不再被认为是需要智能的。

　　这里大幅度简化人工智能的复杂历史，其大部分早期工作都集中在以计算形式显式地表示知识，并使用形式逻辑和推理来制定决策和展现智能。这在有限的领域取得了巨大的成功，但对于现实世界数据的问题，那些噪音满满、支离破碎、内象不一的数据，却无从下手。人工智能的最新的成就和燃起的热情主要源于机器学习方法。虽然机器学习技术自人工智能早期已然存在，但它们最近在解决其他人工智能方法难以解决的问题方面取得了巨大成功。

　　机器学习(Machine Learning)技术对智能的促进——或者说，进行分类和预测的能力——是直接从数据学习得到的，而不是由人明确编码得来的。机器学习深深植根于统计学。例如，回归(regression，对数据进行直线或曲线拟合)既是基本的统计技术，也经常被认为是一种简单的机器学习形式。在机器学习中，程序员编写定义模型结构的代码，包括如何与输入数据交互以及如何学习，但模型中的智能和知识是模型从训练数据中学习的，以可调参数的形式出现。机器学习可以是有监督学习(supervised learning)，每项数据输入与期望的输出匹配，并且目标是学习如何基于输入再现输出。机器学习也可以是无监督学习(unsupervised learning)，在这种情况下，目标是学习用来表示输入之间共性的输出。

机器学习包括一系列技术，规模庞大。最近机器学习的大部分工作都集中在神经网络上。在神经网络(neural network)中，多层神经元松散连接，按照人脑神经元功能原理，对信息加工和知识表达进行建模。神经网络本身历史悠久。神经网络技术的最新版本通常被称为深度学习(deep learning)。深度学习与早期的神经网络的区别主要在于网络层数的显著增加。深度学习的成功出现受到多种因素的驱动，包括互联网和廉价存储的发展，保证了足够的数据聚集以进行深度学习网络训练，计算能力的提高，特别是 GPU 计算，这使得在合理时间段内在大型数据集上训练大型网络成为可能。

机器学习的过程从获取样本数据集开始。该数据集必须具有代表性，才能用作模型学习，模型最后才会好用。毕竟模型无法学习训练数据之外的内容。

数据通常需要经过一些预处理。从历史角度来说，这种预处理非常广泛，基于特征工程(feature engineering)：根据数据科学家设计的算法从数据中提取感兴趣的概要参数。然后，将这些提取的特征值作为机器学习模型的输入。深度学习通常采用表征学习(representation learning)，其从数据中学习特征而不是明确编码。表征学习在声音和图像等自然世界数据中特别成功，其中人工特征工程具有极大的挑战性。对于表征学习，预处理通常更少。例如，图像数据集的预处理可能涉及将像素尺寸和平均亮度调整为与数据集中的每个图像一致，然后将每个图像的像素值用作机器学习模型的输入。

数据集通常被划分为训练集(training set)和测试集(test set)。测试集保持独立，仅使用训练集中的数据训练模型。大多数机器学习算法通过迭代地检查训练集来学习。理想情况下，模型的性能随着每轮训练而提高，直到它收敛(converge)：渐近地接近给定模型和训练数据集的理论最大性能。对于某些机器学习技术，包括深度学习，将数据集分为三个部分是很常见的：除了训练和测试之外，验证集(validation set)还用于监控模型训练的进度。模型除了从数据中学习的参数外，许多模型还具有可以通过对数值手动调整，以控制模型的结构(例如，网络层中的神经元数量)或模型学习方式。这些被称为超参数(hyperparameter)。然后可以基于测试集数据运行训练过的模型，以估计实际数据的预期性能。模型通常在它们参与训练过的数据上表现更好。因此，将测试集与训练集分开是很重要的，这样测试集支持的性能估计才是无偏的。

15.3 随机数生成器

随机数对于使用或模拟真实数据的各种应用至关重要。它们用于统计分析，以便构建无偏的、有代表性的样本。随机抽样是许多机器学习算法的核心。游戏和模拟通常严重依赖随机数，包括在场景中产生多样性以及为非玩家角色生成人工智能程序。

在面试中，随机数生成器问题将统计学等数学概念与计算机代码结合起来，可以评估候选人的分析能力和编码能力。

大多数编程语言或标准库提供随机数生成器(Random Number Generator，为方便表达，本章部分语句采用缩写 RNG)。这些函数通常更恰当地被称为伪随机数生成器。伪随机数生成器生成一系列数字，这些数字与真正的随机序列有许多相似特性，但是由采用从一个或多个初始种子值开始的确定性计算算法生成。由于算法是确定的，当使用相同种子启动时，给定算法将始终产生相同的"随机"数字序列。给定由伪随机数生成器生成的足够长的数字序列，可以预测序列中的下一个数字。

在标准 CPU 上运行的任何算法都不能创建真正的随机序列(即，永远无法预测下一个数字的非确定性序列)。真正的随机序列只能通过测量本质上随机的物理现象来产生，例如放射性衰变、热噪声或宇宙背景辐射。直接测量这些数据需要使用的特殊硬件很少在通用计算机上存在。由于某些应用(特别是密码技术)需要真正随机的不可预测性，因此许多操作系统都具有随机数生成器，这些生成器从典型计算机的硬件计时设备中获得随机性，例如非固态硬盘驱动器、键盘和鼠标。

尽管基于硬件的随机数生成方法避免了伪随机数生成器的确定性可预测性问题，但它们通常以比伪随机算法低得多的速度生成数字。当需要大量不可预测的随机数时，通常采用混合方法，使用由硬件引导的随机性，周期性地、反复播种伪随机数生成器。根据应用的要求，可以使用其他方法进行播种。例如，电视游戏可能基于系统时间播种生成器，该系统时间不足以承受密码攻击，但足以通过在每次玩游戏时产生不同的序列来保持游戏的趣味性。出于调试目的，你可能在每次运行程序时采用相同的固定值为生成器播种，以提高错误的可重现概率。大多数开发库以一些通常比较合理的方式为伪随机生成器自动播种，因此在一般情况下，可以认为面试中的随机数生成器已经播种。

按照惯例，大多数随机数生成器生成正态分布的数值序列(如图 15-1 所示)。也就是说，生成器函数返回 0 到 1 之间的值，而且 0 到 1 之间的所有数值具有相同的返回概率。在典型实现中，此范围包括 0 但不包括 1。通常你可能需要的是范围在 0 到 n 之间的随机整数。这可以通过将生成器返回的值乘以 $n+1$ 并取该值的向下舍入值来轻松实现。

15.4　与数据科学、随机数和统计学有关的面试问题

这些问题要求将编程知识与数学、统计学和机器学习等知识相结合。

15.4.1　不可重复的结果

> **问题**：你的有些同事正在尝试使用机器学习进行模型开发，用以检测电视游戏中的作弊行为。他们已经训练了 100 种不同的模型变体。他们针对每个训练模型的测试集性能进行统计检验并且发现，对检测作弊行为，与随机猜测相比，其中的四个模型在统计显著性上有更好表现，p 值为 0.02～0.04。当他们将这些模型投入正式生产时，却惊讶地发现模型惨痛地失败了，并且在检测作弊方面似乎并不比随机猜测更好。请问你的这些同事到底什么地方出了问题。

可以想象这里各种各样的事情都可能出问题——例如，训练和测试数据可能无法代表生产中的实际数据。模型在使用中的实现方式可能存在一些错误，或者在将数据输入模型之前对数据进行预处理的方式存在差异。虽然可以尽情地进行各种可能的推测，但请关注问题中给出的信息，以确定一些绝对错误的痕迹。

所提供的大部分信息都集中在模型性能的统计检验上。已知测试的 100 个模型中有 4 个比随机猜测有更好的性能。这意味着在传统的显著性阈值下，96 个模型无法通过该统计检验与随机猜测区分开来。这几乎是所有情况了。作为一个假想实验，如果所有 100 个模型实际上与随机猜测无法区分，想想看，你期待结果会如何？

另一种统计分析方法是假设零假设对于每个模型都是正确的。根据 p 值的定义，如果零假设为真，则 p 值表示在检验中观察到的差异(在这种情况下，模型的性能)将随机发生的概率。因此，当 p 值接近 0.05 时，概率相当于 20 个中选 1 个，通过模型达到显著效果事实上只是随机侥幸。

1/20 是相当小的概率，所以对于表现良好的模型而言，如果说这个概率表示模型实际上没用，那么可将模型实际上没用归咎为不幸，但也不能仅仅归咎为不幸。不过，在这个场景下，碰运气选择差模型(相当于随机猜测)的概率是否真的很低呢？

根据题目，统计检验是在运行 100 个模型的结果上进行的。因此，这意味着，即使实际上没有，在 100 个模型中的每一个也有 1/20 的机会被选中，在统计上具有突出表现。因为正在对 100 个模型进行检验，所以，如果所有 100 个模型实际上都毫无价值，那么大约 5 个模型将被识别为性能良好且 p 值小于 0.05。(这种期望确实假设每个模型的性能独立于所有其他模型。如果模型具有一些相似性并且在相同数据上训练，则这可能不完全正确，但作为第一近似，假设独立性也未尝不合理。这基本上是问题中描述的情景，这种理解解决了这些模型的测试和现实表现之间的明显矛盾。

也可以将此视为多重检验问题的示例。简而言之，查看和检验的内容越多，由于随机性，至少有一个检验看起来结果显著的机会就越高。作为一个更具体的例子，如果有人告诉你他们有一种掷骰子的方法来获得双六，那么，如果他们只掷了一次就得到双六，大家可能会留下深刻的印象。如果他们翻了 50 次才得到几次双六，那么就不会有人认为他们做了什么特别的事——这就是所期望的结果。

当真正的问题不是单个结果是否由于偶然而被错误地识别为显著，而是由于偶然机会是否可以将任何一组检验视为显著时，必须对 p 值应用多重检验校正以确定显著性。其中最常见和广为人知的是 Bonferroni 校正，其中 p 值阈值需要除以执行检验的次数，并且只有 p 值低于该校正阈值的检验才被认为是显著的。在这个问题中，这将产生 $0.05 / 100 = 0.0005$ 的校正阈值。当 $p < 0.0005$ 时，模型表现与随机猜测并无二致，因此它们中不会有任何一个具有与随机猜测在统计显著上的不同表现。Bonferroni 校正是非常保守的：它在避免将差异识别为显著方面存在错误，因此可能经常无法识别真正的差异，特别是当多个测试不完全独立时。存在各种不太保守、往往更为复杂的校正和多重检验方法，但超出了本书的范围。

多重检验问题有可能很隐蔽，难以识别，因为在很多时候，只有少数的检验结果满足显著性的阈值要求，这部分检验结果表现出来了，但是，其他的很多检验虽然已经完成，但都是非显著的，具体内容并没有表现出来。例如，这个问题的关键是知道检验了 100 个模型。假设同事们只告诉你有四个模型在测试中表现良好，而忘了提及有 96 个模型失败，那么了解这四种模型的不良实际表现将会困难得多。从大量不显著的结果中进行选择，在没有告知的情况下显示结果，是一种欺骗性的做法，称为数据捕鱼、数据捕捞或 p 值操纵。

15.4.2　学得越多，懂得越少

 问题：现在有个任务，要求设计一种机器学习模型，该模型可以有效地检测电视游戏中的作弊行为。假设已经对最初看起来很有前途的模型进行了一些调整。但是，在训练模型时，模型在训练数据集上的性能会继续提高，但在验证数据集上的性能会变得越来越差。其中发生了什么？如何解决这个问题？

理想情况下，训练集与验证集上的性能提升是并行进行的。当这种理想的行为成为现实，训练和验证数据都具有输入和输出数据之间关系的代表性示例，模型能够学习这些关系。当这些数据集之间的性能产生分歧时，模型正在学习两个数据集之间不同的东西。假设两个数据集是相同数据总体的代表性样本，则两个数据集之间的唯一差异是有些特定数据项只归属于两个数据集之一。从逻辑上讲，当训练和验证数据集之间的性能存在差异时，通常是因为模型正在学习训练数据集中的特定数据项而不是这些项所展示的数据的底层结构。

这个问题称为过度拟合(overfitting)。过度拟合发生在模型试图进行参数值学习的时候，训练数据相对于参数数量不足。在模型学习场景中，模型通过使用模型参数来有效记忆训练数据集中各项的正确输出，从而在训练数据上实现最佳性能。如果模型中的训练数据变多，或者参数变少，那么该模型将没有足够的能力来记忆训练集中的各项。因为依靠将各种输入记下来无法达到满意的表现，所以学习过程会强迫模型寻找并缩小基础数据的结构，以达到良好的表现。这就是题目想要的结果，因为这样的数据结构才可以在训练集之外进行推广。

将这个例子再具体一些，你会发现过度拟合模型已经学会进行关系连接，一方面是训练集中能够唯一标识每个玩家的东西，另一方面是该玩家是否在作弊，但是这些已经学到的东西与作弊问题无关。例如，它可能会知道从城堡顶部开始直接下降到地下城的玩家是骗子，而在树林东南角开始的玩家不是骗子。这种记忆可以在训练数据上获得极高的性能。因为学到的东西与玩家是否作弊无关(作弊的玩家可以轻易地从树林中开始)，该模型在训练集之外的表现非常差。一个没有过度拟合的模型反而可能会知道那些前后位置相距较远的玩家是骗子——这可能会产生在训练集之外可以推广的满意性能。

因为过度拟合通常是相对于训练数据量具有太多参数的结果，所以两种通用解决方案是增加训练数据量或减少学习参数数量。

一般来说，过度拟合的理想解决方案是增加训练数据量，但如果这样做往往是不可能的，或者为了解决过度拟合而增加训练数据集大小的代价太大而不可行。在某些情况下，可以通过随机扰动算法来干预输入数据以有效地增加输入数据集的大小。此过程称为扩充(augmentation)。它对于表征学习特别有用，因为通常可以选择多个直接扰动算法。例如，如果采用机器学习进行图像识别，则可以通过对每个输入图像执行多次随机旋转，平移和/或缩放来扩充输入数据集。直觉上这是有道理的：如果想让模型学会识别帆船，则别指望在固定位置和像素大小的训练数据集中学到什么东西，而应该对着图像中的任何位置、大小和旋转情况去逐步学习识别帆船。

另一种方法是减少模型可用的参数数量。(在这里需要注意，"参数数量"实际上与参数的实际数量，以及采用这些参数时模型的变化有关系，因为，如果两个模型具有不同结构，那么其绝对参数数量相同的情况下，可能具有不同程度的过度拟合倾向)。实现这一目标，一种方法是将正在使用的机器学习方法调整为更简单的方法，另一种办法是保持相同的方法，但改变模型的结构以减少参数的数量。例如，用于图像识别的深度学习网络通常将图像下采样为较低的分辨率，以作为预处理的一部分(如 256×256 像素比较常见)。这样做的一个主要原因是每个像素代表模型的附加输入并需要额外的参数，因此使用低分辨率图像可减少参数数量并有助于避免过度拟合。通过减少参数数量来避免过度拟合的缺点是所得到的模型具有较弱的描述能力，因此它们可能无法识别预想的所有数据。

可以使用若干其他技术以避免过度拟合，而且不用减少参数的数量。如果学习过程是迭代的，那么通常情况下，模型在学习基础数据的可推广结构的早期阶段开始逐步产生变化，然后遇到训练数据集中一部分特别的数据，产生过度拟合。通过早期发现和找到停止学习的最佳点，可以避免过度拟合——在大多数可推广结构被学习之后，但要赶在太多过度拟合发生之前。

处理对有限训练数据的深度学习，另一种特别重要的方法是迁移学习(transfer learning)。迁移学习基于以下观察：对于执行类似事物的模型，表现良好的学习参数集往往是相似的。例如，大多数表现良好的图像识别神经网络之间存在实质相似性，即使它们经过训练以识别不同的物体。假设你想开发一个模型来识别不同类型的电子元器件的图像，但是(即使使用扩充)训练集中没有足够数量的图像来避免过度拟合，不能够开发出表现良好的可推广模型。这时可以通过使用预训练网络作为起点来运用迁移学习，而不是首先将模型中的参数初始化为随机值。(网络在 ImageNet 上训练，ImageNet 是一个非常大的分类图像集，很容易找到，并且通常可用于迁移学习)。然后使用电子元器件图像重新训练网络。通常，在再训练期间，以下两种办法可以择一选用，也可以同时采用：①来自预训练网络的部分参数调整；②设置超参数以限制参数的改变程度。这样可以减少从训练数据集中学习的参数数量，减少过度拟合的问题，而不需要过度简化模型。结果通常是一个模型，其性能明显优于单独使用小型训练数据集所能达到的效果。

15.4.3　掷骰子

 问题：编写函数模拟摇一对标准立方体骰子，将结果打印到控制台。

此函数的输出是两个数字，每个数字范围是 1~6(因为每个骰子有 6 个面)。每次调用该函数时，它都可能产生不同的结果，就像掷一对骰子一样。

回想一下，大多数随机数生成器产生一个介于 0 和 1 之间的浮点数。实现此函数的主要任务是将 0 到 1 范围内的浮点数转换为 1 到 6 范围内的整数。通过乘以 6 可以轻松完成范围扩展。然后，需要将浮点数转换为整数。可以考虑将结果舍入，然后会发生什么？采用乘法得到一个值 r，使得 $0 \leq r < 6$。舍入此结果将产生 0 到 6 范围内的整数，包括 0 和 6。这是 7 个可能的值，比预想的多一个。另外，这个过程产生 1 到 5 范围内的值的可能性是 0 或 6 的两倍，原因是这样的，比如，如果要对 r 进行舍入，则 r 舍入到 1 有一个范围，而 r 舍入到 0 也有一个范围，舍入到 1 的宽度是舍入到 0 的宽度的两倍。或者，如果使用 floor 来截断 r 的小数部分，则最终会得到 6 个可能值，即 0 到 5 中的一个，每个值的概率相等。这几乎就是所需要的。只需要添加 1 即可获得 1 到 6 之间的数字，然后打印结果。按照上述办法处理两次，一次代表一个骰子。

在 JavaScript 中实现此功能：

```
function rollTheDice() {

  var die1 = Math.floor(Math.random() * 6 + 1);
  var die2 = Math.floor(Math.random() * 6 + 1);

  console.log("Die 1: " + die1 + " Die 2: " + die2);
}
```

随机数生成的计算成本相对较高，因此该函数的执行时间由调用两次 RNG 函数决定。

 问题：编写函数实现掷一对骰子，只能调用一次随机数生成器。

这更具有挑战性。掷第一个骰子时，将获得 6 种可能性之一。当掷第二个骰子时，你再次获得 6 种可能性中的一种。掷两个骰子创造了 36 种可能的结果。可以列出全部 36 种情况，按 1-1、1-2……6-5、6-6 顺序罗列。请记住，顺序很重要，例如 2-5 与 5-2 不同。可以使用此枚举结果进行骰子对模拟，方法是生成 1～36 范围内的随机数，并使用 switch 语句将这些值中的每一个映射到一个可能的结果。这样做可行，但欠优雅。

换个思路，如何能得到 1～36 范围内的数字，并将其转换为两个数字，每个数字在 1～6 的范围内？

一种可能的办法是将数字整除 6。这将给出 0 到 6 之间的一个数字，但遗憾的是结果概率不太平均。当随机数为 36 时，才能得到 6，即得到 6 的概率只有 1/36。

需要选择一个初始范围，其中每个结果都具有相同的可能性。如果取 0～35 范围内的一个随机数，并且整除 6 就可以在 0 到 5 之间获得 6 个同样可能的结果。如果将随机数对 6 取模，则会多得一份 6 种概率平均独立分布的得数，范围在 0 到 5 之间。然后可在结果上加 1，从而将掷骰子范围从 0 开始转变为从 1 开始。

JavaScript 没有整数除法运算符(结果始终是浮点数)，因此必须在除法后执行 floor 操作以获得所需的结果。代码如下所示：

```
function rollTheDice() {

  var rand0to35 = Math.floor(Math.random() * 36);
  var die1 = Math.floor(rand0to35 / 6) + 1;
  var die2 = (rand0to35 % 6) + 1;

  console.log("Die 1: " + die1 + " Die 2: " + die2);
}
```

以上代码的速度几乎是之前实现的两倍，因为它只对 RNG 进行一次调用。

 问题：编写函数 dieRoll2()返回一个 1-2 之间的随机整数，dieRoll3()返回一个 1-3 之间的随机整数，以此类推 dieRoll4()和 dieRoll5()。所有函数都必须使用 dieRoll()，作为它们唯一的随机数生成器，返回随机整数 1-6，并且必须具有相等的概率来生成其输出范围中的每个整数。

下面逐步进行分析。

第一个函数非常简单。只需要将 dieRoll()的 6 个结果分成两组，每组三个，并将每个结果映射到想要的两个结果(1 或 2)。例如，如果随机数为 1-3，则可以返回 1；如果不是，则返回 2。还有其他分组办法，例如对 2 取模。

在 JavaScript 中实现如下：

```
function dieRoll2() {

  var die2;
  var die6 = dieRoll();
  if (die6 <= 3) {
    die2 = 1;
```

```
  } else {
    die2 = 2;
  }
  return die2;
}
```

dieRoll3()可以用相同的方式实现：将范围分成 1-2、3-4 和 5-6 等子范围，分别代表 1、2 或 3。或者，可以使用其他方式将 6 个数字划分为相等的组，例如以 3 为模(并加 1)或除以 2。除以 2 的方案会简洁一些。唯一棘手的部分是要注意采用数字的上限(因为奇数将产生小数部分，需要向上取整)：

```
function dieRoll3() {

  var die3;
  var die6 = dieRoll();
  die3 = Math.ceil(die6 / 2);

  return die3;
}
```

dieRoll4()有点难度，因为 6 不能均匀分为 4 个部分。可以掷两次骰子并将数字相加以获得 2 到 12 之间的答案，因为 12 可以被 4 整除。但是，这个答案很难处理，因为数字不会均匀分布。有几种骰子状态可以使点数总和为 7，但是要让点数总和为 2 和 12，分别只有一种掷骰子办法可以产生。

考虑一下是否可以使用已经实现的函数，dieRoll2()或 dieRoll3()。dieRoll2()有效地提供随机位。可以通过调用两次来创建两个位。将这些放在一个两位二进制数中会产生一个值 0-3，可以为所需的结果添加一个值。另一种想法是，如果调用 dieRoll2()两次，则有 4 种可能的结果——1-1、1-2、2-1 和 2-2：

```
function dieRoll4(){

  var die4;
  die2First = dieRoll2() - 1;
  die2Second = dieRoll2() - 1;
  die4 = (die2First * 2 + die2Second) + 1;

  return die4;
}
```

适用于其他功能的策略不适用于 dieRoll5，因为 5 既不是 6 的因子，也不是刚才计算出的其他数字的倍数。

现在需要一种新方法来解决此问题。尝试重新考虑核心问题：使用六面骰子生成 1~5 范围内的数字。还有什么可以做到摇骰子的结果？重新考虑这些假设。其中一个假设是，骰子的 6 种可能结果中的每一种都必须以某种方式映射到所需较小范围内的结果。这有必要吗？

假设忽略了掷骰子的一个结果，也就是有 5 个同样可能的结果，这正是现在需要的。但是假设"忽略"的是 6——当 dieRoll()返回 6 时应该怎么做？如果你知道如何玩掷双骰，则可能会有个想法。在掷双骰过程中，在第一次掷骰之后，如果掷骰子出现的结果不是目标数(点数)或掷到 7，则再掷一次以忽略本次结果。可以通过接受范围 1～5 中的任何数字并通过重新掷骰子忽略 6 来将此策略应用于当前情况。如果掷骰子又得到 6，则需要继续摇骰子。从理论上讲，这可以永远持续下去，但由于连续掷 6 次的概率为 6^n，随着 n 的增加而迅速变得非常小，因此这种情况发生的时间非常短。

总而言之，掷骰子后，如果得到结果 1-5，则接受这个数字。如果得到 6，则再次调用 dieRoll()进行重新掷骰子。

对应的解答如下：

```
function dieRoll5() {

  var die5;
  do {
    die5 = dieRoll();
  } while (die5 == 6);

  return die5;
}
```

这是一个问题的例子，你可能会感到被难住，因为类似问题的有效策略不起作用。一旦意识到可以通过重新掷骰子来忽略一些结果，解决方案就很简单了。实际上，这种方法对于 dieRoll2()、dieRoll3()和 dieRoll4()也有效(尽管效率较低)。当遇到困难时，请记住回到原始问题并评估自己的假设以确定新方法。

15.4.4　计算 π

 问题：编写函数使用随机数生成器估算π。

这个问题非常短，很难看到切入点。如果没有使用蒙特卡罗方法的经验，这个问题的要求可能看起来没有意义。需要计算的 π 总是具有相同的固定值，但需要使用 RNG 实现，RNG 本质上是随机的。

首先考虑一下自己对 π 的了解。首先，已知在一个圆圈中，$c = \pi d$，其中圆周是 c，直径是 d。还已知半径为 r 的圆的面积为 πr^2。知道这些知识是一个开始。这是一个中学数学题求解的开始，但对于面试问题，仍然只是个开始。

尝试绘制一幅图(见图 15-3)——在最初答案不明朗的情况下，这样做通常有帮助。

有一个圆圈。还有什么？有一个随机数生成器。能用 RNG 做什么？生成的随机数可以是随机大小的圆的半径，也可以随机创建点。随机选择的点可能落在圆内，或者落在圆外。如何利用圆内或圆外的随机生成点？在绘图中添加一些点，如图中的两个点，一个在图内，一个在图外(见图 15-4)。

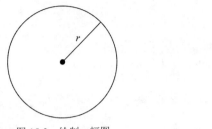

图 15-3　绘制一幅图　　　　　　　　　　　图 15-4　两个点

在图 15-4 中，在内部有一个点，在外面有一个点。因为点的两个坐标都是按均匀分布绘制的，所以选择点的范围内的每个点都具有相同的被选择概率。换句话说，在任何特定区域中找到点的概率与该区域的面积成比例。随机点在圆圈内的概率是多少？为了方便起见，使圆的半径为 1 并选择随机点的每个坐标在-1 和 1 之间。点在圆内的概率是多少？圆的面积是 πr^2，并且圆边上的正方形的面积是 $2r * 2r = 4r^2$。所以一个点在圆圈中的可能性是

$$\frac{\pi r^2}{4r^2} = \frac{\pi}{4}$$

因为任何一个点在圆内的概率是 π/4，如果随机选择并测试大量的点，则它们中的大约 π/4 将在圆内。如果将该比率乘以 4，则得到 π 的近似值。

这正是所要寻找的，但还有一个步骤——怎么知道一个点是在圆圈内还是在圆圈外？圆的定义是与中心等距的所有点的集合。在这种情况下，与中心距离为 1 或小于 1 的任何点(如图 15-5 所示)都在圆内。

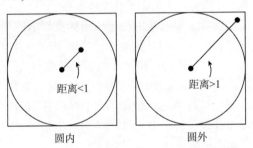

图 15-5　与中心距离是 1 或小于 1 的任何点都在圆内

现在，只需要确定一个点距位于(0, 0)的圆心的距离。点的 x 和 y 值已知，所以可以使用毕达哥拉斯定理，$x^2 + y^2 = z^2$，其中 z 是距圆心的距离。求解 z，$z = \sqrt{x^2 + y^2}$。如果 z≤1，则该点在圆圈中。如果 z>1，则该点位于圆圈之外。距离中心的实际距离不需要关心，只注意它是否大于 1，因此可以通过消除平方根来实现略微优化。(这是有效的，因为每个大于 1 的数字的平方根大于 1，每个小于等于 1 的数字的平方根小于等于 1)。作为一个额外的简化，可以只使用圆的右上象限，选择两个坐标都在 0-1 范围内的点。这消除了正方形的 3/4 和外接圆的 3/4，可见比率保持不变。

将这些全部放在一起作为伪代码：

```
loop over number of iterations
    generate a random point between (0,0) and (1,1)
    if distance between (0,0) and the point is <=1
        increment counter of points inside circle
end loop
return 4 * number of points inside circle / number of iterations
```

现在，编写代码。在 JavaScript 中如下所示：

```
function estimatePi(iterations) {
  var i;
  var randX;
  var randY;
  var dist;
  var inside = 0;

  for (i = 0; i < iterations; i++) {
    randX = Math.random();
    randY = Math.random();
    dist = (randX * randX) + (randY * randY);
    if (dist <= 1) {
      inside++;
    }
  }
  return (4 * (inside / iterations));
}
```

作为测试，将 iterations 的值设为 100,000,000，执行一次此函数，返回 π 的估计值 3.14173，其与 3.14159…的真实值匹配到了几个小数位。

该问题的解决方案是蒙特卡罗方法的简单应用的典型示例。蒙特卡罗方法使用随机生成的输入来解决问题。当可以相对快速地计算单个输入的结果时，它们通常是有用的，但是感兴趣的值基于所有或许多可能输入的某些聚合。

如果之前使用过蒙特卡罗方法，那么将此问题的解决方案作为介绍性示例很不错。如果没有接触过蒙特卡罗，这可能是一个相当具有挑战性的问题，因为你目前只能够随着本节的介绍过程逐步认识蒙特卡罗方法。然而，根据问题陈述中的内容和一些几何事实，可以通过它发掘随机数生成器的有趣应用。

 问题：利用刚才的随机数生成器估计 π 值的方法，确定必要的最小迭代次数(随机选择的点)，使得 π 的估计值有 95%的概率在 π 的真实值的 0.01 之内。

直观上说，当增加迭代次数时，计算估计值可能会更接近 π 的真实值。基于这个情况，第一个办法可能需要根据经验确定：尝试使用几个不同级别的迭代次数估计 π 并比较结果。这可能会让你很快得到正确答案的梗概，对于一些应用场景可能足够了。但是，改进该解决方案以获得最小所需迭代次数的精确值，这可能逐渐需要大量计算。对于任何给定次数的迭代，需要重复多次估算 π 的过程，以便准确估计，估计的百分误差在真实值的 0.01 之内。此外，还必须为迭代次数的许多不同值重复整个过程。虽然概念简单，但使用这种方法获得准确的解决方案似乎需要大量的工作和强悍的计算机能力。

换个角度说，看看是否有一种分析方法可以使用统计学知识来解决此问题。

因为估计方法基于随机数生成器，所以每次执行它(从不同的种子值开始)，即使使用相同的迭代次数，π 的估计值也会有所不同。另一种表达方式是围绕 π 的真值估计分布。分布范围越宽，估计误差就越小，在 π 的真实值的 0.01 之内。为了使估计有 95% 的概率在 π 的真值的 0.01 之内，需要找到产生估计分布的迭代次数，其中 95% 的分布在 π 的 0.01 之内。

π 的估计值遵循什么分布？下面分析估计 π 值的过程。每个随机选择的点要么属于圆圈，要么不属于圆圈——这是唯一的两种可能性。因此，可以多次重复一次只有两种可能结果的随机事件。这听起来非常像翻转一系列的硬币，唯一的区别是两种结果的概率不相等。就像硬币翻转一样，圆圈内的点数遵循二项分布。如果有统计经验，则可能会记得定义二项分布有两个参数，一个是随机事件的数量(在这种情况下，迭代次数)n，以及任何事件是“成功”的概率(在这种情况下，在圆圈内)p。一个点在圆内的概率已知，所以 $p = \pi/4$。下面需要找到 n 的值，该值为该 p 值生成适当宽度的二项分布。

二项分布难以使用，尤其是当 n 变大时，但随着 n 变大，它们可以通过具有相同均值和标准差的正态分布来进行良好的近似。二项分布的均值是 np，标准差是 $\sqrt{np(1-p)}$。请记住，这些是圆圈内点数分布的参数。将其除以迭代次数并乘以 4 以获得 π 的估计值，因此需要对分布执行相同的操作以获得 π 估计值的分布。

按照这种方法求均值，有 $np(4/n) = 4p = 4(\pi/4) = \pi$，这个公式可以保证你对分布参数是正确定义的。对于标准差，可计算如下 $\sqrt{(np(1-p))}(4/n) = 4\sqrt{p(1-p)}/\sqrt{n} = 4\sqrt{\pi/4(1-\pi/4)}/\sqrt{n} = 4\sqrt{\pi/4((4-\pi)/4)}/\sqrt{n} = \sqrt{4\pi-\pi^2}/\sqrt{n} = \sqrt{4-\pi}\sqrt{\pi}/\sqrt{n}$。

此时，π 值估计值的分布已经定义，并且已知均值和标准差。现在需要 n 的值，使得这个分布的 95% 将落在 π 的 0.01 之内。分布的平均值是 π。你可能还记得，对于正态分布，95% 的分布落在以均值为中心的大约 ±1.96 标准偏差的范围内。这条信息完善了所需等式：

$$0.01 = \frac{1.96\sqrt{4-\pi}\sqrt{\pi}}{\sqrt{n}}$$

求解 n：$n = 196^2(4-\pi)\pi$。使用 π 的已知值求解，约等于 104,000。

可能有人已经觉得这个解决方案有些绕。整个过程的目标是确定 π 的值，但是需要 π 值来确定 π 中给定精度水平需要多少个点。可以通过为初始估计值 π 选择任意数量的点来解决此问题，使用这个 π 的初始估计值来确定以所需精度估算 π 所需的点数，然后使用这个点数以及前面的等式，重复估算过程，从而得到 π 值。

15.5 　小结

　　统计学是处理机会和不确定性的数学分支。随机性是机会和不确定性所固有的，随机数生成器是计算机随机性的主要来源。虽然历史上大多数程序员都不需要在这些方面有太多的知识，但目前在开发人工智能解决方案方面，以及处理实际数据方面最有希望的机器学习方法方面，相关知识主要根源于统计学。计算机科学与统计学之间的交接处正在出现一个新的数据科学领域。如果有人想拥抱这个领域并成为数据科学家，则需要培养与自己在编程方面的专业知识相当的统计技术和机器学习技术。即使有人希望保留在更传统的编码和编程领域，机器学习技术似乎也有越来越广泛的应用，因此对数据科学、随机数和统计学有所了解是值得的。

第16章

计数、测量和排序难题

除了技术和编程问题，面试时而还会有一些脑筋急转弯问题。脑筋急转弯问题是数学和逻辑难题，与计算机编程是间接关系。

从历史角度来看，不少面试官都曾认为脑筋急转弯在解决问题能力(也许是程序员最重要的工作技能)的评估方面很有用，于是脑筋急转弯问题在编程面试中所占比重很大。现在我们逐渐认识到，解决脑筋急转弯问题的表现很大程度上说明了一个人在脑筋急转弯方面的经验，与是不是好的程序员关系不大。我们很高兴地看到许多龙头企业(包括谷歌)已经要求面试官克制使用这类问题而专注于技术和编程问题。

然而，面试中还是可能出现脑筋急转弯问题，特别是对于有非传统背景或是只有有限编码经验的候选人，因为面试官可能相信这些难题可以评估其在逻辑和算法方面的思考能力。了解一些解决这些问题的简单技术可以显著提升自己的表现。本章和第17章讨论了这些策略，并阐明了它们在典型的脑筋急转弯题目中的应用。

16.1 解决脑筋急转弯问题

要记住，脑筋急转弯问题的解法几乎从来不会是直截了当的或明显的。在面试的编程或技术部分，有时为了看候选人是否知道某些事情，会给出简单的问题，与此不同的是，回答脑筋急转弯问题总是需要思考和努力。这意味着任何看似显而易见的快速解决方案都可能是错误的或欠佳的。

例如，如果有人问道，"从你上滑雪缆车开始到从滑雪缆车下来的这段时间里，经过了多少椅子(按比例计)？"，那么大多数人的直接反应是经过一半的椅子。给出的回应很明显，也有点道理。不管时间如何界定，缆车两侧各有一半椅子，而你只经过另一侧的椅子。这是错误的——因为缆车的两侧都在移动，你经过了所有椅子。(这个答案假定人在缆车的最末端上下车。在大多数真正的滑雪缆车上，你几乎可以经过所有椅子)。

当遇到只有两个可能答案的问题时(如"是"或"否"问题)，这样的脑筋急转弯对候选人非常有利。乍一看正确的答案可能就是错误的。当然，这样说可能不是一个好主意："答案肯定是'是'，因为如果答案是'否'，就是一个简单的问题，你也不会费心来提这个问题"。不过，你可以用这个"一下子就能想到的肯定不是正确答案"的知识来引导自己去思考。

注意：记住，明显的答案几乎从来不是正确的答案。

虽然脑筋急转弯的正确解法通常很复杂，但很少需要耗时的计算，也不需要高深的数学知识。正如编写数页代码是一个警示信号——方向错了，使用微积分或花费很长时间来处理数字也是一个强有力的指示信号——方向偏离了难题的最佳解决方案。

16.1.1　注意假设

脑筋急转弯中的许多问题都很难，因为它们会导向不正确的假设。错误的假设会导致错误的答案。

最好能避免做任何假设。然而，这不切实际——如果不进行整体假设，理解问题都很困难。

例如，假设有个任务，是找到一个办法，在正方形盒子底部放尽可能多的橙子。你可能会自动认为橙子是小球形水果，大小大致相同，"在底部"意味着与盒子的底部表面接触，并且橙子必须保持完整(不能把它们弄烂后放进去)。进行这些事实性的假设可能看起来很荒谬——它们都是理所当然的。关键是假设是沟通和思考中固有的，没有假设就无法着手解决问题。

进一步说明这个例子，可能会假设用正方形中的圆在两个维度上对该问题建模，并且该解决方案将涉及某种有序而重复的模式。基于这些假设和一个知识点(即采用蜂窝状六边形阵列形成的一堆圆形能最紧密地覆盖平面)，可以得出结论，最佳解决方案是将橙子按正六边形阵列排列放置。然而，根据橙子和盒子的相对大小，这个结论是不正确的。

虽然无法消除假设，但尝试标识并分析它们会很有用。在标识假设时，将它们分类为 3 类：几乎肯定正确，可能正确，可能不正确。然后从自己认为最不可能正确的假设开始，尝试在没有各假设的情况下重新处理问题。这些难题很少是技巧性的，因此定义的假设往往是正确的。

例如，在前面的例子中，可以将"橙子是球形果实"和"它们必须保持完整并与盒子底部接触"的假设归为几乎肯定正确的类别，这种归类是合理的。

如果将该难题难度降低为正方形中的圆形这一二维问题，对于这一假设该如何归类？仔细想想，会想到橙子在一个平面上相互接触，而在这个平面上，基本上是在处理正方形内的圆。这不是证据，但它足以确定这个假设是可能正确的那类。

另外，认为橙子应该处于有序重复模式的假设是难以确认的。这似乎是合理的，对于平面无限大的情况也是正确的，但是不清楚平面和箱底之间的相似性是否足以使这个假设成立。一般来说，要注意任何"感觉"是真实的但不能很好解释的假设——这通常是不正确的假设。因此可以得出结论，橙子必须形成有序阵列的假设属于可能不正确的那类。

这个假设是不正确的。在许多情况下，最好的包装会将大部分橙子放入有序阵列中，其余几个放在无序的位置。

当觉得自己找到了逻辑上可行的唯一解决方案，却被告知其不正确时，最好分析一下假设。通常情况是：自己的逻辑是好的，但所基于的是有缺陷的假设。

注意：如果看似合乎逻辑的解决方案是错误的，那么做出的假设就是错误的。对假设进行分类，并尝试识别错误假设。

16.1.2　不要被吓倒

有些问题令人生畏，因为它们非常复杂或非常难，基本看不到解决方案的路径。你甚至可能不知道从哪里入手，不要因此而被禁锢。在着手之前，不必制订计划去找到解决问题的所有方法——在思考时，方法自然会出现：

- **将问题分解成多个部分**。如果能找出一个子问题，就试着解决它，即使不确定其对于解决主要问题是否关键。
- **试着解决简化后的问题**。尝试解决问题的简化版，会得到有助于解决完整问题的思路。
- **试试具体的例子**。如果问题涉及某个过程，试着套一些具体用例。可以注意那些能推广到其他情况的模式。

最重要的是，不断说话，不断思考，致力于解题。当思维处于运动状态时，难题各个部分的线索更有可能浮现。

即使进展不大，如果你积极地向问题出击，而不是坐下来一副毫无头绪不知所措的样子，面试官对你的印象会好很多。面试时就应该表现出自己会成为一名有价值的雇员。分析问题并耐心地尝试各种方法，这与解决问题具有同样的说服力。

注意：不要被问题的复杂性吓倒。尝试其中的子问题、简化版本或一些用例。要有耐心，努力解题，不停与面试官交谈。

16.1.3　小心简单的问题

有些问题很棘手，原因恰恰相反：题目非常简单或有限，以至于似乎无法在给定的约束条件下解决问题。在这些情况下，头脑风暴会很有用。尝试在问题的约束范围内枚举所有可能允许的操作，甚至似乎适得其反的操作。如果问题涉及物理对象，则考虑每个对象：每个对象的属性、可以对它们做什么或能够用它们做什么，以及这些对象可能如何相互作用。

在遇到这样的问题时卡壳，有可能是没注意到一些问题允许的内容。如果能列出问题约束允许的所有内容，总能找到刚才没想到的解题关键。列举所有可能性往往更简单，而不是专门找出自己没想过的事。

不要默默地枚举。把想法大声说出来或写下来。这向面试官展示了自己正在做的事情，也有助于自己更有条理和彻底地完成任务。

> **注意**：如果遇到一个简单而受限的题目，对所有可能进行头脑风暴，找出自己忽略的信息。

16.1.4 估算问题

还有一种值得讨论的题目为估计类问题，要求使用合理的过程来估计自己不知道的某个数字的大小。这些问题在纯粹开发岗位的面试中相对较少，但在重要的管理或业务岗位的面试中比较常见。例如："美国有多少钢琴调音师？"。据大量报道显示，这个问题曾是微软的常用问题，不过这个说法几乎已被肯定是假的。尽管如此，它仍是一个很好的例子。

与常见的脑筋急转弯相比，这些问题通常并不难。人们不可能知道实际的统计数据或事实。变通的办法是，可以根据自己所知道的事实进行粗略的数量级计算。因为无论如何，一切都是估计，所以尝试调整或舍入构想的数字，使用的所有大数字都是 10 的幂(或至少是倍数)——这样可以大大简化自己的数学计算。

16.2 脑筋急转弯问题

与编程和技术问题相比，脑筋急转弯问题在更为宽泛、更多样化的知识体系中汲取灵感，因此在本节进行全面的分析是不可能的。由于面试中出现的各种脑筋急转弯问题不大可能是大家熟悉的题目，因此接下来的题目给大家提供练习的机会，通过描述的所有技术为各位打好基础，便于各位应对各种问题。

16.2.1 数一数打开的储物柜

> **问题**：假设在一个走廊里排列着 100 个关闭的储物柜。首先将 100 个储物柜全部打开(第 1 轮)。接下来，每隔一个储物柜关闭一个(第 2 轮)。然后查看每隔两个储物柜的第三个储物柜，如果是打开的就关掉，是关掉的就打开——

称为切换储物柜(第 3 轮)。继续在第 n 轮时每 n 个储物柜为一组，在每组切换第 n 个储物柜的开闭。在进行第 100 轮操作时，只有第 100 号储物柜进行状态切换，那么这时候有多少个储物柜处于打开的状态呢？

这个问题似乎设计得让人无所适从。你没有时间绘制 100 个储物柜的图表并计算 100 轮切换过程。即使能做到，解决问题的方式也不能说明任何能力或天赋，所以一定存在某个诀窍能够确定有多少个门是打开的。只需要找到那个诀窍。

不要死盯着题目凭直觉想象问题的解决方案。现在能做些什么？虽然用蛮力解决整个问题是不切实际的，但以这种方式先解决几个储物柜的问题是可行的。也许会由此注意到一些可以应用于更大问题的模式。

首先随便选一个储物柜，12，并确定它在结束时是打开的还是关闭的。在哪几轮会切换储物柜 12？有两次已经显而易见：在第一轮切换每个储物柜时，以及在第 12 轮从储物柜 12 开始时。不需要考虑在第 12 轮之后的切换，因为那些操作都从储物柜 12 的之后的储物柜开始。接下来讨论第 2 到第 11 轮的过程。可以把它们算出来：2，4，6，8，10，12(在第 2 轮切换)。3，6，9，12(在第 3 轮切换)。4，8，12(在第 4 轮切换)。5，10，15(第 5 轮没切换)。6，12(在第 6 轮切换)。7，14(第 7 轮没切换)，以此类推。你可能会注意到这个过程中的特点，只有在某一轮的轮次是 12 的因子时才会切换第 12 个储物柜的开闭。这是因为按 n 数数的时候，得数一直按 n 累加，当累加结果到 12 的时候，才会切换第 12 个储物柜的状态。这是以另一种方式说 n 是 12 的因子。解决方案似乎与因子有关。虽然回想起来似乎很简单，但在尝试给出一个例子之前，可能并不明显。

12 的因子分别为 1、2、3、4、6 和 12。对应地，储物柜门上的操作是打开、关闭、打开、关闭、打开、关闭。因此，储物柜 12 将以关闭结束。

如果涉及因子，那么或许再调查一个按素数编号的储物柜是有益的，因为素数是具有独特因子属性的数字。可以选择 17 作为代表素数。因子是 1 和 17，因此操作是打开，关闭。17 就像 12 一样以关闭结束。显然，对于这个问题，素数不一定与非素数不同。

关于储物柜是以打开还是关闭结束，可以做出哪些归纳？所有储物柜开始时都关闭，并在打开和关闭之间交替。因此，在第 2 次、第 4 次、第 6 次等之后，储物柜会被关闭——换句话说，如果一个储物柜被切换偶数次，它就会以关闭结束，否则，以打开结束。要知道，对于储物柜号码的每个因子，储物柜都会被切换一次，所以可以说，只有当储物柜编号有奇数个因子时储物柜才会打开。

现在这个任务的难度已经变小了，只需要查找 1~100 之间有多少个数字有奇数个因子即可。现在已经检查过的两个(如果再试一些例子，则其他大多数也一样)都有偶数个因子。

这是为什么？如果数字 i 是 n 的因子，这意味着什么？意味着 i 与其他数字 j 相乘等于 n。当然，因为乘法是可交换的($i \cdot j = j \cdot i$)，这意味着 j 也是 n 的因子，因此因子的数量通常是偶数，因为因子倾向于成对出现。如果能找到具有不成对因子的数字，就会知道哪些储物柜会被打开。乘法是二元运算，因此总会涉及两个数字，但是如果它们是相同的数字(即 $i = j$)呢？在这种情况下，单个数字可以有效地构成其乘积的因子对，将乘积对半分，而乘积包含奇数个因子。在这种情况下，$i \cdot i = n$。因此，n 必须是一个完全平方数。尝试用一个完全平方数来检查这个解决方案，以 16 为例，因子是 1、2、4、8、16。操作是打开、关闭、打开、关闭、打开——正如所料，它以打开结束。

基于这种推理，可以得出结论，只有编号具有完全平方数的储物柜最终才会被打开。1～100(含)之间的完全平方数是 1、4、9、16、25、36、49、64、81 和 100。因此有 10 个储物柜在结束时保持打开状态。

 问题：现在推广这个解决方案：在有 k 个储物柜的走廊里，在经过 k 轮后，有多少个储物柜保持打开状态？

与上面类似，对于 k 个储物柜的一般情况，打开的储物柜数量是 1 和 k 之间的完全平方数的数量，包括 1 和 k。怎么能以最佳方法计数？完全平方数本身不便于计数，因为它们的间距不均匀。然而，完全平方数的平方根大于零，是正整数。这很容易计数：连续正整数列表中的最后一个数字给出了列表中的项数。例如，1、4、9、16 和 25 的平方根是 1、2、3、4 和 5。平方根列表中的最后一个数字是最大完全平方数的平方根，等于完全平方数的数量。现在需要找到小于或等于 k 的最大完全平方数的平方根。

当 k 是完全平方数时，这项任务是微不足道的，但大多数时候并非如此。在这些情况下，k 的平方根是非整数。如果将这个平方根向下舍入到最接近的整数，则它的平方数是小于 k 的最大完全平方数——这正是目前所寻找的。舍入到小于等于给定数字的最大整数的操作通常称为 floor。因此，如果有 k 个储物柜，在结束时通常有 floor(sqrt(k)) 个储物柜保持打开状态。

解决这个问题的关键是使用尝试解决部分问题的策略，即使不清楚这些部分如何对解决整体方案做出贡献。尽管有些尝试(例如对素数储物柜的调查)可能效果不佳，但继续尝试可能会更深入地了解如何解决问题，例如计算单个储物柜的结果的策略。即使在最糟糕的情况下，如果所有尝试都无法接近最终解决方案，那么你在面试官面前展现的是，虽然明确的解决方案还没出来，但自己没有被困难问题吓倒，而且愿意继续尝试不同的方法，直到找到有效的。

16.2.2 三个开关

 问题：假设你站在大厅走廊里，旁边有三个灯的开关，所有开关都处于关闭状态。每个开关各自操纵着在大厅走廊尽头的房间内的不同白炽灯泡。无法通过开关看到灯光在哪个位置。现在需要确定哪个灯对应于哪个开关。你只能进有灯的房间一次。

这个问题的关键迅速浮现：每个开关只有两个可能的位置(开或关)，但现在有三盏灯要识别。可以把三个开关中的某一个设置为与另两个开关不一样的状态，从而轻松识别开关对应的灯，但这样就无法区分另两个相同状态的开关与灯的对应关系。

当面对看似不可能完成的任务时，应该回归到基本条件上。这个问题中的两个关键对象似乎是开关和灯。对开关和灯泡有什么了解？开关建立或断开电气连接：当开关打开(处于接通状态)时，电流流过它。白炽灯泡由真空玻璃灯泡内的电阻灯丝组成。当电流流过灯丝时，会消耗功率，产生光和热。

这些特性如何帮助解决问题？可以检测或测量哪一个？开关的特性似乎不太有用。查看开关是关闭还是开启比测量电流要容易得多。灯泡听起来更有希望。可以通过查看灯泡来检测灯光，并且可以通过触摸它们来检测热量。灯泡发光与否完全由其开关决定——开关打开时，有光；开关关闭时，没有。热量呢？开灯后需要一段时间灯泡才会变热，关灯后需要一段时间灯泡才能冷却，所以可以用热量来确定灯泡是否已打开，即使走进房间时灯已经灭了。

可以通过打开第一个开关、关闭第二个和第三个开关来确定哪个开关对应于哪个灯泡。10 分钟后，关闭第一个开关，第二个开关依旧关闭，打开第三个开关。进入房间时，热的且不亮的灯泡对应于第一个开关，冷的且不亮的灯泡对应于第二个开关，点亮的灯泡对应于第三个开关。

虽然这个问题真没什么古怪——例如，它不是愚蠢的文字游戏——它可以说是一个棘手的问题。解决方案涉及问题定义之外的某些方面。有些面试官认为，这样的问题有助于他们识别能够跳出框框思考的人，这些人能针对困难问题设计非传统的创新解决方案。在作者看来，这些问题只是暗中作梗，并没有证明什么。然而，这些问题确实会偶尔出现在面试中，最好为它们做好准备。

16.2.3　过桥

> 问题：晚上，四个旅行者来到一座摇摇晃晃的桥旁。这座桥一次最多可以承受两个旅行者的重量，需要使用手电筒才能过桥。旅行者中只有一个手电筒。每个旅行者以不同的速度行走：第一个可以在 1 分钟内过桥，第二个在 2 分钟内过桥，第三个过桥要 5 分钟，第四个过桥需要 10 分钟。如果两个旅行者组队在一起，则以较慢的旅行者的速度行走。所有旅行者从桥的一侧到另一侧的最短时间是多少？

因为只有一个手电筒，每次到桥的远端(除了最后那一趟外)之后必须回来一趟。每一趟都包含一个或两个过桥的旅行者。为了在最后让四个旅行者都到达桥的远端，也许你更希望每次出行都有两名旅行者，每次返程回来一个。此策略总共有五次行程：三次出行和两次返回。现在的任务是将旅行者分配到来回每一趟中，以便最大限度地减少五趟的总时间。为清楚表达起见，可以根据过桥所需的分钟数来指代每位旅行者，即 1 号、2 号、5 号和 10 号。

1 号过桥的速度至少是其他旅行者的两倍快，因此可以一直让 1 号带回手电筒来最大限度地缩短返程时间。这表明了一种策略，即让 1 号一个接一个地护送其他旅行者过桥。

使用此策略，一种可能的行程安排如图 16-1 所示。1 号护送其他旅行者的顺序不会改变总时间：三次出行的时间分别为 2 分钟、5 分钟和 10 分钟，两次返回分别为 1 分钟，共计 19 分钟。

这个解决方案合乎逻辑、显而易见，并且不需要很长时间就能想到。简而言之，它不可能是面试问题的最佳解决方案。面试官会告诉你，有办法可以比 19 分钟更好，但即使没有这个提示，你也应该猜到刚才的解决方案太容易想到了。

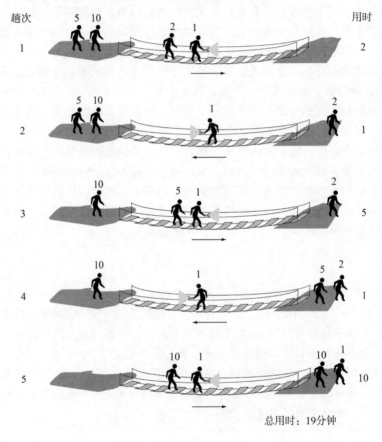

趟次

用时

总用时：19分钟

图 16-1　一种可能的行程安排

这样就让人陷入困境了，但不幸的是这种情况并不少见。明知道答案是错误的，但根据所做的假设，这是唯一合理的答案。这很容易让人感到沮丧。这或许是技巧问题：也许应该把手电筒扔回对面，让第二对能够使用手电筒。这些技巧几乎从来都不是正确答案，而且没必要。实际上存在更有效的行程安排。因为看上去唯一合乎逻辑的解决方案是错误的，所以一定是做出了错误的假设。

考虑一下假设，检查每个假设是否可能是错的。其中第一个假设是出行和返程必须交替进行。这似乎是正确的——因为手电筒只能位于桥的一侧，第一次是出行，第二次就不可能还是出行了。

接下来，假设每次出行将有两名旅行者，每次回程有一个旅行者。这似乎合乎逻辑，但更难以证明。让两名旅行者一起返回似乎与目标相反。毕竟，现在正试图把他们带到桥的远端。让一个旅行者出行可能更有价值，但加上必要的回程，实际是交换两个旅行者的位置。交换两个旅行者可能有用，但可能浪费太多时间，不值得。因为这种可能看起来不乐观，所以尝试在其他地方寻找错误的假设，并在必要时重新考虑这个假设。

继续假设 1 号旅行者应该总是带回手电筒。这个假设的基础是什么？它最大限度地缩短了返程的时间，但目标是最大限度地缩短总时间，而不是返程时间。也许最好的整体解决方案不涉及最小的返程时间。1 号应该总是带回手电筒这个假设似乎很难获得支持，所以它可能值得进一步检查。

如果不打算让 1 号完成所有回程旅行，那么应该如何安排旅行？可以尝试淘汰的过程。显然不能让 10 号返回，因为 10 号至少会跑三趟，这需要 30 分钟。甚至还有人没有过桥就已经比以前的解决方案更糟糕了。同样，如果让 5 号返回，那么有两次至少 5 分钟的行动，加上一次需要 10 分钟(10 号过桥时)。这三趟总共 20 分钟，所以让 5 号返回不会找到更好的解决方案。

也可以尝试从之前的解决方案中分析一些单独的旅行。因为 1 号护送所有其他人，所以期间有 1 号和 10 号一块旅行。从某种意义上说，当让 1 号和 10 号一起旅行时，1 号的速度是浪费的，因为过去仍然需要 10 分钟。从不同的角度来看，任何包含 10 号的旅行总需要 10 分钟，无论其他旅行者是谁。因此，如果某一趟将不得不花 10 分钟，则不妨利用它并让另一个速度慢的旅行者与其组队过桥。这个推理表明 10 号应该与 5 号旅行，而不是与 1 号一起过桥。

采用这个策略，可以首先让 10 号和 5 号过桥。但是，其中一个必须将手电筒带回来，这样看来它不是正确的解决方案。应该有一个比 5 号更快的人在远端等待。首先尝试让 1 号和 2 号过桥。然后 1 号把手电筒带回来。既然远端有相当快的过桥(2 号)，便可以接着让 5 号和 10 号一起过桥。然后 2 号拿回手电筒。最后，1 号和 2 号再次一起过桥。方案如图 16-2 所示。

根据此策略，各个行程的时间分别为 2 分钟、1 分钟、10 分钟、2 分钟和 2 分钟，总共 17 分钟。找到错误假设可使解决方案提速 2 分钟。

这个问题是一类稍微不同寻常的例子，涉及优化过程：将一组东西每次少量地从一个地方移动到另一个地方。更常见的题目是，目标是最小化总趟数，并且通常存在哪些东西可以放在一起移动的限制。这个特定的问题很难，因为它暗示着一个错误的假设(1 号应该护送其他旅行者)，这个假设看起来如此明显，以至于可能没有意识到正在做出假设。

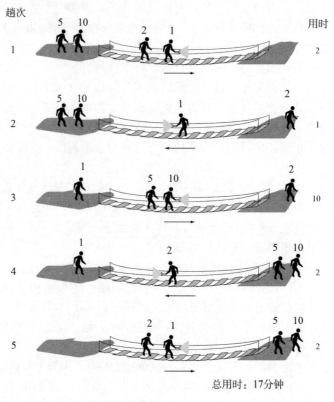

图 16-2　过桥方案

16.2.4　重弹珠

> **问题**：现在有 8 个弹珠和一个双盘秤。所有弹珠中除了一个弹珠重一些，其余重量相同。弹珠在其他方面难以区分。可以不管重一些的弹珠有多重。称出重弹珠最少需要多少次称重？

解决这个问题的第一步是要意识到可以在秤的每个盘子上放多个弹珠。如果每个盘子中有相同数量的弹珠，则重弹珠必须位于秤较重一侧的盘子里。这样就不必单独称重每个弹珠，可以在一次称重中排除多个弹珠。

意识到这一点，就可以设计一个基于二分搜索的策略来找到重弹珠。在该方法中，首先将弹珠对半分放在秤的两侧。然后去掉较轻一侧的弹珠，并在两个盘子之间重新对半分开刚才较重一侧的弹珠，如图 16-3 所示，继续此过程，直到每个盘子只放一个弹珠，此时重弹珠是较重一侧的唯一物体。运用此过程，可以通过 3 次称重找到重弹珠。

称重

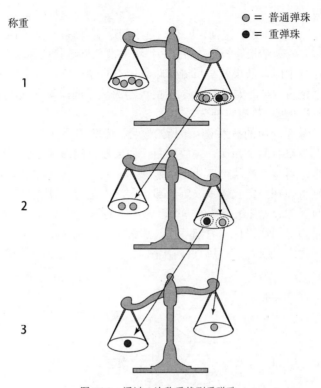

○ = 普通弹珠
● = 重弹珠

1

2

3

图 16-3　通过 3 次称重找到重弹珠

　　答案似乎是正确的。解决方案不是一眼就能看出来，也比逐个称重弹珠有所改进。但如果各位认为这似乎过于容易，那就对了。到目前为止所描述的方法是个良好的开端，但不是最好的。

　　如何在少于三次称重的情况下找到重弹珠？显然，必须在每次称重时排除一半以上的弹珠，但怎么做呢？

　　尝试从信息流角度来看这个问题。有关弹珠的信息来自秤，可以利用这个信息来找到重弹珠。从每次称重中获得的信息越多，对弹珠的搜索效率就越高。想想如何从秤中获取信息：在秤上放置弹珠，然后查看结果。所有可能的结果是什么？左侧盘子可能较重，右侧可能较重，或者两侧的重量相同。所以有 3 种可能的结果，但到目前为止只使用了其中两种。实际上，现在只使用了每次称重所提供信息的 2/3。也许改变方法，使用来自每次称重的所有信息，就可以用较少称重次数找到重弹珠。

　　使用二分搜索策略，重弹珠总是在两个盘子之一，所以总有一边比较重。换句话说，如果重弹珠总是在盘子上，则无法利用秤所能提供的所有信息。如果将弹珠分成 3 个相同大小的组，每次称两个组会怎样？和以前一样，如果天平的某一边比较重，那么便可以知道那个重弹珠就在那一边的那一组中。但是现在也有可能是秤上的两组弹珠重量相同——在这种情况下，重弹珠必然在第三组中，而不是在秤盘上。因为弹珠被分成三组，所以只关注重弹珠所在组，就能排除 2/3 的弹珠，而不是排除一半的弹珠。

这似乎很有希望。

在将此过程应用于本题目之前，还有一个小问题需要解决。8 不能被 3 整除，所以不能将 8 个弹珠分成 3 个相等的组。为什么每组需要相同数量的弹珠？因为只有这样，把每组弹珠放在秤上时，结果就与每侧弹珠数量不同没有任何关系。实际上，现在只需要两个组大小相同。最好如果所有 3 组的大小大致相同，就可以在每次称重后排除约 2/3 的弹珠，无论哪一堆有重弹珠。

现在，可以将 3 个组的技术应用于所给题目。首先将弹珠分成两组，每组 3 个，放在秤上，还有一组有两个弹珠，先放外面。如果双方的重量相同，那么重弹珠就在两个弹珠的那组，再称一次就可以找出重弹珠，一共进行两次称重。另外，如果秤的任一侧较重，则重弹珠一定在较重一侧的那组中。于是所有其他弹珠可以排除在外，只需要在秤的两侧各放置那组弹珠的一个，将那组的第三个弹珠放在旁边(不在秤上)。较重的一侧为重弹珠。如果任一方都不重，那么重弹珠就是没有放在秤上的那个。这也是进行了两次称重，所以总可以通过两次称重找到一组 8 个弹珠中的重弹珠。图 16-4 显示了此过程的一个示例。

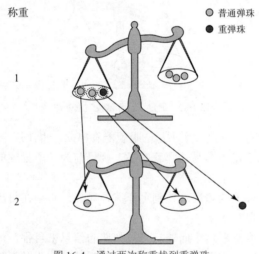

图 16-4　通过两次称重找到重弹珠

　问题：现在将解决方案推广。在 *n* 个弹珠中找到重弹珠最少要称重多少次？

面试官出这类题的部分用意是想确定候选人是撞大运还是因为真正了解它而提出上述解决方案。想想每次称重后会发生什么。排除了 2/3 的弹珠留下 1/3 的弹珠。每次称重后，留下的弹珠数量是前一次称重的 1/3。剩下一颗弹珠时，就会发现重弹珠。

根据这个推理，可以将这个问题重新表述为："在最终得到 1 之前需要将弹珠数量除以 3 多少次？"如果从 3 个弹珠开始，除以 3 一次得到 1，则需要一次称重。如果从 9 个弹珠开始，除以 3 两次，则需要两次称重。同样，27 个弹珠需要 3 次称重。那么可以使用什么数学运算来表示"经过多少次除以 3 能达到 1"的过程？

因为乘法和除法是逆运算，所以，在得到 1 之前必须将弹珠数除以 3 的次数与到达弹珠数量前必须乘以 3(从 1 开始)的次数是一样的。使用指数可以表示重复相乘。如果想表示乘以 3 两次，则可以写为 3^2，等于 9。当乘以 3 两次时，得到 9——需要两次称重才能在 9 个弹珠中找到重弹珠。更一般的情况是，需要 i 次称重才能从 n 个弹珠中找到重弹珠，其中 $3^i = n$。已知 n 值，要计算 i，所以需要对 i 求解。可以使用对数求 i，即求幂的逆运算。如果上述等式两边取以 3 为底的对数，则可得到 $i = \log_3{}^n$。

只要 n 是 3 的幂，就可以正常工作。但是，如果 n 不是 3 的幂，则该等式计算 i 得到一个非整数值，这没有多大意义，因为无法进行分数称重。例如，如果 $n = 8$，就像本题目的前面部分所述，$\log_3 8$ 是介于 1 和 2 之间的某个数字(1.893，稍微更准确一些)。根据以前的经验，可以知道，如果有 8 个弹珠，则实际需要进行两次称重。这似乎表明，如果计算得到的是分数称重，应该向上舍入到最接近的整数。

这有意义吗？试试将它应用于 $n = 10$，看看是否可以证明总是向上舍入。$\log_3 9$ 是 2，所以 $\log_3 10$ 将略多于 2，如果向上舍入到最接近的整数就是 3。这是 10 个弹珠的正确称重次数吗？对于 10 个弹珠，开始分为 3 组，其中一组 4 个弹珠，另两组每组 3 个弹珠。如果重弹珠在 3 个弹珠一组的两组中，则可以通过一次称重找到它；如果在 4 个弹珠一组的那组，则还需要两次称重，总共要称 3 次，和计算结果一致。在这种情况下，分数称重似乎代表了在某些情况下可能需要进行的称重(如果重弹珠恰好位于较大的组中)，而不是其他情况下的称重。因为正在尝试计算确保可以找到重弹珠所需的称重次数，所以必须将该分数称重计为完全称重，即便这次分数称重未必真的执行，因此始终向上取整到最接近的整数。在编程中，向上舍入到最接近整数的函数通常称为 *ceiling*，因此可以将保证在 n 个弹珠中找到重弹珠所需的最小称重次数表达为 *ceiling*$(\log_3(n))$。

注意：对于 4 个弹珠的组(在 10 个弹珠为总数的案例中)，可以将 4 个弹珠分成包含一个弹珠的两组和包含两个弹珠的一组。如果重弹珠恰好是在包含两个弹珠的那组，需要再称一次(第三次称重)以确定哪个是重弹珠。分数称重也可以表示经常要执行的称重，但不会排除剩余弹珠总量的 2/3。例如，当 $n = 8$ 时，分数称重表示在第一次称重后已知重弹珠在包含两个弹珠的那组中的情况下，确定哪个弹珠较重所需的称重次数。在任何情况下，必须计为完全称重，因此向上取整是合适的。

设计的这个问题再次说明了错误的解决方案往往最先出现在大多数聪明的、能理性思考的人身上。大多数人觉得很难想到分 3 组，但在那次飞跃之后能相对容易地解决问题。问题一开始是要求解决 8 个弹珠的情况，这样出题并不是偶然的。作为 2 的乘方，它对于不正确的解决方案能够清晰起作用，但因为 8 不是 3 的乘方(或倍数，对于数字 8 而言)，对于正确的解决方案来说，有点混乱。被要求解决 9 个弹珠的问题时，人们通常会更快得到正确的答案。注意这样的细节，可能引导你向特定(通常是不正确的)方向思考。

这个问题是涉及用双盘秤称重物品的一个相对简单的例子。再出一个相关练习：基于上题，假设有一堆弹珠，其中一个重量不同，但不知道它是更重还是更轻，要找出这个弹珠，求最小称重次数。

16.2.5 美国加油站数量

 问题：美国有多少个加油站？

显然这是一个估算问题。虽然在互联网上搜索这个数字可能会更快更准确，但候选人不会因此获得信任。

与所有估算问题一样，关键是将尝试估算的未知数量与自己知道或可以合理猜测的数量相关联。通常，可以通过考虑量化事物之间的相互作用来建立这些联系。针对目前的情况，汽车在加油站加油，因此一个国家加油站的数量与汽车的数量相关似乎是合理的。也许你也不知道美国现在有多少辆汽车，更不用说加油站的数量了，但汽车必须由人驾驶，因此可以将汽车数量与人口联系起来。

假设美国人口略多于 3 亿是已知的(如果不清楚这个事实，也可以估计一下。例如：超过 10 亿人生活在中国，约有 1000 万人生活在纽约市。美国人口比中国少得多，但一定远远超过纽约市，因此，美国人口的数量级估计应该是 1 亿)。尝试以人口为切入点。

不是每个人只有一辆车，所以假设路上有 1.5 亿辆汽车。但还有商用车要考虑，假设每辆客车对一辆商用车，共计 3 亿辆。通过估算加油站可以服务的汽车数量，可以确定加油站的数量。

可以根据自己的经验估算加油站服务的汽车数量。根据你的经验，汽车加满一次油大约需要 6 分钟。约每周去一次加油站，那里通常还有两辆车。假设这是美国人的平均水平，每个加油站每小时服务约 30 辆汽车。假设一个加油站每周 7 天、每天开放 12 小时；则每周服务 84 小时。84 是心算的一个难点，实际上，一个加油站可能每天开放超过 12 小时，因此估计加油站每周平均开放 100 小时。这意味着它每周可以为 3000 辆汽车服务。

如果每辆车大约每周去一次加油站，每个加油站每周能看到 3000 辆车，那么美国必须有大约 100 000 个加油站。估算出这样的数字并不精确，但它们通常在一个数量级内——也就是说，在这种情况下，你可以相当确信加油站的数量多于 10 000 个且少于 1 000 000 个。事实上，2015 年美国人口普查局发布了一份新闻稿，称美国约有 112 000 个加油站。

更重要的是，可以形成一个合理的估算框架，并快速完成计算，而不是准确估计统计量。

如果需要更多练习，可尝试估算所在州的幼儿园教师人数、地球周长及渡船的重量。

16.3　小结

在面试过程中，可能会包含一两个脑筋急转弯问题，即使它们与编程技能没有直接关系。有些面试官用这类问题考察候选人在工作中的思维过程，并确定候选人的框外思考能力。

脑筋急转弯有很多不同的结果，但显而易见的答案几乎是亘古不变的错误选项。检查自己的假设，确保切题。别被问题吓倒，将问题切分、简化，并从具体情况入手找到通用的解决办法。小心那些看似简单的问题，因为它们往往比表象更棘手。如果你没有掌握所需的所有证据，可以借助先验知识和经验积累进行合理的估计。

一定要多将自己想到的东西大胆地说出来，向面试官讲述你正在做的事情，以及选择做这件事情背后的思考。集中注意力于问题上，不断努力。在面试环节最重要的不是答案，而是你的思考过程。

第**17**章

图形和空间难题

许多脑筋急转弯问题本质上与图形及空间思维相关。在非图形难题上能用的所有技术仍然适用，但是对于本章的问题，还可以使用另一种非常强大的技术：示意图。

17.1 先画出来

绘制示意图的重要性不容小觑。虽然说人类使用书面语言和数学至今只有几千年历史，但在数百万年的不断发展中，一直分析着视觉问题(例如，在到达那棵树之前，犀牛会抓住我吗？)。人类通常更适合解决画面中出现的问题而不是文本或数字中出现的问题。俗话说"百闻不如一见"。这句格言也适用于技术面试。

 注意：尽可能画一幅画。

在某些情况下，这些脑筋急转弯中的"演员"是静态的，但更多时候它们会改变或移动。在这种情况下，不要只画一幅画，要多画一些。针对每一个包含信息的瞬间，及时画一张示意图。可以通过观察每个示意图之间的情况变化来获得启发。

 注意：如果问题涉及运动或变化，则请针对不同时间点及时绘制多幅画。

大多数图形问题都是二维的。即使问题涉及三维对象，对象也经常被约束在同一平面，使问题简化为二维。绘制两个维度比三个维度要容易得多，因此除非必须，否则不要在三个维度上作业。

如果题目根本上就是三维问题，则在继续之前采用绘图和可视化方法评估自己的相关能力。如果不擅长绘画，做出来的三维分析图与其说是理清思路，倒不如说是混淆思路。另外，如果自己是一位优秀的艺术家或制图员，但在可视化方面遇到麻烦，则可能更适合使用示意图。无论采取哪种方法，都要尝试在空间上解决空间问题，而不是依靠计算或符号数学。

 注意：对于三维问题，可视化可能比示意图更合适，但无论在什么情况下，都要在空间上解决问题。

17.2 有关图形和空间的问题

示意图和可视化是解决以下脑筋急转弯问题的关键。

17.2.1 船和码头

 问题：一人坐在小船上，握着一根绳子。绳子的另一端系在附近码头的(柱子)顶上，使它比人手中绳子的另一端高。人如果拉绳子，则船向码头移动，直至正好停在码头下面。在拉绳子的时候，以下哪个速度更快：船在水中移动的速度，还是绳子在人手中移动的速度？

应该通过绘制示意图来切入问题，以确定自己了解问题场景并找到解决方案的切入点。码头的边缘、水和绳子形成直角三角形的边，如图 17-1 所示。为便于进一步讨论，各段分别标记为 A、B 和 C。

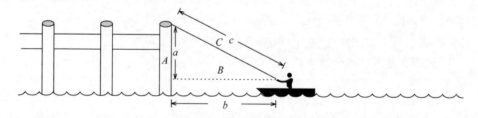

图 17-1　边缘、水和绳子形成直角三角形的边

在这里有一些让大家熟悉但又不同以往的变形思路。可能在你的数学课程中使用直角三角形很多，但那些都是静态形状。这个三角形正在被压扁。注意这种差异。这个差异虽然看起来很小，但这可能足以使错误的答案看起来直观而正确。

由于你可能有使用直角三角形的经验，因此可能决定用数学方式解决这个问题。当船移动时，需要确定是 B 侧还是 C 侧更快变短。换句话说，对于 B 长度的给定变化，C 长度的变化是什么？

如何计算？导数可以提供两个变量之间的变化率比率。如果计算了 C 相对于 B 的导数并且它大于 1，就会知道绳子移动得更快。相反，如果小于 1，则船必然移动得更快。

这时候很适合停下来考虑一下，题目解到哪一步了？下一步打算怎么做？可以使用毕达哥拉斯定理建立与 B 和 C 相关的等式。看起来这种方法最终会得出正确的答案。如果自己擅长数学并且熟悉微积分，这甚至可能是最好的方法。然而，应该将明显需要用到微积分的想法视为一个警告信号——这样的想法会错过更容易解决问题的方法。

试着返回原始示意图并采用更加图形化的方法。还可以绘制哪些示意图？因为船与码头的初始距离或码头的高度未知，所以不管运动的船所处位置如何，画出的示意图从效果上看都是一样的。当船停在码头下面时会怎样(如图 17-2 所示)？那会有所不同。这时候没有三角形，因为绳子垂在码头边上。

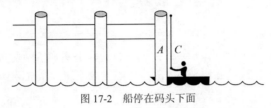

图 17-2　船停在码头下面

在这两幅图之间经过的时间里，船行驶了多远，以及人拖了多长的绳子？因为没有给出任何数字，所以分别将 A、B 和 C 边的初始长度称为小写 a、b 和 c。当船在码头下面时，B 侧的长度为 0，因此船已经移动的距离为 b。另一方面，绳子以 c 的长度开始。在图 17-2 中，等于 a 的绳子长度仍在船外，因此拖入的绳子总量为 $c-a$。

由于问题要求分析的这两个距离是用时相等的，因此移动距离大意味着速度更快。哪个距离更大：$c-a$ 还是 b？从几何学角度上回想一下，三角形两边长度之和必须始终大于第三边长度。例如，$a+b>c$。(如果有人对此不等式的合理性存在质疑，下面可以很直观地证明。假设一边比另两边之和还要长一些。在这种情况下，没有办法可以将一边与另两边摆成三点连接，因为较短的那两条边太短，连长边一端到另一端的距离都够不着)。从两边减去 a 得到 $b>c-a$。这艘船行进了更远的距离，因此它穿过水面的速度比通过双手的绳子速度快。

出于数学好奇心，拿起刚才放弃的微积分，展示自己还能够用这种方法确定解决方案。根据毕达哥拉斯定理，$c^2=a^2+b^2$。用它来计算 c 相对于 b 的导数：

$$c=\sqrt{a^2+b^2}$$

$$\frac{\mathrm{d}c}{\mathrm{d}b}=\frac{1}{2}(a^2+b^2)^{-\frac{1}{2}}(2b)=\frac{b}{\sqrt{a^2+b^2}}$$

b 是正数，所以当 $a=0$ 时，最终表达式等于 1。正如在这个问题中一样，当 $a>0$ 时，分母大于分子，表达式小于 1(以防有人离开数学的时间已太久，在此说明一下，分子是分数栏上方的表达式，分母是它下方的表达式)。这意味着 b 的变化量趋向于无穷小时，c 的变化量更小，所以船的行驶速度更快。

这个题目属于奇妙类的难题，知道的数学知识越多，问题似乎越困难，这些数学题在面试中特别残忍。因为觉得面试会有难题并且自己可能会紧张，所以你不太可能停下来问问自己是否有更简单的方法。

这类问题中最血腥的例子之一涉及两个火车头相向而行，每个火车头的速度为 10 英里/小时。当火车头相距 30 英里时，坐在其中一个火车头前面的鸟以 60 英里/小时的速度飞向另一个火车头。当它到达另一个火车头时，立即转身并飞回第一个火车头。这只鸟持续这样做，直到可悲的一幕发生，俩火车头相撞，鸟被碾碎。

问这只鸟飞了多远时，许多学过微积分的学生花费数小时试图构造无穷级数并对极端困难的级数求和。其他从未听说过无穷级数的学生可能会确定火车头需要 1.5 小时才能拉近 30 英里的距离，而那时速度为 60 英里/小时的鸟将会飞过 90 英里。

17.2.2 数立方体

> **问题**：假如一个立方体阵列由 3×3×3 的较小立方体排列而成，于是阵列就是三个立方体宽、三个立方体高、三个立方体深。求立方体阵列表面有多少个立方体？

对于这个问题，画魔方可能会有帮助，如图 17-3 所示。

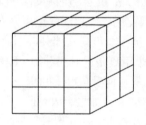

图 17-3　画魔方

这是空间可视化问题。不同的人用不同技术处理可视化问题，因此这里给出了多种方法。希望其中至少有一个方法让各位觉得有用。可以尝试绘制示意图，但由于问题是三维的，示意图可能更容易令人困惑，因此不那么有用。

解决此问题的一种方法是计算阵列每个面上的立方体。一个立方体有六个面。立方阵列的每个面都有九个立方体(3×3)，因此可以判断这个表面上有 6×9= 54 个立方体。但是现在总共只有 3×3×3 = 27 个立方体，所以显然不可能有两倍的立方体在表面上。这种方法的矛盾之处是，某些立方体在多个面上——例如，位于阵列角上的立方体有三个面。所以应该寻找更简单的解决方案，而不是想办法对多个面上的立方体进行复杂的排列。

解决此问题的更好方法是按层算立方体。阵列有三个立方体高，因此有三层。顶层上的所有立方体露出了表面(九个立方体)。中层除中心的立方体之外，所有立方体都露出表面(八个立方体)。最后，底层的所有立方体都露出表面(九个立方体)。于是总共有 9 + 8 + 9 = 26 个立方体露出表面。

刚才的方法是可行的，但找到解决方案更好的办法可能是计算不在表面上的立方体，然后从立方体总数中减去这个数字。指定的对象通常比模糊的概念更容易设想——可能想象表面上的立方体是透明的红色，而非表面的立方体是明亮的蓝色。通过想象，可能会看到由红色立方体壳包围的明亮蓝色立方体只有一个。因为这是唯一不在表面上的立方体，所以表面上必定有 27 – 1 = 26 个立方体。

 问题：现在假设有一个 4×4×4 个立方体的立方体阵列。这个阵列的表面总共有多少个立方体？

随着立方体数量的增加，层方法所需的计数变得更加复杂，因此准备通过可视化和计算不在表面上的立方体的个数来解决这个问题。

非表面立方体在较大的阵列内形成较小的立方体阵列。较小的阵列中有多少个立方体？最初的直觉可能是阵列中有四个立方体。如果是这样，则考虑是否可以将四个立方体排成立方体阵列(不能)。正确的答案是非表面立方体形成一个 2×2×2 的八立方体阵列。总共有 4×4×4 = 64 个立方体，所以表面上有 64 – 8 = 56 个立方体。

 问题：将解决方案推广到 $n \times n \times n$ 立方体的立方体阵列。给定 n 后，表面上有多少立方体？

现在无法明确地数出立方体的数量，问题开始变得更加有趣。已知总共有 n^3 个立方体。如果可以计算不在表面上的立方体数量，就可以计算在表面上的立方体数量。试试将情况可视化，假想表面立方体为红色，内部立方体为蓝色。它是什么样子的？也许你能想象一个由蓝色立方体组成的立方体阵列外面包着一个由红色立方体组成的一个立方体厚度的外壳。如果可以确定较小阵列的大小，就可以计算它包含的立方体数。因为较小的阵列完全嵌在较大的阵列里，所以较小的阵列横着数必须少于 n 个立方体，但应该少多少？

假想有一条立方体线横穿阵列。这条线有 n 个立方体长。因为红色表面立方体外壳是一立方体厚，所以第一个和最后一个立方体都是红色，而所有其他立方体都是蓝色。这意味着阵列的一排有 $n-2$ 个蓝色立方体，因此内部立方体阵列横着数是 $n-2$ 个立方体。立方体阵列的高度、深度与其宽度相同，于是可以计算出有 $(n-2)^3$ 个立方体不在表面上。从立方体总数中减去这个数，可以得到在表面上的立方体个数为 $n^3 - (n-2)^3$。使用已经手工算出的实例来验证这个公式：$3^3 - (3-2)^3 = 26$。$4^3 - (4-2)^3 = 56$。看起来这部分的答案有着落了，但问题还没有完。

 问题：立方体是三维空间中在三个垂直方向上测量距离相同的对象。四维超立方体是在四维空间中在四个垂直方向上测量距离相同的对象。计算四维超立方体的 $n \times n \times n \times n$ 超立方阵列表面上的四维超立方体的数量。

真正的乐趣从这里开始。这本是一个可视化问题，但将其置于四个维度让大多数人难以想象。但是，可视化仍然有用，可能以下策略会有效。

人们通常将时间视为第四维度。以具体方式可视化时间的最简单方法是想象有一部电影，是由连续画面构成的。电影胶片中的每帧表示不同的时间(或第四维度上的不同位置)。要完全表现出四个维度，必须想象每帧包含一个完整的三维空间，而不是实际电影胶片中的二维图片。如果可以将其可视化，就可以看到四个维度。

因为超立方体在每个方向上测量距离相同，所以在该问题中表示超立方阵列的电影胶片长度为 n 帧。在每帧中，有一个 $n \times n \times n$ 的立方体，就像问题之前的部分一样。(每帧中的立方体实际上是超立方体，因为它们在帧中的存在给它们一个帧的持续时间，或者在第四维时间维中一个单位的宽度。但是，在尝试可视化单个帧时，可能将它们视为正常三维立方体会更容易)。这意味着总共有 $n \times n^3 = n^4$ 个超立方体。对于颜色，在电影胶片的中间帧中看到的阵列看起来就像问题前一部分的阵列——围绕蓝色核心的红色外壳。

第一帧和最后一帧中的所有立方体都在第四维的表面上，因为它们位于电影胶片的两端。这两个帧中的所有立方体都是红色的。换句话说，$n - 2$ 帧具有蓝色立方体，并且这些帧中的每一帧看起来就像问题之前部分中的阵列。

将蓝色立方体的帧数乘以每帧中蓝色立方体的数量得到 $(n-2)(n-2)^3 = (n-2)^4$，即蓝色超立方体的总数。总数减去蓝色超立方体总数，得到超立方体阵列表面共有 $n^4 - (n-2)^4$ 个超立方体。

问题：将解决方案推广至 i 个维度。在 i 维超立方体的 $n \times n \times n \times \cdots \times n$ (i 维)超立方体阵列的表面上有多少个超立方体？

现在，你可能会发现将用于可视化的策略扩展到多个维度是有帮助的，或者可能会发现用可视化方式分配并使用模式和数学会更容易解决问题。以下讨论将对这两种方法进行分析。

电影胶片的可视化提供了四个维度，但没有理由将自己局限于一部电影胶片中。如果 n 个电影胶片并排排列，则有五个维度：一帧中有三个维度，另一个维度是帧编号，还有一个维度是那一帧所在的电影胶片。除了最右边和最左边的电影胶片之外，每一部电影胶片都看起来像是从四维电影胶片挪过来的。左右两部电影胶片将是第五维的表面电影胶片，因此表面电影胶片对应帧上的所有立方体都是红色的。可以通过想象有一堆多层电影胶片来进一步将五维情况扩展到六维。

除了六个维度之外，情况再次变得难以想象(可以想象现在有多个表格，每个表格都包含多层电影胶片)，但该策略已经达到了说明尺寸能任意构造的目的——三个以上维度的对象没有什么特别之处。

添加的每个维度都会提供以前可视化内容的 n 份副本。其中，有两份副本绝对完全位于表面上，剩下的 $n-2$ 份副本有蓝色的内部立方体。这意味着，对于每个附加维度，超立方体的总数增加到 n 倍，非表面超立方体的数量增加到 $n-2$ 倍。每个维度都有这些要素，最终结果就是有 $n^i - (n-2)^i$ 个超立方体在阵列表面上。

另外，如果采用基于模式的方法，会发现在三维情况下，表达式的两部分都是以 3 为指数，而在四维情况下，表达式的两个部分都以 4 为指数。由此可以推断出指数表示问题中的维数。可以通过尝试一维和二维的情况(线和正方形)来验证这一点，会发现所提出的解决方案似乎有效。从数学的角度思考，当在每个 i 方向上都有 n 个超立方体时，似乎总共会得到 n^i 个超立方体。出于同样的原因，$(n-2)$ 以 i 为指数似乎也是有道理的。这不是证明，但足以让人自信 $n^i - (n-2)^i$ 是正确答案。

看着这个问题一步一步进展很有意思。问题的第一部分非常简单。就其本身而言，问题的最后一部分似乎几乎是不可能的。问题的每个部分都只比前面的一部分困难一点点，每个部分都可以帮助你得到新的启示，所以在到达最后一部分时，似乎并不是那么难以克服。记住这个技巧是件好事。解决更简单、更具体的情况可以深入了解更困难、更通用问题的解决方案，即使没能像这道题一样有明晰的过程引导。

17.2.3 狐狸和鸭子

问题：一只被狐狸追赶的鸭子逃到一个正圆形池塘的中心。狐狸不会游泳，鸭子也不能从水面上飞走(这是一只有缺陷的鸭子)。狐狸的速度是鸭子的四倍。假设狐狸和鸭子尽可能采用最佳策略，鸭子是否有可能到达池塘的边缘而不被吃掉就飞走了？如果能，如何做到？

鸭子最明显的策略是直接以远离狐狸站立位置的方向游泳。鸭子必须游到池塘边缘，距离为 r。与此同时，狐狸必须顺着池塘周围跑完池塘周长的一半，距离为 πr。因为狐狸移动的速度是鸭子的四倍，$\pi r < 4r$，所以很明显任何采用这种策略的鸭子很快就会成为狐狸的食物。

想想这个结果告诉你什么。证明鸭子无法逃脱吗？不，它只是表明鸭子无法使用这种策略逃脱。如果这个问题没有其他策略，它就是不值一提的几何练习——不值得在面试中提问——所以这个结果表明鸭子可以逃脱，只是办法现在还不知道。

不要只关注鸭子，试着想想狐狸的策略。狐狸将围绕池塘周围跑，以尽可能靠近鸭子。因为从圆内的任何点到边缘的最短距离都是沿着半径方向，所以狐狸会试图保持与鸭子处于相同的半径方向。

鸭子如何能让狐狸的行动变成最困难？如果鸭子沿着半径来回游动，则狐狸可以坐在那个半径点上。鸭子可以尝试穿过池塘的中心点来回游动，当鸭子的半径反复从池塘的一侧切换到另一侧时，将牵制狐狸不断跑动。但是，鸭子每次穿过中心点时都会回到问题的初始配置：鸭子位于中心，狐狸位于边缘。鸭子的情况不会有改善。

另一种可能性是鸭子在与池塘同心的圆上游泳，所以狐狸必须继续在池塘周围奔跑以保持在鸭子的半径方向上。当鸭子靠近池塘的边缘时，狐狸可以毫不费力地保持与鸭子相同的半径，因为它们运动的距离大致相等，而狐狸的速度是鸭子的四倍。然而，随着鸭子靠近池塘中心移动，其圆周变得越来越小。在离池塘中心 1/4 r 距离处，鸭子运动的圆圈半径恰好是池塘的圆周半径的 1/4，因此狐狸可以勉强保持与鸭子相同的半径。在距离中心不到 1/4 r 的任意点，狐狸的移动距离必须是鸭子移动距离(游动范围在两个半径)的四倍以上。这意味着，随着鸭子转圈，狐狸开始落后。

这种策略似乎让鸭子能够在它和狐狸之间拉开距离。如果鸭子游得足够长，最终狐狸会落后于鸭子所在的半径，鸭子与狐狸之间为 180°。换句话说，最靠近鸭子的岸边的点距离狐狸最远。也许这样的领先就足够了，鸭子可以沿岸边径向直线游动，并在狐狸之前到达那里。

如何将这个领先的办法最大化？当鸭子的圆圈半径为 1/4 r 时，狐狸刚好能跟上它的步伐，所以在半径为 1/4 r 减去一个无穷小量 ε 时，鸭子刚好勉强领先。最终，当鸭子到达狐狸前方 180° 时，距离岸边最近的点将是 3/4 $r+\varepsilon$。然而，狐狸跑的距离是池塘周长的一半 πr。在这种情况下，狐狸必须赶上鸭子游出距离的四倍以上($3/4\,r\cdot4<\pi r$)，因此鸭子可以游到陆地上并飞走，如图 17-4 所示。

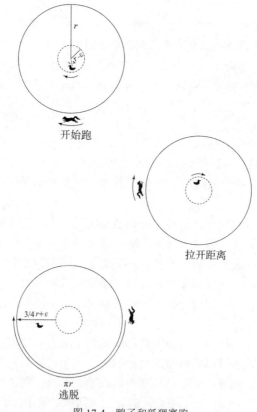

图 17-4　鸭子和狐狸赛跑

可以将解决方案延伸到类似问题：这一次，狐狸追逐一只兔子。它们在圆形围栏内无法离开。如果兔子能以与狐狸相同的速度奔跑，狐狸可能会抓住兔子吗？

17.2.4　燃烧保险丝

 问题：有两段保险丝和一个打火机。每段保险丝点燃后从一端烧到另一端需
要 1 小时。但是，这两段保险丝不会以恒定速度燃烧，而且它们是不同的保
险丝。换句话说，不要假设一段保险丝的长度与它已经或将要燃烧的时间之
间存在某种关系。两段相等长度的保险丝不一定需要花相同的时间燃烧。仅
使用保险丝和打火机，测量精确的 45 分钟。

这个问题的一个难点是牢记一段保险丝的长度与燃烧所需要的时间无关。虽然在
问题中明确说明了这一点，但是人们太熟悉恒定速度和时间与距离之间的关系，以至
于很容易陷入试图以某种方式测量保险丝物理长度的陷阱。由于燃烧率未知且可变，
唯一有用的测量信息是时间。注意到这一点，就可以开始解决问题。

可以使用的材料和操作在此问题中受到相当大的限制。在这种情况下，首先考虑
所有可能的行动，然后确定哪些可能的行动是有用的。

可以在两个位置点燃保险丝：从顶端点燃或从中间点燃。如果从顶端点燃其中一
段保险丝，那么它将在 60 分钟内烧完。这比需要测量的总时间长，所以可能没有直接
用处。如果点燃保险丝中间，最后会有两个火焰，每个火焰朝向保险丝的另一端燃烧。
如果运气非常好，可以点燃保险丝的正中心(指燃烧时间，可能不是物理中心)，在这种
情况下，两个火焰在 30 分钟后会同时熄灭。更可能的是，错过了保险丝的中心，点出
一个火焰后，在 30 分钟之内的某个时刻熄灭了，第二个火焰又持续燃烧了一段时间。
这似乎不是可靠的测量方法。

如果点燃保险丝中间，燃烧时间与从顶端点燃时的燃烧时间不同。为什么是这样？
点燃保险丝中间产生了两个火焰，所以一次有两个地方燃烧。如何能够利用两个火焰？
也许你已经发现点燃保险丝中间是有问题的，因为实际上并不知道在哪里(指时间)点
燃。剩下点燃保险丝两端的情况。如果点燃保险丝的两端，则火焰会相向燃烧，直到
它们相遇并在 30 分钟后都熄灭。这可能很有用。

到目前为止，可以使用一段保险丝精确测量 30 分钟。如果能弄清楚如何用另一段
保险丝测量 15 分钟，就可以把两者加起来解决问题。测量 15 分钟需要做什么？要么
在一端燃烧 15 分钟长度的保险丝，要么在两端燃烧 30 分钟长度的保险丝，两种方法
都可以解决问题。因为从 60 分钟长度的保险丝开始，意味着需要从保险丝中扣除 45
或 30 分钟。同样，必须通过燃烧来做到这一点，因为切断保险丝将涉及物理(距离)测
量，毫无意义。通过从两端燃烧 22.5 分钟或一端燃烧 45 分钟可以耗掉 45 分钟。测量
22.5 分钟似乎比要求测量的 45 分钟更困难。如果知道如何测量 45 分钟，问题就能解
决，那么这种可能性看起来并不是特别富有成效。

另一种选择是去掉 30 分钟的保险丝，有两个策略，从两端燃烧 15 分钟，或者从
一端燃烧 30 分钟。对于从两端燃烧 15 分钟的策略，测量 15 分钟正是目前手头要完成

的任务，但对于从一端烧 30 分钟，测量 30 分钟的办法是明确的：从第一段保险丝的两端点燃直到火焰熄灭正好经过 30 分钟。如果点燃第二段保险丝的一端同时点燃第一段保险丝的两端，则当第一段保险丝消失时，将在第二段保险丝上留下可燃烧 30 分钟的保险丝。一旦第一段保险丝熄灭，就可以点燃第二段保险丝的另一端(未燃烧端)。在可燃烧 30 分钟的保险丝上燃烧的两个火焰在 15 分钟后都会熄灭，总共得到 30 + 15 = 45 分钟。

17.2.5 躲开火车

> **问题：**两个男孩走在树林里，他们决定穿过铁路隧道走捷径。当他们走过隧道的 2/3 时，最害怕的事情发生了。一列火车朝向他们行驶，正靠近隧道入口。两个男孩惊慌失措，要分别跑到隧道的一端。他们以同样的速度奔跑，每小时 10 英里。就在火车将他们中的某个挤进铁轨的瞬间，孩子都能够刚好从隧道中逃出来。假设火车的速度是恒定的，两个男孩都能瞬间反应和加速，求火车的速度有多快？

这个问题乍一看是直接从高中家庭作业挑出来的经典代数文字题。但是，在设置 x 和 y 时，会发现缺少了标准代数速度问题中的大量信息。具体来说，虽然男孩的速度已知，但没有任何关于距离或时间的信息。也许这个问题比第一眼看到更有挑战性。

一个好的切入方法是用所拥有的信息绘制示意图。给男孩起名为 Abner 和 Brent(朋友们叫他们 A 和 B)。在问题开始的那一刻，男孩刚刚注意到火车时，火车到隧道的距离不明，朝向他们。A 和 B 都在同一个地方，距离靠近火车的入口 1/3 隧道长度。A 朝向火车，B 远离火车，如图 17-5 所示。

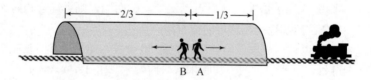

图 17-5   A 朝向火车，B 远离火车

所拥有的唯一附加信息是两个男孩都勉强逃脱。尝试绘制逃生时刻的示意图。A 朝火车方向跑，只有 1/3 的隧道路程，所以会在 B 之前逃掉。因为他在最后一刻到达隧道尽头，所以他和火车最后必须同时到达隧道尽头(隧道一端)。B 在这个时候会在哪里？A 和 B 以相同的速度移动。A 在逃掉之前移动了隧道长度的 1/3，因此 B 也必然跑过隧道长度的 1/3。这将使他距离隧道另一端还剩 1/3 隧道长度，如图 17-6 所示。

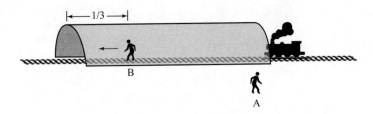

图 17-6　逃生时刻的示意图

现在画 B 逃脱时的示意图。火车一路驶来穿过隧道，它和 B 都在隧道的一端(A 在隧道另一端之外的某处，正在谢天谢地)。图 17-7 展示了这种情况。

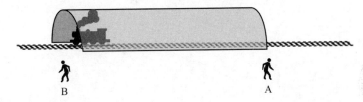

图 17-7　B 逃脱时的示意图

这些图中没有哪个图有独特的启示。因为需要确定列车的速度，所以应该看看它的移动方式——它的位置如何在三个图之间变化。在图 17-5 和图 17-6 之间，A 和 B 各自跑过了隧道长度的 1/3，而列车移动距离未知。看起来没有帮助。在图 17-6 和图 17-7 之间，B 再次跑过隧道长度的 1/3，而火车穿过整个隧道。因此，火车在相同的时间内驶过的距离是 B 的三倍。这意味着火车的速度必须是 B 的三倍。B 每小时跑 10 英里，因此火车以每小时 30 英里的速度行驶。

17.3　小结

许多脑筋急转弯问题在本质上是图形化的，用于测试候选人的空间思维能力。需要将第 16 章中脑筋急转弯问题的一般准则用于这类问题，但通常只有对问题进行可视化后正确答案才会比较明显。不要低估示意图的力量！

第 18 章

知识方面的问题

在不同的面试中，知识类问题出现的频次差别很大。有些面试官不会问知识方面的问题，有些面试官却只关注这些问题。如果没有白板或纸(例如在午餐的时候)，或者当面试官对候选人的编码能力感到满意并想要测试其计算机常识时，往往就会提出这方面的问题。

18.1 相关准备

知识类问题通常有两个来源：简历提到的内容以及在面试初期对问题的回答。

来自简历的问题通常短而简单——刚好足以验证候选人确实了解自己声称用过的技术。在面试之前回顾自己的简历是个好主意，无论简历里面每一项有多小，都应确保准备了与之相关的问题。一些面试官甚至会对着简历来询问与每一项有关的一般问题——"什么是 X？""你用 X 做了什么？"。例如，如果把 jQuery 放在简历中，则请准备好问题"什么是 jQuery？""你用 jQuery 做了什么？"。如果不能机智地回答这两个问题，就应该从简历中删除与 jQuery 有关的内容。

 注意：准备好回答所有与简历内容有关的问题。

与前面建议的一样，在面试中要小心自己的措辞。面试官可能要求对你所提到的术语和技术进行更深入的解释，以确定候选人的知识深度。有时候问题似乎很弱智。如果你提到"几年前开始用 Java 编程"，那么别惊讶面试官会问当时使用的是什么版本的 Java。如果那时只是阅读了一本关于 Java 7 的书，并且在 Java 8 发布之前没有进行任何真正的编程，那么不要说自己是从 Java 7 开始的。如果这样做，对于"你最喜欢 Java 8 中的哪些新功能"这样的问题，你将无法给出满意的答案。对于这个问题，要给出 Java 8 引入的语言的所有更改，如 lambda 表达式和默认方法。要保证自己的背景真实准确，这样现场给出的答案就不会在以后绊倒自己。

有一个常见的规律是，在编程问题的讨论中如果提到了任何概念，则后续必然会提及一个相关的问题。因此，需要通过介绍令自己舒服的主题并(尽可能)避免不熟悉的主题，来集中自己的优势。例如，如果提到某算法可能效率低，因为它的访问局部性较差，则后续问题很可能是"什么是访问局部性以及它如何影响性能？"。如果你准备了很好的答案，就会像巨星一样回答算法和编程的细微差别。另一方面，即使自己对算法的评价正确，如果连定义刚刚使用的术语都做不到，就会显得自己是在重复记得但不理解的东西。

18.2　面试问题举例

本书不可能全面介绍所有可能在简历或面试中出现的计算机知识领域。本章提供了知识问题的示例。这些问题集中在系统级别的问题、各种编程方法之间的权衡以及编程语言的高级功能。从面试官的角度来看，这些领域全都是有意义的。声称自己对计算机很了解但不了解数据结构、网络和架构的基本性能的候选人很可能做出糟糕的设计决定，后续可能需要付出昂贵的代价来修复。此外，许多工作分配并不像"用这种语言实现这个算法"那样具体，可能更像"我们需要解决这个问题"。强有力的候选人能在各种解决方案之间权衡，知道什么时候用什么方案。

与普通的答案相比，面试官往往更喜欢听到用具体、详细的描述构成的答案。例如，假设有人问"什么是 AJAX？"，常见的答案是"它代表异步 JavaScript 和 XML"。虽然这个答案在技术上是正确的，但并没有表明你真正了解 AJAX 编程是关于什么的，以及为什么它变得如此受欢迎。更好的答案是"AJAX 是异步 JavaScript 和 XML 的简称，是构建交互式 Web 应用程序的架构风格，其中执行界面更新和输入验证等任务的代码使用 JavaScript 在客户端实现，而与服务器的数据交换则通过 HTTP 在后台进行。XML 最初是将数据返回到客户端进行处理的首选格式，但许多应用程序已转换为其他格式，如 JSON。传统 Web 应用程序中，用户界面的响应延迟往往令人沮丧；使用 AJAX 构建的应用程序，则不会这样"。哪个答案更好，高下立判。

注意：提供具体而全面的回复。

最后还要说明一点：这里提出的答案已有很多人做过长时间的研究和完善。在很多情况下，还包括详细的解释和示例。在面试中回答问题时，不会要求提供如此详细的回复。只要给出的答案涵盖了大部分要点且组织良好，就会被认为是优秀的。

18.2.1　C++与 Java

注意：C++和 Java 有什么区别？

C++和 Java 在语法上是相似的。Java 的设计者希望因此而使 C++开发人员能够轻松上手 Java。除了这些相似性，Java 和 C++在很多方面存在差异，主要是因为它们的设计目标不同。安全性、可移植性和易用性在 Java 设计中至关重要，而 C++更关注性能、与 C 的向后兼容性及程序员控制。Java 被编译为虚拟机字节码，需要虚拟机支撑运行。C++编译为本地机器代码。这样看来 Java 提供了更好的可移植性和安全性。在历史上，这一度使 Java 比 C++慢，但是在现代虚拟机中采用即时编译器技术，性能往往差不多。

C++是 C 的近似超集，并且维护程序员控制的内存管理、指针和预处理器等功能，以便与 C 向后兼容。相比之下，Java 消除了这些和其他容易出错的特性。Java 用垃圾收集代替程序员内存释放。Java 进一步省去了 C++特性，如运算符重载和多重继承(可以使用接口在 Java 中模拟有限形式的多重继承)。有些人认为这些差异使 Java 更适合用于快速开发以及可移植性和安全性非常重要的项目。

在 Java 中，所有对象都通过引用传递，而在 C++中，对象可以通过引用或指针传递，但默认行为是通过值传递(调用复制构造函数)。Java 不像 C++那样执行自动类型转换，但泛型和自动装箱等 Java 功能可以处理许多类型转换的常见情况。在 Java 中，默认方法是虚拟的，这意味着根据对象的类型而不是引用的类型选择方法的实现。声明 final 时，方法是非虚拟的。在 C++中，方法是非虚拟的，除非它们被显式声明为虚拟。在这两种语言中，如果不需要虚函数，可以避免虚函数调用的开销。Java 已经为原始数据类型定义了大小，而在 C++中则依赖于实现。

在存在遗留 C 代码或对性能需求极高的情况下，尤其是在需要低级系统访问时，C++具有一些优势。在强调可移植性、安全性和开发速度时，Java(或类似语言，如 C#)可能是更好的选择。

18.2.2　友元类

 问题： 分析 C++的友元(friend)类，并举例说明何时使用。

关键字 friend 可应用于函数或类。它为友元函数或友元类提供对出现此声明的类的私有成员的访问。一些程序员认为这个功能违反了面向对象编程的原则，因为它允许一个类使用另一个类的私有成员。进而，当类的内部实现发生更改导致访问它的友元类出现问题时，此违规可能会导致意外错误。

然而，在某些情况下，友元类的好处超过了它的缺点。假设实现了一个动态数组类。想象一下，现在需要一个单独的类来遍历(迭代)数组。迭代器类可能需要访问动态数组类的私有成员才能正常运行。将迭代器声明为数组类的朋友(friend)是有意义的。这两个类的工作已经不可分割地联系在一起，因此在两者之间强制进行无意义的分离似乎没有意义。

Java 和 C#不支持友元类的概念。这些语言与友元最接近的匹配是省略访问修饰符，从而指定"默认"访问(在 Java 中)或使用"内部"访问修饰符(在 C#中)来访问成员数据。但是，这使包(Java)或程序集(C#)中的每个类都等同于朋友。在某些情况下，可以使用嵌套类来完成与 C++中的友元类所实现的设计类似的设计。

18.2.3 参数传递

问题：考虑函数 foo 的以下 C++函数原型，它以类 Fruit 的对象作为参数：

```
void foo(Fruit bar);              // Prototype 1
void foo(Fruit* bar);             // Prototype 2
void foo(Fruit& bar);             // Prototype 3
void foo(const Fruit* bar);       // Prototype 4
void foo(Fruit*& bar);            // Prototype 5
void foo(Fruit&& bar);            // Prototype 6
```

对于每个原型，讨论如何传递参数以及使用该形式的参数传递所实现的函数的含义。

在第一个原型中，对象参数通过值传递。这意味着将调用 Fruit 的复制构造函数来复制运行栈中的对象。如果 Fruit 没有定义明确的构造函数，编译器将创建一个默认的成员复制构造函数；如果 Fruit 包含指向它拥有的资源的指针，如动态分配的内存或文件句柄，则可能会导致错误。在函数中，bar 是 Fruit 类的对象。因为 bar 是传递给函数的对象副本，所以对 bar 所做的任何更改都不会反映在原始对象中。这是传递对象的最低效方法，因为需要将对象的所有数据成员都复制到对象的新副本中。

对于第二个原型，bar 是指向 Fruit 对象的指针，指针值传递给 foo。这比通过值传递对象有效一些，因为只有对象的地址而不是对象本身被复制到栈上(或者可能被复制到寄存器中)。因为 bar 指向传递给 foo 的对象，所以通过 bar 进行的任何更改都会反映在原始对象中。

第三个原型显示 bar 通过引用传递。这种情况类似于第二种情况：它不涉及对象的复制，并允许 foo 直接在调用函数的对象上操作。使用引用的函数和使用指针的函数之间最明显的区别是语法。必须在可以访问成员变量和函数之前显式取消引用指针，但可以使用引用直接访问成员。因此，箭头运算符(- >)通常用于在使用指针时访问成员，而点运算符(.)用于引用。比较微妙但更重要的区别是指针可能不指向 Fruit。foo 的指针版本可以传递一个空指针。但是，在使用引用的实现中，bar 保证是对 Fruit 的引用(尽管引用可能无效)。

在第四个原型中，bar 是指向对象的常量指针。这样做有传递指针的性能优势，但是 foo 不能修改 bar 指向的对象。只有声明为 const 的方法才能从 foo 中调用 bar，这可以防止 foo 间接修改 bar 指向的对象。

在第五个原型中，bar 是对 Fruit 对象的指针的引用。与第二种情况一样，这意味着调用函数可以看到对该对象所做的更改。另外，因为 bar 是对指针的引用，而不仅仅是指针，如果将 bar 修改为指向不同的 Fruit 对象，则调用函数中的指针也会被修改。

最后一个原型是 rvalue 引用的一个例子，这是 C++ 11 中引入的一个新功能。这里的 bar 是通过引用传递的，就像第三个原型中一样，但 bar 是 rvalue。rvalue 的完整定义有点复杂，但可以将其视为没有定义内存位置的表达式(不能使用&运算符获取其地址)。rvalue 通常作为函数或运算符返回的值出现。因为 rvalue 对象不能在其他任何地方被引用并且会在语句的末尾被销毁，所以采用这个原型的函数可以安全地使用 bar 的内容做任何想做的事情，包括获取封装数据的所有权。有一个有局限但重要的用例：实现构造函数和赋值运算符可以获取传递对象的成员数据的所有权，而不需要复制整个类。使用 rvalue 引用参数实现的移动构造函数可以实现与复制构造函数相同的目的，但通常更有效，因为它避免了复制数据。

18.2.4　宏和内联函数

 问题：比较并对比在 C++和 C99 中的宏和内联函数。

宏在预处理器中实现简单的文本替换。例如，定义宏：

```
#define TRIPLE(x) 3 * x
```

预处理器用 3 * foo 替换代码中出现的所有 TRIPLE(foo)。使用宏的时机，通常是在觉得代码不好看的地方，这些代码片段出现得太频繁。只需要在函数调用前声明宏，就能确保将这些代码片段替换，让代码整体得到简化，显得优雅美观。

内联函数的声明和定义与常规函数非常相似。与宏不同，它们由编译器直接处理。TRIPLE 宏的内联函数实现如下：

```
inline int Triple(int x)
{
    return 3 * x;
}
```

从程序员的角度来看，调用内联函数就像调用常规函数。常规函数需要指定参数和返回类型，内联函数也必须如此，这对宏来说不是必须的(或可能的)。这既是优点也是缺点：内联函数具有更好的类型安全性，但也可以对各种定义了加法和除法运算符的类型使用宏的单个定义。模板化的内联函数可以避免为各个参数类型编写单独的定义，但代价是增加了复杂性。从编译器的角度来看，遇到对内联函数的调用时，它会编写已编译函数定义的副本，而不是生成函数调用。(从技术上讲，当程序员将函数指定为内联函数时，编译器将其解释为一个建议——它可能会，也可能不会将函数实际内联，具体取决于它对最佳性能的计算)。

内联函数和宏都提供了消除函数调用开销的方法，但代价是增加了程序的长度。尽管内联函数有函数调用的语义，但宏有文本替换的语义。如果文本替换语义的行为出现意外，宏就会出错。

例如，假设有以下宏和代码：

```
#define CUBE(x) x * x * x

int foo, bar = 2;
```

```
foo = CUBE(++bar);
```

原本希望上述代码将 bar 设置为 3，将 foo 设置为 27，但看看它是如何扩展的：

```
foo = ++bar * ++bar * ++bar;
```

因此，bar 设置为 5，foo 设置为大于 27 的编译器相关值(例如，某一个版本的 GNU C++编译器会设置为 80)。如果将 CUBE 实现为内联函数，则不会发生此问题。内联函数(像普通函数一样)只对参数进行一次求值，因此求值的各种副作用只会发生一次。

接着是使用宏引起的另一个问题。假设有一个带有两条语句的宏：

```
#define INCREMENT_BOTH(x, y) x++; y++
```

如果有人喜欢在 if 语句体中只有一条语句时不使用大括号，可能会如下所示：

```
if (flag)
    INCREMENT_BOTH(foo, bar);
```

原本希望这相当于：

```
if (flag) {
    foo++;
    bar++;
}
```

但事实是，当宏展开时，if 只绑定到宏定义中的第一条语句，于是代码变成了：

```
if (flag) {
    foo++;
}
bar++;
```

无论函数体中有多少条语句，内联函数调用都是单条语句，因此不会发生这种问题。

避免使用宏的最后一个原因是，如果使用宏，则编译的内容在源代码中不可见。这使得调试与宏相关的问题特别困难。C++和 C99 中包含宏主要是为了与旧版本的 C 兼容。一般来说，最好不使用宏而是选择内联函数。

18.2.5 继承

问题：假设有图 18-1 所示的类层次结构。

图 18-1　类层次结构

给定一个方法，该方法将对 B 类对象的引用作为参数。请问可以将哪些类的对象传递给该方法？

显然，B 是可以传递的，因为这正是该方法所接受的参数。而可能 D 不能传递，因为它可能具有与 B 完全不同的特征。A 是 B 的父类。考虑到子类需要实现父类的所有方法，但父类不一定具有子类的所有方法。这样，父类 A 不能传给该方法。C 是 B 的子类，保证具有 B 类的所有方法，因此可以将 C 传给该方法。

18.2.6　垃圾收集

 问题：什么是垃圾收集？垃圾收集有哪些不同的实现，这些实现有哪些优点和缺点？

垃圾收集是识别和回收不再使用的内存的过程。这个回收过程是在没有程序员帮助的情况下完成的。C#、Java、Lisp 和 Python 都是具有垃圾收集功能的语言。

与程序员显式释放内存相比，垃圾收集有几个优点。它消除了由悬空指针、多次释放和内存泄漏引起的错误。它还使程序和接口设计更简单，因为不再需要传统上用于确保正确释放内存的复杂机制了。此外，由于程序员不必担心内存释放，程序开发的速度会更快。

垃圾收集并非没有缺点。由于系统自行确定何时取消分配和回收不再需要的内存也需要开销，因此采用垃圾收集的程序通常运行得较慢。此外，系统偶尔会过度分配内存，并且可能无法在理想时间内释放内存。

垃圾收集的一种方法是引用计数。这需要跟踪引用对象的变量数量。最开始，会有一个对某块内存的引用。如果复制引用它的变量，引用计数会增加。当引用对象的变量更改值或超出范围时，对象的引用计数将递减。如果引用计数为 0，则释放与该对象关联的内存：如果没有对该对象的引用，则不再需要该对象(及其内存)。

引用计数简单且相对较快。内存被释放，一旦不再被引用就可以重用，这通常是优点。但是，简单的实现在循环引用时会遇到困难。考虑一下，在循环链表外部没有东西指向它的情况下会发生什么。链表中的每个元素都有非零引用计数，但内存不会被链表本身之外的任何对象引用。因此，可以安全地释放内存，但简单的基于引用的垃圾收集不会释放它。

弱引用——未包含在对象引用计数中的引用——提供了一种处理该问题的方法。如果数据结构中的每个引用的循环都包含弱引用，则可以在丢失最后一个外部引用时回收结构。例如，考虑一个双向链表：在一个简单的引用计数系统中，每对相邻元素构成一个循环，因此即使该链表不再被外部引用，也不会被回收。如果所有“前向的”引用都被定义为弱引用，那么当没有对链表的外部引用时，head(头)元素的引用计数变为 0，并且被解除分配。这会引发顺着链表元素的级联释放，因为每个元素的释放将下一个元素的引用计数设置为 0。这种垃圾收集方式在 C++中可采用 std :: shared_ptr 和 std :: weak_ptr 实现。

第二种垃圾收集方法称为跟踪垃圾收集器。在这种模式下，不再引用的内存将保持分配状态，直到在垃圾收集周期中被识别并解除分配。这具有处理循环数据结构以及避免递增和递减引用计数开销的优点。跟踪垃圾收集器的最简单实现称为标记和清除。每个周期运行两遍。在第一遍中，内存管理器标记程序中所有线程都将访问的全部对象。在第二遍中，所有未标记的对象都将被解除分配或清除。标记和清除要求在垃圾收集期间挂起所有执行线程，这会在程序执行期间导致不可预测的暂停。大多数现代跟踪垃圾收集器，包括 Java 虚拟机和 C#使用的.NET 公共语言运行库中的跟踪垃圾收集器，都采用了三色标记(tri-color marking)这一更复杂的方案，不需要暂停执行(尽管它不会消除垃圾收集周期的计算开销)。

18.2.7　32 位应用与 64 位应用

 问题：32 位应用和 64 位应用之间有什么区别？哪个更快？

这些术语指的是应用使用的内存地址和通用寄存器的大小。64 位应用需要在 64 位处理器和 64 位操作系统上运行。大多数 64 位操作系统还能够以兼容模式运行 32 位应用。

内存地址大小是 32 位应用和 64 位应用之间最重要的区别。使用 64 位存储器地址允许进程处理理论上最大 2^{64} = 16EB 的存储器，与 32 位进程受限的 2^{32} = 4GB 存储器相比显著增加。许多现代计算机具有超过 4GB 的物理内存，因此 64 位应用更快，因为它可以在内存中保留更多数据，从而减小低速的磁盘访问频率。扩展的 64 位地址大小还使内存映射文件更加实用，这样能够允许进行比传统 API 更高效的文件访问。此外，由于寄存器容量较大，64 位算术可能会更快(尽管许多 32 位处理器具有允许 64 位算术的扩展)。

另一方面，64 位内存地址意味着所有指针都需要两倍内存来存储。对于使用指针(或在幕后使用指针的引用)的数据结构，这意味着相同的结构在 64 位应用中需要的内存比在 32 位应用中更多。更重要的是，无论是运行 32 位还是 64 位应用，任何给定的系统都有相同的固定大小的处理器缓存。由于 64 位数据结构较大，放在缓存中的数据量会相应减少，因此可能存在更多的缓存未命中，于是处理器需要从主存储器(或更高级别的缓存)访问数据。

由于 64 位应用的某些方面能带来性能提升，而其他方面会导致性能降低，因此某些代码可能采用 32 位应用运行速度更快，而其他代码以 64 位应用运行速度更快。

18.2.8　网络性能

 问题：网络性能的两个主要问题是什么？

所有网络都可以通过两个主要特征来衡量：延迟和带宽。延迟(latency)是指给定的一块信息在网络上从一个点到另一个点所花费的时间。带宽(bandwidth)是指一旦建立通信，数据在网络中的移动速度。完美的网络具备无限带宽和零延迟。

用管道来比喻网络很有用。一股水流通过整个管道所需要的时间与长度有关；这类似于延迟。管道的宽度决定了带宽：在给定时间内可以通过多少水。

通俗地说，人们经常谈论网络的"速度"，好像它是一个单纯不变的数量，但网络可能出现的情况是一项指标表现好，而另一项指标表现差。例如，基于卫星的数据服务通常具有高带宽但也有高延迟。

网络上应用的不同，可能是带宽也可能是延迟成为最重要的因素。例如，通过网络进行的电话业务(例如 IP 语音)对延迟很敏感，延迟会导致语音交互突然中断，让人恼怒；但对带宽方面需求相对较低。另一方面，流式高清视频需要具有相当高带宽的网络，但是延迟仅影响请求流和视频开始之间的时间，于是很少受到关注。

18.2.9　Web 应用安全

问题：假设有以下代码行，取自基于 Web 的应用的登录例程：

```
result = sql.executeQuery("SELECT uid FROM Users WHERE user = '" +
              username + "' AND pass = '" + pword + "';");
```

username 和 pword 是从应用程序登录页面的表单返回的字符串。基于这段代码，请问该应用有什么安全问题？有什么技术能够修复它们？

上述代码通过连接用户提供的字符串来构造 SQL 查询。如果用户名和密码与存储在数据库中的行匹配，则返回用户 ID 以允许访问该账户。因为这些字符串来自不受信任的源，所以会开放这个应用程序，使其容易遭受 SQL 注入(SQL injection)攻击。如果恶意用户输入 admin' 或 'A' = 'B 的用户名和随机密码字符串(如 xyz)，此应用程序会有什么行为？连接后，查询字符串变为：

```
SELECT uid FROM Users WHERE user = 'admin' OR 'A' = 'B' AND pass = 'xyz';
```

无论密码是否匹配，都会返回管理账户的用户 ID，允许恶意用户以管理员身份登录。此攻击有许多变化，具体取决于攻击者的目标和被攻击查询的形式，但它们都源于同一问题：来自在可执行上下文中编译或解释的不受信任源的数据。大家容易忘记 SQL 也是一种编程语言(它是一种功能有限的、特定领域的语言，但仍然是编程语言)。将用户数据直接连接到查询，本质上为用户提供了修改应用程序的部分源代码的能力——这显然不是好的安全习惯。

可以通过以下两种方法来解决这个问题：过滤数据使其可信，或避免将数据放入可执行上下文中。

过滤数据涉及搜索用户返回的字符串，以查找可能存在问题的模式，并转义或删除它们。例如，如果在构造查询之前，应用程序删除了所有'符号的实例，或通过将这些符号更改为"符号来对其进行转义，则上述实例失效。

这种安全方法称为黑名单(blacklisting)。黑名单的问题在于只能阻止已了解的攻击形式。存在大量的构造 SQL 注入的方法，并且经常发明新的形式。有很多专门设计的更复杂的形式，通过对字符串使用不常见的编码来逃避过滤器，这些字符串在过滤时看起来是良性的，但后来被应用程序栈的其他层转换为恶意形式。为了通过过滤方法保持安全性，过滤器必须检测已知的以及尚未发明的所有形式的攻击，并且必须应用于应用程序接收的所有不受信任的数据。不过，过滤器能够做到这一点的可能性很小。

更好的方法是避免将数据放在可执行的上下文中。可以通过使用预备语句来实现此目的。预备语句(prepared statement)是 SQL 查询，它包含占位符，用于标识查询执行时用数据填充的位置。在将数据绑定到占位符之前编译该语句。执行预备语句时，编译已经发生，因此数据中任何可能的可执行 SQL 字符串都不会影响查询的结构或意图。查询执行多次时，预备语句还可以提高性能，因为这个过程只执行一次，而不是解析、编译和优化每次执行的查询。使用预备语句重新实现相应代码：

```
sql = db.prepareStatement("SELECT uid FROM Users WHERE user = ? AND " +
                          "pass = ? ;");
sql.setString(1, username);
sql.setString(2, pword);
result = sql.executeQuery();
```

这个应用还有一个问题。用户输入的密码字符串将直接与 pass 列进行比较。这表明密码存储为明文(cleartext)：与用户输入的字符串相同。以这种方式存储的密码是一种主要的安全风险。如果攻击者获取 Users 表的内容，则使用该数据以任何用户身份登录都是轻而易举的。更糟糕的是，由于很多用户在多个站点拥有相同的密码，因此攻击者可能能够在其他地方模拟这个用户。

此问题的解决方案是使用加密哈希(cryptographic hash)。加密哈希是一个函数，它接受任意输入字符串并生成固定长度的指纹(fingerprint)或摘要(digest)字符串。该函数具有以下属性：在给定摘要的情况下，破解原始输入或产生相同摘要的另一个输入，在计算上是不可行的。随着算力越来越廉价，以及新的攻击手段出现，计算上不可行是一个不断变化的概念，因此，随着时间的推移，曾经安全的加密哈希经常会过时和不安全。一些常用的加密哈希函数是 MD5(现在由于安全漏洞而过时)、SHA-1(也已过时)、SHA-256(被认为是安全的，但不再推荐用于密码哈希，因为它可以非常快速地算出来)、PBKDF2 和 bcrypt。加密哈希函数不存储明文密码，只是将其应用于密码，并将得到的摘要值存储在数据库中。在后续登录尝试中，再次对密码进行哈希处理，如果摘要值相同，则假设密码正确是安全的。

使用经过哈希加密的密码，获取 Users 表内容的攻击者将无法使用该数据直接登录，因为它不包含密码。攻击者仍然可以使用数据来尝试通过暴力猜测确定密码。精心设计的应用需要采取几个步骤才能使这个过程更加困难。如果哈希函数直接应用于密码，则对于系统中的任何用户，给定密码将具有相同的摘要值。攻击者每次猜测可以计算一次摘要，并将其与每个账户进行比较。历史上，攻击者可以将存储的密码摘要与大量常见密码的预先计算摘要(称为彩虹表，rainbow table)进行比较，以快速测试大量的密码猜测；使用基于 GPU 的现代密码破解工具，计算哈希值通常比从磁盘上的大表读取预先计算的摘要值更快，因此彩虹表通常被认为是过时的。

为了防止这种情况，应该给密码哈希加盐。加盐(salt)是为每个用户选择的随机字符串，在哈希之前与密码连接。以明文形式存储盐，因此攻击者可以知道它的值，但由于每个用户的盐不同，攻击者必须单独破解每个用户的密码，而不是并行破解整个密码列表。这会将加盐密码列表破解所需的时间增加 n 倍，其中 n 是列表中的密码数。

另一种常用于使破解密码更难的技术是哈希迭代：重复应用哈希函数，一轮的输出成为下一轮的输入。这增加了计算哈希的成本(时间)。专门为哈希密码设计的算法，如 PBKDF2 和 bcrypt，通常在算法中内置迭代过程，其中迭代次数是用户提供的参数。通过适当选择的迭代次数，为每次登录计算一次迭代的哈希对 Web 应用的性能影响可忽略不计，但计算数百万次或数十亿次来破解密码的成本极高，无法实行。

18.2.10　密码技术

 问题：讨论对称密钥密码技术和公钥密码技术之间的区别。举例说明使用各种方法的条件。

对称密钥密码技术(symmetric key cryptography)也称为共享密钥密码技术(shared key cryptography)，使用相同的密钥来加密和解密信息。公钥密码技术使用两个不同的密钥：通常是用于加密的公钥和用于解密的私钥。对称密钥密码技术的优点是比公钥密码技术快得多。它通常也更容易实现，并且只需要很少的处理能力。其缺点是发送消息的双方必须在安全传输信息之前就同一私钥达成一致。这通常不方便，甚至不可能。如果双方在地理位置上是分开的，则需要一种安全的通信方式来告诉对方密钥是什么。在纯对称密钥场景中，通常无法进行安全通信(如果在这种场景中可以进行安全通信，则几乎不需要加密就能创建另一个安全通道)。

公钥密码技术的优点在于，用于加密的公钥不需要保密，就可以使加密消息保持安全。这意味着公钥可以通过不安全的通道传输。通常，应用使用公钥密码技术来建立共享会话密钥，然后使用共享会话密钥通过对称密钥密码技术通信。该解决方案提供了公钥密码技术的便利性和共享密钥密码技术的性能。

公钥和对称密钥密码技术都用于从 Web 获取安全信息。首先，浏览器使用公钥密码技术与网站建立共享会话密钥。然后，采用对称密钥密码技术与网站通信，以实际获取私有信息。

18.2.11　哈希表与二叉搜索树

 问题：对照比较哈希表和二叉搜索树。如果正在为内存有限的移动设备设计地址簿数据结构，选用哪一种？

哈希表有一点做得很好。它可以快速存储和检索数据(在平均情况下为 $O(1)$ 或恒定时间)。但是，除此之外的用途是有限的。

二叉搜索树可以在 $O(\log(n))$ 中插入和检索。速度很快，但不如哈希表的 $O(1)$ 快。但是，二叉搜索树也按排序顺序维护其数据。

在移动设备中，也许希望尽可能多地保留可用于数据存储的内存。如果使用无序数据结构(如哈希表)，则需要额外的内存来对值进行排序，因为大家无疑都希望按字母顺序显示值。因此，如果使用哈希表，则必须占用本想用于数据存储的内存，以保证有一定的内存空间用于排序。

如果使用二叉搜索树，则不必浪费内存或处理时间来对记录进行排序以便显示。虽然二叉树操作比哈希表操作慢，但像这样的设备最多也就几千个条目，因此二叉搜索树的 $O(\log(n))$ 查找足够快了。基于这些原因，二叉搜索树比哈希表更适用于这类任务。

18.2.12　MapReduce

 问题：描述 MapReduce 的工作原理及其使用场景。

术语 MapReduce 是指使用分布式基础结构并行处理大型数据集的通用技术。MapReduce 框架负责处理跨机器分配工作的细节，程序员只需要关注处理和分析数据的逻辑。

MapReduce 系统有 3 个阶段。在映射(map)阶段，系统转换数据(通常通过过滤及排序)并将每个转换数据块与指定密钥相关联。转换并行进行，通常在不同的计算机上运行。转换后的数据将写入临时存储，通常是磁盘。

洗牌(shuffle)阶段将转换后的数据移到计算机上，以便所有具有相同密钥的数据块可在同一台计算机上使用。

最后，规约(reduce)阶段使用相同的密钥读取所有块(在不同的计算上并行处理密钥)并进行一些分析或进一步的转换数据。合并规约阶段的输出以创建 MapReduce 的最终输出。

当数据太大而无法放入内存但可以拆分成较小的部分进行处理时，使用 MapReduce。该技术可以在很短的时间内处理非常大的数据集，但是它可能需要为其创建的临时数据提供大量存储，并且需要非常大的通信开销来协调不同的计算机和在它们之间移动数据。

18.3　小结

知识方面的问题是面试官根据工作要求和简历中的内容评估你对编程语言和技术的熟悉程度及相应经验的简便方法。面试官通过这些评估来了解你是否是他们所期望的人选。一定要掌握自己正在申请的工作所需的基础知识。

第章 **19** 章

非技术问题

非技术问题是面试过程的重要部分。在面试过程的初期，面试官会询问这方面的问题，以确定候选人的经验、受教育水平及动机是否适合所申请的工作——如果候选人不是公司想要的那类人，继续进行技术面试就没有意义。

在技术面试结束后，也会被问及其他方面的问题，这时候公司正在考虑录用事宜。虽然你不会仅凭非技术问题的回答就被录用，但在非技术问题上表现不佳可能会失去本来可能到手的职位。

 注意: 非技术问题很重要! 要用非技术性思维对待。

非技术问题往往没有唯一的正确答案，因而具有挑战性。不同的人对同一个问题可能有不同的正确答案。

大多数面试方面的书主要关注如何有效地回答各种非技术问题。本章重点介绍在编程面试中特别常见的非技术问题，而不是重述这些书的内容。

19.1 为何要出非技术问题

非技术问题通常被要求评估候选人的经验以及他与其他员工相处的能力。

经验包括工作经历和掌握的知识。必须认真而全面地回答有关自己经验的问题，以减轻面试官对自己完成工作的能力的各种疑虑。

例如，假设你没有 Linux 开发经验，被问道"你有没有为 Linux 编过程序？"，面试官已经看过简历，所以可能有一个确定的判断——你没有编过程序。实际上，面试官的意思是"我们使用 Linux——即使你从未用过，你能胜任这份工作吗？"。不要撒谎，但只要能避免，就不要回答"否"，而是应该强调类似的优势: "我没有专门用过 Linux，但我做过 UNIX 开发"。即使你没有相似或相关的经验，仍然可以强调自己的优势: "我对 Linux 不甚了解，但我想学。我习惯学习新知识，并且很快就会把它们捡起来。例如，我在学习 Android API 四周后就发布了我的第一个 Android 应用"。在面试官解说工作的时候，注意工作内容。回应时，强调所有类似和相关的经验，使自己成为强有力的候选人。

融入能力是非技术问题的另一个关键主题。融入能力是指一个人如何适应组织并成为有贡献的成员。大多数人认为这只是做个好人，但这只是部分情况。你必须善于与他人合作。

例如，假设你在面试中说"在我上一份工作中，我设计并实现了一个系统，将我们的人力资源信息收集到网上，全部工作都是我自己完成的"。你可能认为这是积极的说明，但也可能会引起面试官的注意，揣测你是否愿意并能够与他人合作。因此，还应该强调团队理念。如果自己牵头则肯定是对自己有利的得分点，但一定要强调是领导团队，而不是孤身作战。即使是一个独立项目，你也要强调自己是如何与项目中的其他利益相关者进行互动，以谋求项目的成功。描述自己有多么希望融入一个伟大的团队，表达自己能够如何为团队做贡献。每个人都喜欢听到"团队"这个词——每个人。

 注意：很多非技术问题旨在确保候选人拥有相关经验并能够融入现有团队。

并非所有非技术问题都涉及经验和融入能力。有些问题很实用。如果工作位于旧金山地区而你住在其他城市，则需要讨论搬家(或远程办公)的问题。

19.2 面试问题举例

在阅读问题示例及相应讨论时，试着写下自己的答案。想想自己该如何回答这样的问题以及在不同情况下想要强调哪些要点(这时比在面试官面前更容易想到答案)。如果发现效果不明显，则不要害怕改进回答。最后，确保每个回答都能将自己定位为有价值的员工。

19.2.1 你想做什么工作

一定要注意是谁在问这个问题。如果是人力资源代表在安排面试，则诚实地告诉他们自己想做什么。人力资源代表通常可以通过此信息来安排合适的小组来对你进行面试。

如果是技术面试官问这个问题，则要注意！如果这个问题回答不好，将不会被录用。这些面试官问这个问题的部分动机是想了解候选人的目标和抱负。如果候选人想做一些与这份工作不同的事情，面试官可能会据此断定该候选人应该找别的工作。

如果想要这份工作，要确保已经表达出自己有兴趣做，听起来真诚又有理由。例如，你可以说"我一直对系统级编程很感兴趣并且非常喜欢，所以我希望加入一家大公司并从事系统方面的工作"。或者可以说"我想要做 Web 编程，这样我就可以向朋友展示我的作品。我希望在像你们这样的初创公司做这些，我的 Web 服务器经验可以帮助公司发展壮大"。

有时候，你并不知道正在面试的具体工作。有些公司聘请软件工程师，并在雇用后才安排具体的工作职位。在这些情况下，可以反复表达所申请的公司是自己向往的公司。如果你在面试之前对公司多少有过研究——毕竟互联网很方便——则可以更容易、更有效地组织自己的表达！可以告诉面试官自己希望投入令人兴奋的开发工作，让自己有机会为团队和公司贡献力量，也让自己得到学习的机会。还可以说，工作只是心中所想的一部分，更重要的是团队和公司。这种反应表明自己努力上进，言谈不离工作。

对工作热情洋溢与拖拉悲观形成强烈反差。确保自己的答案听起来不像愿意接受公司要提供的任何工作。这种回应实际上只能保证收到"感谢你的到来"这样的回复。

如果确切地知道自己想做什么，不想接受任何其他类型的工作，则不要多谈自己肯定不愿接受的工作。面试交谈时和盘托出自己感兴趣或不感兴趣的工作可以防止自己被安排去做不愿意做的工作。准确表达自己想做的事情的一个好处是，有可能让面试官转变想法——即使面试开始时没遇到自己感兴趣的小组，但面试结束时可能真遇着了自己感兴趣的小组。

关于回答这个问题的最后一个注意事项：这是个好机会，可以提及自己想要与一个了不起的团队合作——不要错过这个机会。你的首要任务之一是让面试官觉得你想要成为杰出团队的一员。

19.2.2　你最喜欢的编程语言是什么

这似乎是个技术问题，涉及技术方面的内容。面试官希望看到候选人有足够的知识和编程经验，从中产生自己的一些观点。可以提供具体的技术理由，表明为什么喜欢提到的那些语言，但此问题中还有一个隐藏的非技术内容。很多人对某些语言、计算机或操作系统产生了近乎宗教般的迷恋。这些人可能很难合作，因为他们经常坚持使用他们的最爱，即使这些对象不适合手头的问题。你应该小心避开这类人。不要承认有些任务选用自己最喜欢的语言。提及自己熟悉一系列语言，并且认为没有一种语言是通用解决方案。选择最适合工作的工具非常重要。

这个建议适用于其他"最喜欢"类的问题，例如"你最喜欢哪种计算机？""你最喜欢的操作系统是什么？"。

19.2.3　你的工作风格是什么

这个问题通常表明正在面试的公司有着非传统的工作风格。例如，它可能是一个需要在狭小空间中长时间工作的初创公司，或者是刚刚开始新项目的大公司。或者它可能是两人团队编程模型的狂热信徒。无论如何，要知道自己的工作风格是什么，并确保它与公司的风格相契合。

19.2.4 你能告诉我你有什么经验吗

对于这个问题，每个人都应该练习并准备好答案。确保自己的答案突出表现特定成就，并在谈论自己的项目时充满热情。热情非常重要！

不仅要谈论以前任务的实际情况，还要谈谈自己学到的知识。谈什么进展顺利，也谈出了什么问题，描述积极和消极的经验以及自己从中汲取的教训。

根据自己的经验，面试响应时间需要 30～60 秒。再次提醒，务必提前练习。

19.2.5 你的职业目标是什么

这个问题让你有机会解释为什么想要这份工作以及如何看待它与自己整个职业生涯的融合。这个问题类似于想要做什么工作。雇主担心候选人可能不想做这份工作。在这种情况下，是由于这份工作可能不适合你的职业目标，这对你或公司都不利。

不确定自己想做什么当然没问题——很多人都是这样。试着至少大致了解自己的目标。回答可能很简单，"我希望能从事一段时间的开发工作，然后参与一些大项目。之后，我想进入项目管理岗位。除此之外，我不知道说什么了"。这个答案展示了动机并使雇主相信你会在工作中取得成功。

19.2.6 你为什么要换工作

面试官通常想知道候选人不喜欢做什么。现在比较确定的是，候选人对上一份工作并不完全满意，否则他可能仍然在那里工作。此外，有人担心你可能会试图掩盖导致你离开上一份工作的弱点。通过列举环境变化、无法控制的因素或面试官已经知道的弱点来回答这个问题。以下是一些例子：

- **环境的变化。**"我在一家大公司工作了 5 年，并经历了成熟产品的软件开发过程。我不想再成为大公司的一个编号了。我想加入一家创业公司从头开始成为关键人物并看着公司成长壮大"。或者可以回答"我在一家没有作为的创业公司工作过。现在我想在一家有所作为的公司工作"。

- **无法控制的因素。**"我现在的公司已经放弃了我一直在努力的项目，想给我重新安排我不感兴趣的任务"。或者可以回答"我的公司被收购了，整个气氛从那以后发生了变化"。

- **面试官已经知道的弱点。**"我的上一份工作需要进行广泛的系统级编程。我在这方面不如其他人，我觉得这种工作并不令人兴奋。我对 Web 编程更感兴趣，而且在这方面我有经验"。

最后要说明的是：尽管金钱可能是改变工作的好理由，但不要将其作为主要原因。大多数情况下，得不到高薪是因为前任雇主不认为你的价值足以配得上更高的薪水，所以不能告诉潜在雇主你是因为金钱想换工作，毕竟你也不希望潜在雇主由此萌生同样的评价。

19.2.7　你希望的薪水是多少

这个问题可能出现在各种背景下。但最常见的是，要么在最初的筛选阶段，要么在公司决定录用你的阶段。如果在开始时询问，在给出了你对薪水的期望之后，雇主可能想知道是否值得与你交谈，当然也可能雇主真不知道该职位应该支付多少薪水。往往比较明智的做法是，尽可能拖延回答。在让潜在雇主确信你的价值之前，讨论数字并不符合自己的利益。如果他们真喜欢一个人，通常任何超出常理的工资都是可能的。如果在面试的初期无法避开这个问题，那么尽量给出薪水区间，托住自己的底线。这为后续的讨价还价留足了空间。

如果在流程结束时被问到这个问题，这只说明是个好事。如果面试官此时没兴趣雇用你，不会费心问这种问题。一般来说，规模较大的公司在薪酬方面的自由度低于小公司。如果被问及此问题，则可能表明这个公司愿意谈判。你要意识到公司通常不知道如何为你的工作做出适合的竞争性报价。这是告诉他们如何做到的机会：

- **做好功课**。如果发现所在地区拥有类似工作和经验水平的人每年收入 80 000～95 000 美元，你不可能每年收入 120 000 美元。确保自己的薪资期望是切合实际的。
- **永远不要低估自己**。如果你期望年薪 80 000 美元，就不要告诉雇主自己每年需要约 70 000 美元，希望雇主出于某种原因提供更高的年薪。如果给自己报了个低价，雇主会很乐意以较低的工资雇用你。如果说薪水高于雇主可以或将要付出的，那么他们通常会说出最糟糕的结果"我们达不到这么高的标准。咱们还需要谈下去吗？"。他们不会直接拒绝一个人。
- **在整体薪酬方案中仔细考虑自己的需求**。你可能刚从大学毕业，希望能得到签约奖金，以支付公寓租金、搬家和安家的费用。或者你可能希望加入一家提供丰厚股票期权而工资略低的创业公司。无论如何，要确定自己在奖金、福利、股票期权和薪水方面的确切需求。

一般来说，在回答这个问题时，尽量不要过早地表明意图。拥有更多信息的人在谈判中通常更有优势。不要直接回答有关薪水的问题，而是询问面试官准备提供的薪水范围。你的问题有 4 种可能的答案。

- **范围可能与预期大致相符**。在这种情况下，通常可以通过简单的技巧获得稍高的薪水。从不太兴奋开始——让自己保持冷静。接下来，假设脑海里有一个类似但略高的范围，则将最小值设置为所提供范围的最大值。例如，如果雇主说"我们希望支付 70 000 美元至 75 000 美元"，那么你应该回答"这似乎很合理。但我希望拿到 75 000 到 80 000 美元，并希望能达到这个范围的最大值"。最后，以专业的方式谈判，直到与面试官达成一致意见，你可能会得到 73 000 美元到 78 000 美元之间的报价。
- **面试官最开始给出的范围高于预期**。这太棒了！
- **面试官可能无法回答你的问题**。他们的回应可能是"我们根据候选人的情况，工资可以在一定范围内浮动。你有什么期望？"，这种反应实际上非常有利，因为这表明他们有权向你支付有竞争力的薪水。回复表明面试官愿意谈判，但也表明你可能会遇到一些强硬的谈判技巧。

记住，谈判将随之而来，回复一个数字，即自己的高端价位。这为你提供了谈判空间并开始获得有利的报价。例如，如果期望在 75 000 美元到 80 000 美元之间，则回应"我期望每年 80 000 美元"。相对于回应一个范围，回应高端价位会使得对方没有更多空间来拉低给你的报价。避免使用较弱的表达，比如"我希望……"或"我真的很想……"这代表可能接受报价，稍微压低薪水。如果自己很专业并认真谈判，那么最终薪水应该在所期望的范围内。也可能面试官告诉你公司的薪酬范围，而薪酬比你预想要低。在这种情况下，你可以按照接下来描述的第四种情况回应。

- **报价可能低于预期**。这是谈判最困难的地方，但你仍然可以得到自己想要的东西。重新强调自己的技能并陈述所期望的薪水范围。例如，如果给出的薪水是 55 000 美元，而你的预期是 70 000 美元，那么你可以说"我不得不承认我对这个报价有点失望。鉴于我在 Web 开发方面的丰富经验以及我可以为这家公司做出的贡献，我预计应有 70 000 美元的薪水"。面试官可能需要时间才能回复，这完全没问题。如果面试官在听到你的薪水范围后没有增加报价，那么他通常给出的原因不出以下三个。不管是哪个原因，都不应立即接受作为最终结果：

  - **这笔金额没有列入预算**。预算可能是对公司的约束，但不应该限制你的薪水。如果公司想要一个人，那么它会找到钱和绕开这个人为障碍的方法。如果公司真找不到钱，那么该公司就是一个现金短缺、濒临死亡的组织，你可能不会想在那种地方工作。所以可以礼貌而稳重地解释自己提出的薪水是具有相应技能和经验的员工应得的价值，并且希望他们可以重新编制预算来反映这一点。

  - **公司的类似员工没有那么高的工资**。假设你已经做了功课并且知道这个工作类型和岗位的期望工资是切合实际的，那么从理论上讲，公司支付给其他员工的薪水并不重要。这是公司和那些员工之间的关系，其他员工不应决定你的报酬。但是，有时难以做好功课并知道最新的内部薪酬。而且，了解其他员工的薪酬对你来说可能是一个实际问题——公司可能有工资带、薪酬公平原则或类似的要求，而面试官可能只是单纯地无法交代更多的公司内部约束。你应该查询并了解公司的薪酬结构——如果自己最终在那里工作，那么除了简单的谈判之外，这是有用的。如果有工资带，最好知道对应情况，并了解到达下一级工资带需要什么条件。

    然后，根据自己的优势来使用这个薪酬策略——并尝试更改自己正在与之比较的员工参照组。你几乎可以引用任何东西，自己是第一个拥有"X"技能的员工，或者是新办公室的第一个技术员工，或者是带领一个新的团队，什么都行。

    此外，面试官最初可能会提出更多的浮动空间。你可以获得签约奖金(如果提前离职，可能要按比例扣除)、绩效工资或工资带之外的类似奖励。

作为最后的尝试，试着告诉面试官事实。例如，如果你说"我有其他类似公司提供的有竞争力的报价。也许你们可以检查或调整一下工资带"。那么你可能会与面试官僵持，从根本上为自己(以及同一级别的员工)争取更高的薪水。

➢ **你的经验不值这么高的工资。** 如果已经做了功课，那么你知道自己的经验和技能确实值这么高的薪水，而公司正试图拉低你的薪水。在你做了相应的调查后，你可以再次强调自己的能力并解释一下，因为你知道自己想要的薪水确实是具有竞争力的市场薪水水平。该公司可能意识到它与市场脱节并增加其报价。

如果面试官没有增加报价，而你仍然想要这份工作，那么有两种最后的策略：

● **可以说自己很想接受这份工作，但是希望在 6 个月内进行薪资审查，以讨论自己的绩效和薪酬。** 在加入公司之前，你通常是有更大选择余地的，所以不应该期待加入公司后出现奇迹。但是，大多数面试官都会同意这一请求。如果你选了这条路，千万要做好文字记录。记住，无论你的绩效如何，雇主都可以轻松地为你进行薪资审查，但仍然不会加薪。如果对辞职或在 6 个月内保持较低薪水的种种可能结果不满意，那么现在最好再看看形势。

● **尝试协商待遇的其余部分。** 例如，可以要求额外的休假日、弹性工作时间或签约奖金。

以下是关于薪资问题的一些最终想法：

● **有些人谈论工资问题会感到尴尬或害羞。应该意识到自己正在进行的事情是建立一种交易关系，而工资只是其中的一个环节。** 没有雇主要求你为他免费工作，你没有理由认为待遇不重要。即使认识到这一点，许多人仍发现谈判令人不舒服和不愉快。如果有这种感觉，请记住，花在谈判上的总时间不会超过几个小时。你为公司工作，与口袋里每年额外得到几千美元相比，几个小时的不适只是很小的代价。

● **许多面试官引用福利或工作风格等因素来吸引候选人加入公司。** 这些因素可能是加入公司的重要原因，你当然希望获得这些福利。但是，这些附带的福利一般不可协商。不要在谈判中讨论不可协商的因素，不要因为面试官提到它们而改变自己的立场。

19.2.8　你过去的薪水是多少

这是你预想问题的另一种问法。在这种情况下，面试官想要知道你之前的工资——这最有可能用作确定候选人报价的指南。在某些地方，法律禁止此类问题。如果雇主是在遵守这些法律的地方，你的回答很简单：只需要表明对回应这个问题不太舒服，因为这是违法的。如果这个问题是在没有这方面法律约束的地方提出的，那么除非自己对以前的工资完全满意，否则应该礼貌地回答说，对于将要从事的新工作，自己的希望是能比曾经的薪水适当高一些，高多少和曾经的工作无关，毕竟任务不同。此外，需要抵制任何夸大自己旧工资数额的诱惑，因为可能会要求你用工资单或其他证据支持你的说辞。

19.2.9　我们为什么应该录用你

这个问题意味着没有明显的理由表明你胜任这份工作。显然，你应该拥有能胜任工作的技能和经验，否则，面试官不会和你谈。在这些情况下，不要让自己成为防守型角色，复述自己的简历，列出相应的资格。另外，谈论为什么你想在公司工作，为什么这份工作能够很好地与自己的技能相融，从而表现自己积极的一面。这样的反应显示你能够应对批评，也许可以让面试官转变态度。

19.2.10　你为什么想为这家公司工作

这个问题实际是问："你对我们公司有什么了解？"。大多数雇主更愿意聘用因为他们工作而感到兴奋的人，而不是干什么工作都无所谓的人。如果你对公司的了解不深，无法描述那些让自己想在公司工作的原因，很明显你会被归类为干什么工作都无所谓的人。

为避免表现出不感兴趣或没有激情，要对正在面试的公司进行充分研究，以便对这个问题准备一个很好的答案。瞄准一个具体问题的答案，足以告诉面试官自己对公司的了解，但不用太具体，以免限制了自己的工作机会。"因为我喜欢编程"太普通了，这种回答可以适用于任何软件公司，但若回答"我认为产品 X 拥有世界上最令人兴奋的技术，并且我无法想象自己会致力于其他产品"，那么在公司原本想把产品 Y 作为任务分配给你的时候，这样的回答就不会提高你获得工作的机会。

19.2.11　有什么问题要问我吗

传统智慧认为，提出问题会表现一个人对事情的热情。没有什么可以破坏一个好的面试，就算在最后问一个愚蠢的问题也无伤大雅。如果觉得在面试中还没有为自己的利益争取过什么，趁此机会考虑问个问题吧。

一个深思熟虑且清晰明了的问题可以让自己了解很多关于公司的事情并给面试官留下深刻印象。通常，面试官不会告诉你他们做什么。这是提问的好时机。这个问题可以让你更多地了解自己可能会做什么，也能表达你个人真正关注的是什么。此外，如果面试官在面试中提到任何听起来有趣的内容，可以询问更多的相关细节。这可以进一步了解未来的潜在雇主。

最后，如果没有问题，你也可以开个玩笑。例如说，"哎呀，我知道我应该问一个问题，但今天上午面试我的人回答了我的所有问题。我猜你解脱了"。

19.3　小结

非技术问题与技术问题同样重要。如果技术问题考砸了，那么非技术问题回答得再好也不会被雇用，但如果回答得差，则肯定会失去工作机会。虔诚对待这些问题吧。

附录 A

简　　历

　　无论是通过企业内部人员介绍，还是走公司招聘流程，或是通过猎头求职，每个雇主都会要求查看应聘者简历。简历使他人相信应聘者拥有相关的技能和才能，值得作为候选人考虑，其中的内容还有助于面试安排。一份好的简历是获得雇用的必要但不充分的条件。如果看简历的人没有找到所需要的相关信息，会转向下一位求职者。这就是简历不露短的重要原因。从本质上讲，简历是一份营销文件。要确保能让关键条目快速出现在读者的眼前。

A.1　技术简历

　　技术简历的写法与大多数简历书中描述的非技术简历不同。非技术性工作通常在必要技能方面具有一定的自由度，但技术工作通常需要详细列出自己的技能。雇主不想与没有必要技能的候选人交谈。这意味着技术简历通常需要比非技术简历包含更具体的信息，包括详细说明自己接触过的技术。

A.1.1　糟糕的示例

　　本小节的示例从一个糟糕的初级开发人员简历说起。希望事实上没有简历会糟糕成这样，但改善这种极端情况所采取的措施几乎所有人的简历都会用到。图 A-1 所示为改进前的简历。

George David Lee

当前地址　　　　　　　　　　　　　　永久地址
18 CandleStick Drive #234　　　　　　　19 Juniata Dr.
San Mateo，CA　94403　　　　　　　　Gladwyne，PA　19035
650-867-5309　　　　　　　　　　　　610-221-9999
george@windblown.com　　　　　　　　george@my_isp.com

图 A-1　改进前的简历

求职目标：我希望能进入一个处于动态上升期的公司。如果公司工作有趣，并能提供职业机遇，我会特别关注。如果公司关注员工成长，我能学到东西，那也很好。最后，如果公司属高科技领域，需要招人，我有兴趣加入。

相关信息：

- 国籍：美国
- 生日：1991 年 4 月 18 日
- 出生地：美国·科罗拉多州·丹佛
- 籍贯：美国·宾夕法尼亚州·费城
- 社会安全号码：445-626-5599
- 婚姻状态：离异

工作经历：

2015 年 6 月至今，程序员

Windblown Technologies，San Francisco，California

我之前在一个大项目组里面工作，负责将基于 DEC Alpha 等老式计算机的遗留应用迁移到基于 Intel 产品的计算机和手机，为此，我们采用了很多新技术和多种编程语言。迁移工作为顾客带来的好处是，新式计算机比老式计算机便宜，迁移后使用方式基本不受影响，而且现在大家都愿意使用移动应用。因此，我们这样做是有意义的。我的一部分工作是在新计算机上编写程序，但也用老计算机工作。项目完成后，顾客们会看到潜在的实实在在的成本节约。项目组十分擅长应用迁移，我参与了六个项目。我参与的另一个大项目涉及网络应用，用到了数据库及其他一些高级技术。我离职是因为现在的项目不再那么有意思，我也学不到多少新东西了。

证明人：Henry Rogers

Windblown Technologies

1818 Smith St. Suite #299

San Francisco，California 94115

415-999-8845

henry@windblown.com

2015 年 5 月至 2015 年 6 月

BananaSoft Inc. 从事应用开发，San Francisco，California

我确实没干多久就离职了。在这家公司，我的工作基本是几乎无人再用的 HTML 前端编程。

没有证明人

2014 年 1 月至 2015 年 5 月

在 F=MA Computing corp. 从事工程师工作，Palo Alto，California

我在这家公司的角色是与团队一起做公司主要项目。项目围绕着找到客户端和服务器之间的依赖关系来开发一款软件。这个软件的好处是加速完成除错过程，维护遗留的客户端/服务器端软件的稳定。项目内容有趣，让人振奋。我离开的原因是公司的前任老板离开了，新任老板办事不着调。

图 A-1　改进前的简历(续)

证明人：Angelina Diaz

1919 44th St.

Palo Alto, California 94405

650-668-9955

Angelina.diaz@fma.com

2014 年 6 月至 2014 年 12 月

这段时间我没有工作，因为我刚毕业，去环游欧洲了。我到过：

- 英格兰
- 法国
- 德国
- 捷克
- 爱尔兰
- 意大利
- 西班牙

2010 年 9 月至 2014 年 6 月

UCLA Housing and Dining, FOOD Server Los Angeles，California

我的职责包括在 Walker Dining Commons 为五百多名学生准备食物。最开始的时候，也就是第一年，我负责刷卡收餐费。之后的一年是意大利面的主厨，最后两年负责监管沙拉制作。由于大学毕业，我离开了这个工作岗位。

证明人：Harry Wong

UCLA Housing and Dining

1818 Bruin Dr.

Los Angeles，California 91611

310-557-9988 转 7788

hwong@dining.ucla.edu

2009 年 6 月至 2009 年 9 月，以及 2008 年 6 月至 2008 年 9 月

AGI Communication，实习，Santa Ana，California

学习如何在大公司工作，适应不断变化的团队节奏。在此期间我参与了一个人力资源部项目，在那儿工作了两个夏天，团队最后解散了。

证明人：Rajiv Kumar

AGI Communication

1313 Mayflower St. Suite #202

Santa Ana，California 92610

rajiv@agi.com

2002 年 6 月至 2002 年 9 月

图 A-1　改进前的简历(续)

Elm S. Ice cream shop，高级掌勺，Bryn Mawr，Pensylvania

我的职责包括给顾客提供冰淇淋、处理供货方面的问题以及店面打烊。一个月后我被升为高级掌勺，我可以给别人分派工作。

教育情况：

2010 至 2014 年在加州大学洛杉矶分校就读，

计算机系统工程理科学士学位，GPA 3.1/4.0

Kappa Delta Phi 协会会员

2006 至 2010 年在宾夕法尼亚州 Rosemont 的 Abraham Lincoln 高中就读，GPA 3.4/4.0

- 国际象棋俱乐部主席
- 第十一届年级作文竞赛获奖得主
- 三届足球校队主力
- 两届摔跤校队主力

爱好：

- 参加派对
- 登山
- 冲浪
- 国际象棋

如需其他信息，欢迎垂询

图 A-1　改进前的简历(续)

A.1.2　推销自己

大多数简历的问题都是由一个基本错误造成的：Lee 将简历写成了自我描述，而不是要找工作。Lee 的简历更像是自传，而不是对自己和所拥有技能的销售宣传。这是常见问题。许多人认为简历应该描述曾经做过的一切。这样，潜在的雇主可以仔细阅读所有信息，并就是否面试做出明智的决定。然而，它没有这种效果。除了各种其他工作之外，雇主还有大量的简历需要筛选(大多数简历来自不太适合相应工作的人)。因此他们阅读每份简历花费的时间很少。简历必须是一个营销工具，宣传自己并很快使雇主相信你能产生价值。牢记这一点，其他大多数问题就不言而喻了。

 注意：写简历是为了推销自己，而不是自传。

A.1.3　保持简短

Lee 的简历还有许多其他常见问题。其中最大问题是长度。就一个空缺职位而言，面试官可能会收到 50 份简历。根据以往的经验，他们知道绝大多数候选人可能不适合这份工作。面试官只有时间与四五位候选人交谈，因此必须从简历中筛掉 90%的申请人。面试官不会仔细阅读每份简历，而是会快速扫描，以确定是否能找到任何保留简历的理由。

面试官阅读简历时想的是"我能多快剔除这个人？"而不是"这个人的背景中有什么有趣的内容？"这是一个重要的区别，因为你必须让自己的简历不会因"缺乏所需技术知识"或"无法找到编程经验的描述"等基本审查要点而被拒之门外。简历必须看起来非常好，让面试官忽略不掉、拒绝不了。面试官甩掉一份简历花不了多长时间。如果他们在看简历的第一页 15 或 20 秒后看不到任何令人信服的内容，简历将止步于此。

尽管需要留下印象，但要避免这样的诱惑：撒谎或写上自己不熟悉的项目。夸大简历可能会产生各种各样的问题。首先，许多面试官会问及简历中的每一项。如果自己明显不熟悉某些东西，整篇简历就会受到质疑。其次，如果声称自己掌握着经验之外的各种技术，面试官甚至不必与你交流，就知道你在撒谎。最后，如果不按照特定的套路，甩出一堆随机的流行语，则你会被视为万事通，却一无所长。最终导致简历成为找工作的障碍，而不是起帮助作用的工具。

让简历尽可能简短。如果相关经验少于五年，一页就足够了。比较有经验的求职者可以准备两页。任何时候，简历都不应超过三页。如果超过了，所写的是履历而不是简历。在美国，履历主要适用于学术界或研究工作，这些工作遵循与本书描述的完全不同的面试和招聘流程。一些国际性职位的招聘经理可能会期待看到更长的简历，与履历一致。

 注意：让简历尽量简短。字字珠玑。

A.1.4　列出正确的信息

在内容方面，Lee 的简历没有与"流行语接轨"——没有提到技术名称。这是个大问题，因为许多公司使用自动化系统寻找关键词以标记有前景的简历。例如，当一个职位需要"具有 XML 经验的 Java 开发人员"时，系统会选择所有带有"Java"和"XML"字样的简历。其他公司按技能对简历进行分类整理，但甄选简历的结果是相同的。因为 Lee 的简历缺少流行语，所以甚至不可能被列入面试官能看到的简历中。他应该列出他使用过的所有软件产品、操作系统、编程语言、技术和方法。还应列出他所遇到的所有其他相关主题，如安全算法或网络协议。然后 Lee 应该按主题对所具有的技能进行分类，如图 A-2 所示。

技术能力：

- 编程语言：C、C++、C#、Java、JavaScript、Ruby、Python
- 互联网技术经验：精通 AngularJS、Ruby on Rails、XML、HTML、CSS、ASP.NET
- 操作系统：Unix(Linux，OpenBSD)、Mac OS X(10.11、10.12、10.13)、Windows(8、8.1、10)、iOS(10、11)
- 数据库：SQL、Oracle 产品(Oracle RDMBS 12c)、MS SQL Server、MySQL、Cassandra(2.2、3.0)
- 安全：AES、RSA、El-Gamal、MAC、Hashing(SHA-256 等)、GPG、SSL、数字货币/密码货币、身份验证
- 图形：OpenGL、熟练掌握扫描转换程序
- 人工智能：TensorFlow(1.4)

图 A-2　按主题分类技能

在简历中列出具体产品时，如果有使用最新版本产品的经验，将版本号写进去，以表明自己已掌握最新最好的技术。另外，如果所使用的是旧版本或过时版本，最好省略版本号。图 A-2 中省略了大多数版本号，因为它们在各位阅读本文时很可能已经过时，但简历应该比书更新得更加频繁。要始终让简历中写的是最近的经历。

注意： 在简历中明确列出所掌握的技能名称。

A.1.5　简明清晰

Lee 的简历在格式方面还需要处理得更加简洁。目前的简历采用了太多的字体、格式和线条。这样的简历还可能导致自动扫描系统出现问题。选择标准字体，如 Times New Roman，并在整个简历中使用。

Lee 的简历内容难以阅读、漫无目的、没有焦点。既没有描述他的贡献，也没有把他作为一名有价值的员工推销。关于他的工作经历尤其如此。首先，Lee 应该将工作内容重新组织，用项目符号列表的形式列出。这比段落形式的描述更容易阅读，并且使面试官更轻松地在短时间内吸收较多的信息。这增加了 Lee 的简历成为面试官选择放行的几份简历之一的可能性。

Lee 的描述应该更加集中。目前描述并未明确说明他的所作所为。简历应该描述团队所做的事情以及公司关注的所有方面，而不是 Lee 个人的角色，那本应是将其作为一个好人选推销出去的最重要部分。工作经历中的每一项都应该是对工作成就的描述，而不是对职位的描述。还应该使用动词，如实施、设计、编程、监控、管理和架构来描述自己的贡献。这些应该描述特定的操作，例如"基于 Oracle 12c 设计数据库模式。在程序设计中，数据库连接采用 Java 线程和 JDBC"。如果可能，应该量化任务并描述工作结果。例如，可以写"为财富 100 强客户管理 20 台 Linux 计算机组成的网络，每

年带来 100 万美元的收入"。这是一个很好的自我营销工作,因为它回答了一个问题"你现在能为我做什么?"。需要注意的是,确保自己提供的任何指标都令人印象深刻。如果指标对己不利,就要将其略掉。

聚焦内容的另一要义是决定各项工作职责的顺序。一般的工作职责排序是从令人印象最深刻的到最不重要的。但是,确保先列出要强调的重点。例如,如果同时从事销售和开发工作,假设自己会有一些令人印象深刻的销售工作、一些令人印象深刻的开发工作,以及一些不太令人印象深刻的销售工作,如果想强调自己在销售方面取得了成功,应首先列出所有销售工作,然后列出所有开发工作。此外,确保每一项顺序连贯。这通常意味着按主题领域对每一项进行划分,即使这会略微偏离严格按重要性设计的顺序。

很多人难以在简历中推销自己。通常,这是因为他们认为必须适度并避免吹嘘,也可能是有些申请人在工作中有过负面的经历——甚至可能是停职。结果,很多求职者最终都低估自己。不撒谎,一定要尽量表明自己曾经经历的最令人印象深刻的东西,无论自己经历过什么。即使曾经被解雇,也是曾经凭着自己的本领做过一些有价值且值得一提的工作的。记住,简历是个人广告。雇主是在理解这则广告背景的情况下来阅读该广告的。如果无法为自己美言,可以寻求朋友的帮助。

 注意: 以项目列表的形式展示你的经验,并尽可能地加以润色。

A.1.6　仅限相关信息

Lee 的简历还包含了占用宝贵空间的无关项目。面试官读到的第一栏就包含了 Lee 是美国公民、出生在丹佛的事实。尽管他的公民身份或居住身份在这个应聘竞争的后期可能很重要,但是在工作机会提出之初,这些信息不会使面试官相信他是适于某项工作的人,只能浪费宝贵的空间(另外再说一下,国际工作申请确实有所不同,可能需要这种公民身份信息)。其他无关信息,包括出生日期、家乡、社会安全号码、婚姻状况、爱好和旅行历史——可能在法律上禁止潜在雇主收集或询问这些信息——并不会使 Lee 成为更有吸引力的候选人,还可能让他的身份信息泄露。这类信息也现出了某种不专业的共享行为,可能会导致候选人被某些在意这方面行为的招聘经理拒之门外。

Lee 使用"我"这个词是不必要的,因为简历显然是关于他的。他也不应该提及证明人。面试官在决定录用之前不会检查证明人,所以将这些放在简历上毫无意义。甚至不需要包括"可根据要求提供证明人"等字样,因为这经常是隐含的陈词。同样,简历也不需要提及此前几份工作自己为什么离职。这个问题可能会在面试中出现,并且最好准备好一个强有力的、积极的回应,但它不应出现在简历中。Lee 的中间名也应该省略,除非他经常将 George 和 David 粘在一起。

最后,省略所有使自己成为不太有吸引力的候选人的其他信息。例如,不要在简历中加入"在六月份毕业前寻找兼职工作,然后转换为全职工作"等说辞,大多数面试官都会略过这样的人,然后找一个可以全职工作的人。然而,如果面试官与你沟通并且给他留下了深刻印象，那就是一个不同的故事(但是这是在面试开始就该说明的，这样面试官就不会认为你不诚实)。

Lee 需要检查简历并集中所有必要的信息，以使其尽可能简短有用。每个字都必须算在内。例如，可以从地址信息开始。Lee 应该只提供电子邮件地址和电话号码。潜在雇主极少通过信件方式与你联系，因此不需要写邮寄地址，但可能需要写上所在的城市，以便公司知道你的时区以及是否在当地。Lee 还列出了太多高中时的成就。通常应省略与当前的求职无关的奖励、成就或工作任务。在十多年前离开的任何工作或与目前正在寻找的工作完全无关的工作只需要简单提及。例如，Lee 详细介绍了在冰淇淋店和餐厅的工作。可以提一下这项工作，但 Lee 不会凭借他挖冰淇淋球的能力获得编程工作。他应该只提供相关的工作资料。Lee 还应该省略他只有两个月的工作经历，因为这对他不利。最后，Lee 的目标陈述没有添加任何内容。每个人都在寻找一个"动态"公司的"有趣"工作。如果他直接向公司申请职位，就应该将求职目标全部省略，只有在通过招聘会或公共网站上发布简历时才需要求职目标，在这些情况下，目标声明中应该简要说明想要什么样的工作，如"软件工程师"或"数据库程序员"。简历也应该删除高中学历，除非那是 Lee 完成的最高水平的教育。

 注意：仅包含相关信息。

A.1.7 使用反向时间顺序排序

在改进简历的内容后，Lee 需要决定如何最有效地排序信息项。一个直接的方法是按时间顺序。在这种情况下，Lee 将从高中教育开始，再冰淇淋店，然后大学等。读者可以轻松地追随 Lee 的经历。即使这是保持一致的排序，却是糟糕的选择。一定要把最令人信服的理由放在简历的最前面，让别人觉得应该优先将工作交给你。面试官从头开始阅读简历，所以需要先把自己最好的、最相关的东西放在首位，这样可以说服面试官阅读简历的其余部分。在给出最令人信服的理由后，继续遵循清晰简洁的组织方式，阐明自己是否有资格。简历的结尾是最不令人印象深刻的信息。最近的经历比最早的经历更有意义，所以按时间顺序排序时，按由近及远的顺序排列。

在 Lee 的案例中，最令人印象深刻的资本无疑是他的技能。他拥有广泛的相关技能。应该用这些技能作为简历的开始。接下来，应该列出工作经历或教育背景。如果处于职业生涯早期，应该把教育背景放在首位，特别是如果自己去了一所令人印象深刻的学校，更应如此。如果自己已经有一定的职业经历，则应该将工作经历放在首位。在 Lee 的案例中，先列出他的教育经历还是工作经历，难以定夺。他正处于从先列出教育经历改为先列出工作经历的转折点。Lee 确实是在不久前从一所令人印象深刻的学校毕业的，从那时起他就已经做过多份工作，但做得都不长久。因此，在他的工作经历之前列出教育背景可能有一点点优势。在 Lee 的案例中，他的教育只有一项。如果有多学位，应该把最令人印象深刻的一个(通常是研究生或大学学位)放在首位。

A.1.8 保持校对的习惯

Lee 还需要更认真地校对自己的简历。例如，他将"interesting"拼写为"intresting"，并在他应该使用"spend"时使用"spent"。错误会让自己看起来粗心大意、不专业。一旦发现一个错误，很多人就会不再阅读简历。至少，错误会使自己成为较弱的候选人。避免错误的唯一方法是校对。一遍又一遍地校对。然后，把简历放一会儿，又回过头来校对，多校对几次。打印出来在纸上阅读也有帮助。邀请可信赖的朋友校对错误也是个好主意。朋友在阅读自己的简历时，询问他们是否认为哪里不清楚，建议如何改进简历，或者认为如何修改可以更好地推销自己。朋友的反应可能会让你知道你的简历对面试官而言是怎样的。

最后一件事涉及打印简历。通常，以电子方式提交简历，打印不是什么问题。如果打印简历，也无须使用特殊纸张或专业的方式。简历经常被复印、扫描、传真和书写，制作精美的纸张用于打印有些浪费。使用激光打印机和简单的白纸就足够了。

A.1.9 改进后的示例

根据上述所有建议，Lee 的简历改进如图 A-3 所示。

George Lee

650-867-5309

george@my_isp.com

San Mateo，California

github.com/georgelee7732

求职目标：开发人员

技术能力：

- 编程语言：C、C++、C#、Java、JavaScript、Ruby、Python

- 互联网技术经验：精通 AngularJS、Ruby on Rails、XML、HTML、CSS、ASP.NET

- 操作系统：Unix(Linux，OpenBSD)、Mac OS X(10.11、10.12、10.13)、Windows(8、8.1、10)、iOS(10、11)

- 数据库：SQL、Oracle 产品(Oracle RDMBS 12c)、MS SQL Server、MySQL、Cassandra(2.2、3.0)

- 安全：AES、RSA、El-Gamal、MAC、Hashing(SHA-256 等)、GPG、SSL、数字货币/密码货币、身份验证

- 图形：OpenGL、熟练掌握扫描转换程序设计

- 人工智能：TensorFlow(1.4)

教育情况：

2010 至 2014 年在加州大学洛杉矶分校就读，

计算机科学与工程学士学位，GPA 3.1/4.0

工作经历：

2015 年 6 月至今，开发和顾问，**Windblown Technologies, Inc，San Francisco，California**

图 A-3 Lee 的简历改进

- 作为四个项目的开发领队，项目为公司创收 100 万美元。
- 将企业的工资管理应用程序从 DEC Alpha 移植到能带来效益的 Intel 服务器，代码移植量约十万行。
- 基于 Oracle 12c 数据库设计数据库模式。在程序设计中，数据库连接采用 Java 线程和 JDBC。
- 针对船舶公司货运监控设计网上跟踪应用程序的架构，采用 AngularJS 和 Cassandra 3.0 数据库。
- 编写 JavaScript 前端代码，使航班与其供应商通过互联网安全通信。

2014 年 1 月至 2015 年 5 月，**服务端工程师，F=MA Computing corp，Palo Alto，California**

- 基于 Ruby on Rails、Tuxedo 和 Oracle 12c，使互联网订单采购绩效提升 25%。
- 开发 TCP/IP 栈跟踪程序，找出客户端/服务器端的依赖关系。
- 基于 Ruby on Rails 和 MySQL，开发基于网页的报告系统。
- 编写 C#应用，监控关键任务系统，并且在系统出错时能通知管理员。
- 针对基于 Windows NT 的汽车生产监控代理，实现了 Linux 版本的代码移植。

2009 年 6 月至 2009 年 9 月，**开发者，AGI Communication，Santa Ana，California**

- 开发了人力资源时间跟踪系统。

2010 年 9 月至 2014 年 6 月，**学生食品服务员，UCL Housing and Dining**

图 A-3　Lee 的简历改进(续)

这份简历描述了同一个人的经历和技能，但表现完全不同——现在 Lee 看起来像是值得进行面试的人。

A.1.10　经理和高级开发人员

虽然将改进 Lee 简历的办法也可用于改进高级职位候选人的简历，但还需要考虑其他一些问题。高级职位通常有一些管理责任，重要的是他们的简历需要表明其胜任任务。例如，图 A-4 所示为高级经理 Sam White 的简历。在阅读他的简历时，想想哪些有利于 Lee 的简历改进的技巧对 White 也有帮助。

Samuel Thomas White

3437 Pine St.

Skokie，IL60077

813-665-9987

sam_white@mindcurrent.com

说明：

在过去的 30 年我的职业从实验室技术员蜕变为 Web 项目经理。在此期间我脱产学习了几年，拿到了物理学博士学位。之后断断续续地在学院教授计算机科学课程，在逾 18 年的时间里，在很多期刊上发表了论文。四年前我转为项目经理，监管大型网络应用程序开发。

目前，我正主动备战 MSCE 证书考试，以求实现对必要解决方案的更好架构能力。我已经完成了一些基本课程，如计算机网络基础、Windows 10 及 SQL Server 等。我参加了继续教育课程，如管理和一些高级技术课程。去年三月份，我参加了公司经理培训会。

图 A-4　Sam White 的简历

计算机方面的主要经历：

1991 年：完成论文，迁居芝加哥。

1991 年：收到自己人生的第一台个人计算机。当时写了段程序，实现了一个基本税计算器。

1992 年：开始工作谋生。我于该年独立，主要从事汇编语言开发工作。

1993 年：成立了自己的公司，Big Dipper Consulting。公司完成了多个项目，范围从网络除错工具到图形芯片优化。

1994 年：我第一次上网，用的是 NCSA Mosaic。我知道这个产业能做大。当时先从几个简单的静态页面入手，然后开始使用 CGI 脚本。如今我已经是网络技术的前沿人物，靠技术咨询完成了很多项目，并牵头完成了多项开发工作。

工作经历：

CorePlus Corporation

2013 年 11 月至今　　　　　　　　　　　高级 Web 经理

职责包括：管理和维护美国和加拿大网站的 Web 开发，管理网络的重新设计，建立并实现协议，实现从 Windows XP 到 Windows 10 的迁移，采用最前沿的工具领导安全审计工作，管理 12 位员工，保障内部部署和海外系统操作，能够提供 7×24h 的不间断访问，建立持续监控规程以防止在非工作时间出现问题，升级所有软件保证软件版本最新，并保持软件稳定性，为满足日常办公(电子邮件和上网)、开发和出差的需要而购置计算机，建立适当的备份机制，针对当前和未来需求从基础设施和使用许可方面评估不同供应商的软件产品。

Pile-ON Technologies

2009 年 11 月至 2013 年 8 月　　　　　　高级 Web 开发员

职责包括：设计基于 UNIX 的 Web 开发环境，安装必要软件，如 Web 服务器、开发工具和源控制工具，采用 IMS 层次数据库集成遗留的 z/OS 应用，以使用存取相应信息的 Web 服务，选择第三方抓屏软件采集遗留系统产生的有用信息，采用安全措施防止拒绝服务、欺骗及其他攻击，管理和协调三名初级开发人员在给定时间约束下完成任务，为所有 Web 产品进行跨浏览器兼容性验证，采购必要基础设施，以确保系统健壮性，从而应对所有可能的问题，雇用并组建开发队伍，直接向高级副总汇报工程进度，协调客户支持，将网络解决方案升级为最新最快，与顾问协同整合新产品。

Athnon Inc.

2004 年 6 月至 2009 年 11 月　　　　　　管理信息系统高级工程师

职责包括：从 C++开发做起，专注于客户端/服务器端应用和系统管理，包括确保网络可靠性、集成本地和离岸外包开发产品。两年后提升为高级工程师。其他职责包括设计企业级源控制系统以及支持跨多站点的开发环境，通过 VPN 启用网络连接，管理一个 5 人开发队伍并与市场部门协调，以保证产品开发时间和产品质量，与缔约方一起实现第三方开发产品，评估并选择多个供应商解决方案，赴欧洲、日本和中东等地与客户评估系统中存在的问题和未来需求，将若干产品移植到基于 Linux 的环境，设计跨时区同步开发系统，参加公司的管理哲学研讨会，获得所有产品的高级使用认证，确保遵守了公司标准，与客户支持一同回应常见问题。

图 A-4　Sam White 的简历(续)

Detroit Motor Company

Corp. of Engineers

2004 年 1 月至 2004 年 5 月　　　　　　　临聘程序分析师

在 4 个月的合同期内，负责对已有数据库程序进行大幅修改与增强。工作内容包括定制生成报告，采用其他方法向数据库添加信息，为实现通用功能与数据交换集成现有产品。创建文件，让信息上传和下载速度更快。另外，还改进了现有系统的局域网和广域网的访问能力。还有就是，集成了遗留应用程序。

Tornado Development Corp.

2002 年 6 月至 2003 年 10 月　　　　　　临聘程序员

负责 NetBSD 文件服务器的规划、开发和管理。使用 Oracle 和 SQL 完成多个任务，主要包括订单跟踪以及工资、员工福利等人事任务。为多种平台全用户提供技术支持。另外，还安装和维护了多个常见软件，在出现问题时负责排除故障。

Garson and Brown, Attorneys at Law

1999 年 6 月至 2002 年 5 月　　　　　　计算机工程师

负责局域网和广域网的问题处理、维护、修补和技术支持，经常被迫用电话与菜鸟用户沟通解决问题，对全公司进行软件更新，包括 Novell、Windows 及其他第三方专用产品，在办公区设计并安装局域网，维护局域网并对新用户负责，对相关方提供全部支持并与供应商协调。

Hummingbird Chip Designs

1994 年 5 月至 1999 年 6 月　　　　　　芯片测试员

负责使用能够确保可靠性和达到验收标准的第三方产品全面测试所有芯片设计，按照技术顾问的指导共同学习第三方测试产品，编写脚本自动执行重复性任务，向开发人员报告潜在问题，协调所有的验收测试工作，与客服一同检查客户问题，充当客服支持与开发之间的联络人。

教育情况

1980 至 1984 年于伊利诺伊州布卢明顿的 Indiana 大学获得物理学学士学位

少年电子设计竞赛优胜奖

Lambda Alpha Nu 联谊会会员

少年击剑队队员

1984 年至 1991 年于威斯康星麦迪逊的威斯康星大学获得物理学博士学位

博士论文方向为变频强激光冲击下的钼分子结构影响研究。

技能：参加了微软 Windows XP、7 和 10 的技术课程学习，擅长 TCP/IP 协议、SSL 和 PGP 等安全协议、HP Openview、Java、JavaScript、ASP.NET、Apache、Cassandra、AngularJS、SQL 关系型数据库(Oracle、MySQL 以及 SQL Server 等)、UNIX 系统管理(Irix 和 Linux)、z/OS、C、C++、网络架构、Shell 脚本、CGI 脚本、HTML、XML、TensorFlow 以及维修打印机。

爱好：

理发店四重唱、高尔夫球、网球、飞盘

骑马、散步、游泳

阅读、旅游、摆蛋糕

图 A-4　Sam White 的简历(续)

其他说明：

熟悉西班牙语

美国居民

其他证明人信息欢迎垂询

图 A-4 Sam White 的简历(续)

White 的简历与 Lee 的第一份简历的主要问题一样，这是一份自传，而不是营销工具。这个结构性问题从一开始就很明显，他给出了过去 30 年来的时间简表。撰写自传对于拥有令人印象深刻的证书的资深人士来说是个常见问题。许多资深人士错误地认为，描述了自己的成就，面试将随之而来。事实上，无论申请人的资历如何，面试官在其脑海里都只会考虑"你现在能为我做什么？"。在很多方面，对于更高级的工作来说，材料有重点更重要，因为需要在很短的时间内给人留下更深刻的印象。

本简历中的很多具体问题与 Lee 最初的简历相同。简历太长了——White 应该将简历缩到两页以内，争取一页半。他同样应该以项目列表的形式编排自己的介绍，以便更易于阅读。

White 在内容方面的主要问题是，他的简历不能帮助他获得想要的职位。White 花了很多时间来描述明显是初级任务的各种工作任务。高级职位通常需要完成一些管理工作，而不太重视技术技能。执行初级任务的能力不会让你有机会面试需要高级技能的工作。申请高级职位时，要强调自己的管理技能和经验，而不是在初级岗位上的技术技能或成就。

White 还需要展示出之前在领导层中取得的积极成果，应该描述经验并量化结果。例如，White 的简历提到了"管理和维护美国和加拿大网站的网络开发"。这是一项令人印象深刻的成就，但没有明确描述规模，也没交代该项目是否成功。简历中的描述可能会让人想到项目可能完全失败，他可能被迫在耻辱中辞职，或者项目的地位微不足道，比如只是将一些文档发布到 Web 服务器。White 应该尽可能量化其工作成果。例如，他可以说"管理着 7 人团队，对美国和加拿大的网站进行开发和维护。网站每年产生 3300 万次点击和 1500 万美元的收益"。

White 期待的项目管理职位重管理，轻技能。他应该减少"月度之星"等流行语的使用，多强调管理经验。他甚至可以少列自己的技术技能，以确保读者不认为他正在申请不太高级的职位。

White 的简历改进后如图 A-5 所示。注意这份简历是如何更清楚地列出他的成就，以及是如何更好地晒出他的工作。通过这份简历，White 变成了各公司争先恐后要面试的人。

Sam White

813-665-9987

sam_white@mindcurrent.com

Skokie，Illinois

GitHub: github.com/samwhite778833

求职目标：Web 和移动开发方面的高级经理

工作经历：

2013 年 11 月至今　　　　**CorePlus, Web 开发总监，Santa Rosa，California**

- 管理七人团队，开发并维护美国和加拿大的网站，网站点击量达 3300 万，年入 1500 万美元。
- 领导由三个系统管理员组成的团队，实现全网冗余设计，进行安全审计、开发备份规程，对包含 800 台计算机的 Linux 和 Windows 互联网络的软硬件进行升级。
- 评估公司所有主要系统的采购。
- 在评估分析了七款软件开发包产品和三个公司后花费 40 万美元采购软件和专业服务，使用户服务响应速度提升了 20%。
- 雇用了四名开发人员，管理七人团队，无一人离职。
- 挑选缔约方完成 Windows 向 Linux 的 Web 服务器迁移，比预算费用少花 20%，迁移工作提前一个月完成。

2009 年 11 月至 2013 年 8 月　　　Pile-ON **Technologie，高级 Web 开发，San Jose，California**

- 设计了基于 UNIX 的 Web 开发环境，指导五人团队实现 Web 日志可视化工具。工具带来 500 万美元收入。
- 为加强博客开发工作，评估并选择了逾 20 万美元的软件和服务。
- 基于 20 个客户的调查结果，为价值 700 万美元的产品开发了一组功能。
- 采用相似数据库访问模式，写了十多万行 C++代码，产品为库文件，供三款产品调用。
- 招聘并训练了两名初级开发人员。

2004 年 6 月至 2009 年 11 月 **Athorn Inc，工程师领队，Fremont，California**

- 组织五名开发人员按时完成限时六个月的项目，开发了客户端/服务端应用的客户端部分，使百货公司收银机能实时更新中心数据库。产品拥有 5 万用户。
- 与客户面谈收银机客户端未来的功能集。
- 在 San Francisco Bay Area 办公室和 New York City 办公室建立 VPN 通道。
- 选择、安装并支持内部企业级源控制系统，为 10 个项目的 30 名开发人员提供支持。

2002 年 6 月至 2004 年 5 月 **临聘程序员**

- 于 Detroit Motors, Inc. 升级网络系统。
- 于 Tornado Development Corp. 安装和设计数据库应用程序。

1999 年 6 月至 2002 年 5 月 **Garson and Brown, Attorneys at Law，计算机工程师，Palo Alto，California**

1994 年 5 月至 1999 年 6 月 **Hummingbird Chip Designs，质量测试员，Santa Jose，California**

教育情况：

图 A-5　White 改进后的简历

1984 年至 1991 年于威斯康星麦迪逊的威斯康星大学获得物理学博士学位

- 博士论文方向为变频强激光冲击下的钼分子结构影响研究。

1984 年于伊利诺伊州布卢明顿的 Indiana 大学获得物理学学士学位

其他:

- 能流利使用西班牙语

图 A-5　White 改进后的简历(续)

这份经过改进的简历对于 White 而言是一种更有效的营销工具。

A.1.11　针对职位裁剪简历

发送简历时，通常是了解自己所申请的工作的。在发送简历时，可以通过创建简历的新版本，专门针对该具体工作来为自己争取额外的优势。记住，简历就是自己的广告——正如电视广告主针对不同的受众群体为同一产品制作不同的广告一样，需要针对每个空缺职位以最有效的方式推销自己。

假设你已经使用前几小节的技巧做好了简历的一般版本，然后从这个版本入手。现在回顾一下简历，假设自己是将要接触简历的招聘经理。这份简历应该已经能把你当成一位优秀的程序员推销出去了——它是否也把你当成这个特定职位的最佳程序员来推销? 下面需要考虑一些具体事项:

- **强调最相关的技能和经验。**与一项工作无关的项目可能对另一项工作至关重要。修改简历，突出显示使自己成为该职位最佳候选人的事项。
- **如果写了求职目标，确保让求职目标与雇主提供的工作描述相符。**如果简历告诉雇主候选人正在寻找的工作不是他们招聘的工作，那就等不到面试了。
- **使用职位描述的术语。**如果有多个同义词可以描述你的技能或经验，则要设法将招聘职位描述中出现的术语纳入简历中。通过这种方式，即使对于那些不了解技术并且可能会以其他方式进行筛选的人力资源人员来说，这份简历也是合适的。

很难让简历的多个版本都是最新的，因此最好的策略通常是让简历有一个通用版本，可以对其不断更新，然后根据具体情况调整出对应工作申请的版本。每次调整时都要记得仔细校对! 如果需要提供简历，但是自己还没掌握相关职位的信息，或者一份简历可用于多个空缺职位(如与猎头合作时)，通用版本也很有用。

A.2　简历样本

到目前为止提供的两份简历涵盖了撰写简历时可能遇到的多种情况。你可能会发现，浏览不同类型的人的优秀简历范本，有助于了解如何撰写有效的简历，这样是有益的。本节给出的三份简历，是三种拥有不同经验的人在寻找不同类型的技术工作，如图 A-6~图 A-8 所示。在查看简历时，注意突出显示了哪些内容，以及这种突出显示是如何有助于将候选人作为具有潜在价值的员工推销出去的。

Jenny Ramirez

jramirez7@mit.edu

227-886-4937

Boston，Massachusetts

github.com/jgramirez772

教育情况：

2012 年 9 月至 2016 年 6 月　**Massachusetts Institute of Technology，Cambridge，Massachusetts**

获得电子工程学士学位(GPA 3.7/40)

- 专业方向为数据库和安全。
- 获得 Phi Beta Kappa 国家优秀学生奖学金。

工作经历：

2015 年 6 月至 2015 年 8 月　**WebWorks Corporation，电子商务开发，Huntington Beach，California**

- 使用 ASP.NET 和 MS SQL Server 实现世界 500 强企业的互联网门户网页搜索功能。
- 设计了样例项目，使用 Oracle、MySQL 和 MS SQL Server 来演示客户端的性能权衡。
- 与两家客户公司建立初步联系，共带来 8 万美元收益。
- 撰写三份提案均被采纳，带来 20 万美元收益。

2014 年 6 月至 2014 年 9 月　**Aircraft Tech., Web 软件开发，Renton，Washington**

- 设计、研究并实现一种数据库解决方案，能够改善雇员成果的跟踪和报告功能。
- 设计并实现用于动态上报 Web 服务器统计状态的 Web 服务。

2014 年 1 月至 2014 年 6 月　**MIT Computer Science Department, 计算机教员**

2013 年 9 月至 2014 年 6 月　**MIT School of Engineering 助教**

技术能力：

- 编程语言：C、C++、Java、Ruby
- 互联网技术：AngularJS、ASP.NET、Ruby on Rails、HTML 和 CSS
- 操作系统：Linux、Windows 7 和 Windows 10
- 数据库：SQL、MS SQL Server、Oracle、My SQL、Cassandra、MongoDB
- 移动编程：UIKIt、iOS 10 和 11
- 人工智能：TensorFlow(1.2、1.3 和 1.4)

语言能力：

法语流利，德语熟练

图 A-6　简历样本 1

Mike Shrongsky

352-664-8811

mike_s227@warmmail.com

gitbhub.com/mike_s227

求职目标：Web 开发软件工程师

工作经历：

2014 年 5 月至今　**Warner Tractor Manufactures，软件工程师，Albuquerque，New Mexico**

- 创建 AJAX 接口，方便客户比较拖拉机模型。
- 编写 AngularJS 应用与 Oracle 系统交互。
- 采用 UIKit 在 iOS 11 上实现票务监控系统的移动应用。
- 为 Cassandra 数据库编写 SQL 查询并设计数据库模式。
- 研究并选择开发环境方案，方案组合为 Linux、Eclipse、Apache 和 Tomcat。

2012 年 7 月至 2014 年 4 月　**Problems Solved, Inc.，程序员，Albuquerque，New Mexico**

- 集成汇总小组意见，重新设计订单跟踪用户界面以提高工作流效率,将系统运行效率提升了 20%。
- 针对订单跟踪应用撰写了 160 页的产品文档。
- 通过编写 PowerShell 脚本，分析产品性能。
- 编写 C#应用测试 Web 服务器对客户端的响应情况。

2010 年 5 月至 2012 年 7 月　**Hernson and Walker Insurance Agents，网络工程师，Austin，Texas**

- 维护网络，订购系统，实现数据跟踪系统。

技术能力：

- 编程语言：Java、JavaScript、C#
- 数据库：Oracle、MS SQL Server、MySQL、Cassandra
- 系统：Windows(7、10)、Linux
- Web 技能：ASP.NET、Apache、Tomcat、AngularJS
- 移动开发：UIKit for iOS(10、11)

教育情况：2012 年于 Harcum College 获得管理学学士学位，Ardmore，Pennsylvania

其他：能流利使用俄语

图 A-7　简历样本 2

Elaine Mackenzie

615-667-4491

macky@yeehah.com

github.com/macky2235

求职目标：技术咨询

计算机能力：

- 编程语言：C#、C++、Ruby、JavaScript
- 操作系统：Windows 10
- Web 开发：ASP.NET、HTML、CSS、XML、AngularJS

经历：

2013 年 9 月至今　　**National Web Consulting, Inc., Web 集成专家，Nashville，Tennessee**

- 四个项目的首席咨询官，项目产值 170 万美元。
- 用 ASP.NET 构建 Web 前端，为财富 100 强客户实现与遗留数据库的交互并执行所有人力资源相关功能。
- 编写 ASP.NET 代码与遗漏的分层 IBM 数据库进行交互。
- 分别构建六个项目的 Web 用户界面组件。
- 管理总值 60 万美元的项目，使项目按时按预算交付。
- 完成三份新的报告，产生 92 万美元收益。
- 与三个第三方软件供应商建立合作关系。合作合同产生 150 万美元收益。

2009 年 8 月至 2013 年 9 月　　**Johnson & Warner, System Integration Division，信息系统技术专家，Nashville，Tennessee**

- 编写四万行 C++代码以及 150 页文档，创收 120 万美元。
- 采用 ASP.NET 和 SQL Server 为财富 500 强客户构建订单跟踪系统。
- 领导设计团队采用 Resonate 负载均衡软件为 25 台使用 Windows 7 的 Web 服务器设计系统架构。
- 完成两份报告，共产生 65 万美元收益。
- 服务跟进，收益 20 万美元。
- 招聘并训练了两位助理咨询。

其他信息：

能流利使用西班牙语和捷克语

教育情况：

2008 年于 Foothill College 获得会计学士学位，Los Altos Hills，California

图 A-8　简历样本 3